视频分析算法60讲

谢剑斌　闫　玮　刘　通
李沛秦　Yan Shuicheng　编著

国防科学技术大学学术著作出版资助专项经费资助

科 学 出 版 社
北 京

内 容 简 介

为使读者全面了解视频分析算法的历史、思想、原理，本书详尽地介绍了60多种有关视频分析的算子、描述子、滤波、变换、方法的基本理论，深入地阐述了视频分析算法的改进措施和实验仿真，系统地总结了其优缺点，并提供配套的实验仿真源代码和视频图像库。相关资料详见www.kedachang.com。

本书特别重视如何将视频分析算法的基础理论和实验仿真有机结合，解决视觉分析领域中的诸多基础问题，可应用于机器视觉、大数据分析、生物特征识别和智能视频监控等领域。

本书可作为计算机、自动化、电子与通信等专业高年级本科生和研究生的教材，也可作为从事视频分析与智能识别领域研发的参考资料。

图书在版编目(CIP)数据

视频分析算法60讲/谢剑斌等编著. —北京：科学出版社，2014.11
ISBN 978-7-03-042369-6

Ⅰ. ①视… Ⅱ. ①谢… Ⅲ. ①视频系统－系统分析 Ⅳ. ①TN94

中国版本图书馆CIP数据核字(2014)第257073号

策划编辑：陈 静 / 责任编辑：陈 静 邢宝饮 / 责任校对：郭瑞芝
责任印制：徐晓晨 / 封面设计：迷底书装

科学出版社出版
北京东黄城根北街16号
邮政编码：100717
http://www.sciencep.com

北京九州迅驰传媒文化有限公司印刷
科学出版社发行 各地新华书店经销

*

2014年11月第 一 版 开本：720×1 000 1/16
2019年 1 月第四次印刷 印张：17 1/4
字数：330 000

定价：79.00元

(如有印装质量问题，我社负责调换)

作 者 简 介

谢剑斌，博士，教授，国防科学技术大学电子科学与工程学院研究生导师，中国生物特征识别国家标准组委员，中国数字电视国家标准组委员，中国图象图形学会高级会员，计算机学会高级会员，《电光与控制》编委会委员。长期从事海量视频分析与生物特征识别方面的研究工作，作为项目负责人主持国家级项目 8 项、部委级项目 27 项、横向课题 37 项。在国内外知名期刊发表学术论文 80 多篇，出版专著 3 部，获国家发明专利授权 20 项、实用新型专利 31 项。荣获国际发明展金奖 2 项，湖南省科技进步二等奖 1 项，公安部技术革新特别项目奖 2 项和全国发明展金奖 1 项、铜奖 1 项。

闫　玮，博士，讲师，任职于国防科学技术大学电子科学与工程学院。长期从事海量视频分析与生物特征识别方面的研究工作，作为技术骨干参与国家级项目 4 项、省部级项目 17 项。在国内外知名期刊发表学术论文 23 篇，参与出版专著 3 部，获国家发明专利授权 12 项、实用新型专利 25 项。荣获国际发明展金奖 2 项，湖南省科技进步二等奖 1 项，公安部技术革新特别项目奖 2 项和全国发明展金奖 1 项、铜奖 1 项。

刘　通，博士，讲师，任职于国防科学技术大学电子科学与工程学院。长期从事海量视频分析与生物特征识别方面的研究工作，作为技术骨干参与国家级项目 4 项、省部级项目 18 项。在国内外知名期刊发表学术论文 29 篇，参与出版专著 3 部，获国家发明专利授权 12 项、实用新型专利 25 项。荣获国际发明展金奖 2 项，湖南省科技进步二等奖 1 项，公安部技术革新特别项目奖 2 项和全国发明展金奖 1 项、铜奖 1 项。

李沛秦，博士，讲师，任职于国防科学技术大学电子科学与工程学院。长期从事海量视频分析与生物特征识别方面的研究工作，作为技术骨干参与国家级项目 3 项、省部级项目 15 项。在国内外知名期刊发表学术论文 25 篇，参与出版专著 3 部，获国家发明专利授权 12 项、实用新型专利 25 项。荣获国际发明展金奖 2 项，湖南省科技进步二等奖 1 项，公安部技术革新特别项目奖 2 项和全国发明展金奖 1 项、铜奖 1 项。

Dr. Yan Shuicheng is currently an Associate Professor in the Department of Electrical and Computer Engineering at National University of Singapore, and the founding lead of the Learning and Vision Research Group (http://www.lv-nus.org). Dr. Yan's research areas include computer vision, multimedia and machine learning, and he has authored/co-authored over 300 technical papers over a wide range of research topics, with Google Scholar citation >12570 times and H-index-50. He is an associate editor of IEEE Transactions on Circuits and Systems for Video Technology (IEEE TCSVT) and ACM Transactions on Intelligent Systems and Technology (ACM TIST). He received the Best Paper/Demo Awards from ACM MM'13, ACM MM'12, PCM'11, ACM MM'10, ICME'10 and ICIMCS'09, the winner prizes of the classification task in PASCAL VOC 2010-2012, the winner prize of the segmentation task in PASCAL VOC 2012, the honourable mention prize of the detection task in PASCAL VOC'10, 2010 TCSVT Best Associate Editor (BAE) Award, 2010 Young Faculty Research Award, 2011 Singapore Young Scientist Award, and 2012 NUS Young Researcher Award.

序

能从浩如烟海的视频数据中快速准确地找到有价值的信息，是大数据时代解决多媒体疑难问题的决定性手段。而视频特征提取与内容分析技术，是海量视频分析与理解的基石。《视频分析算法 60 讲》，系统地介绍了视频分析领域的经典理论和算法，以及由此产生的最新成果。

该书主要介绍视频特征提取与内容分析领域经典理论和最新成果的起源、发展、改进、实现方法和应用特点。该书分为 5 篇。第 1 篇系统介绍了包括 Harris、SUSAN 和 FAST 等在内的 8 种特征提取算子；第 2 篇系统介绍了包括 HOG、LBP 和 SURF 等在内的 8 种特征描述子；第 3 篇系统介绍了包括卡尔曼滤波、双边滤波和 Guided 滤波等在内的 10 种滤波算法；第 4 篇系统介绍了包括 DCT、小波变换和 Hough 变换等在内的 7 种变换算法；第 5 篇为本书重点，系统介绍了包括 OTSU、PCNN、Mean Shift、SVM、2D PCA 和 2D LDA 等在内的 29 种特征分析方法。

《视频分析算法 60 讲》由国防科技大学电子科学与工程学院谢剑斌教授与新加坡国立大学(National University of Singapore)电子与计算机工程学院的颜水成(YAN Shuicheng)教授合作完成。近几年，我和颜教授交流颇多，知道他年轻有为，在视频分析与检索领域建树多。该书是他与国防科大谢教授团队合作的结果。该书介绍的理论、算法、成果，对于本领域的研究生、科研和工程技术人员提高研究能力和素养，具有参考价值，值得一读。

高文

中国工程院院士

2014 年 11 月于北京

前　言

本书是作者二十多年研究视频分析算法的心血，可作为信息、计算机、自动化、电子与通信等学科专业高年级本科生和研究生的教材，也可作为从事视频分析与智能识别领域的技术人员实现经典算法的参考资料。

全书分为5篇。第1篇介绍Moravec、Forstner、Harris、SUSAN、CSS、FAST、DoG、LoG等常用算子。第2篇介绍Hu矩、Legendre矩、傅里叶、HOG、LBP、Haar、SIFT、SURF等常用描述子。第3篇介绍Butterworth滤波、Chebyshev滤波、椭圆滤波、递归中值滤波、最小二乘滤波、维纳滤波、卡尔曼滤波、同态滤波、双边滤波、Guided滤波等常用滤波方法。第4篇介绍K-L变换、DCT、Gabor变换、小波变换、Haar变换、LPT、Hough变换等常用变换方法。第5篇介绍相似性度量方法、直方图双峰法、分水岭方法、区域分裂合并方法、OTSU方法、最大二维熵方法、二维交叉熵方法、PCNN方法、侧抑制网络、背景减除法、时间差分法、数学形态学、光流法、Mean Shift方法、Camshift方法、梯度下降法、牛顿迭代法、共轭梯度法、禁忌搜索方法、罚函数方法、模拟退火方法、贝叶斯方法、K均值聚类方法、AdaBoost方法、SVM方法、PCA方法、2D PCA方法、LDA方法、2D LDA方法等常用方法。

本书由国防科学技术大学电子科学与工程学院数字视频课题组和新加坡国立大学机器学习课题组联合编著。谢剑斌教授负责中文版，Yan Shuicheng教授负责英文版。闫玮、刘通、李沛秦、穆春迪等参与实验仿真。在编著过程中得到国防科学技术大学庄钊文教授、唐朝京教授的大力支持，刘双亚、李润华等为本书编著做了大量工作，国家自然科学基金项目(61303188)对本书的相关研究工作进行了资助，在此一并致谢！由于时间有限，可能没有列全参考文献，请读者或相关作者联系作者，在本书再版和提供配套资源的网站上加入并致谢。

配套资源的网站为：www.kedachang.com。

作　者

2013年11月于新加坡

目　　录

序
前言

第1篇　算　　子

第1讲　Moravec算子 …… 3
第2讲　Forstner算子 …… 5
第3讲　Harris算子 …… 8
第4讲　SUSAN算子 …… 12
第5讲　CSS算子 …… 16
第6讲　FAST算子 …… 21
第7讲　DoG算子 …… 23
第8讲　LoG算子 …… 26

第2篇　描　述　子

第9讲　Hu矩描述子 …… 31
第10讲　Legendre矩描述子 …… 34
第11讲　傅里叶描述子 …… 37
第12讲　HOG描述子 …… 40
第13讲　LBP描述子 …… 43
第14讲　Haar描述子 …… 48
第15讲　SIFT描述子 …… 53
第16讲　SURF描述子 …… 61

第3篇　滤　　波

第17讲　Butterworth滤波 …… 69
第18讲　Chebyshev滤波 …… 71
第19讲　椭圆滤波 …… 74
第20讲　递归中值滤波 …… 78
第21讲　最小二乘滤波 …… 80
第22讲　维纳滤波 …… 85

第 23 讲　卡尔曼滤波……90
第 24 讲　同态滤波……95
第 25 讲　双边滤波……99
第 26 讲　Guided 滤波……103

第 4 篇　变　换

第 27 讲　K-L 变换……107
第 28 讲　DCT……110
第 29 讲　Gabor 变换……116
第 30 讲　小波变换……119
第 31 讲　Haar 变换……125
第 32 讲　LPT……130
第 33 讲　Hough 变换……134

第 5 篇　方　法

第 34 讲　相似性度量方法……143
第 35 讲　直方图双峰法……147
第 36 讲　分水岭方法……150
第 37 讲　区域分裂合并方法……153
第 38 讲　OTSU 方法……155
第 39 讲　最大二维熵方法……158
第 40 讲　二维交叉熵方法……164
第 41 讲　PCNN 方法……171
第 42 讲　侧抑制网络……176
第 43 讲　背景减除法……181
第 44 讲　时间差分法……187
第 45 讲　数学形态学……192
第 46 讲　光流法……199
第 47 讲　Mean Shift 方法……205
第 48 讲　CamShift 方法……209
第 49 讲　梯度下降法……211
第 50 讲　牛顿迭代法……214
第 51 讲　共轭梯度法……218
第 52 讲　禁忌搜索方法……221
第 53 讲　罚函数方法……226

第 54 讲　模拟退火方法……229
第 55 讲　贝叶斯方法……233
第 56 讲　K 均值聚类方法……236
第 57 讲　AdaBoost 方法……239
第 58 讲　SVM 方法……245
第 59 讲　PCA 方法……251
第 60 讲　2D PCA 方法……255
第 61 讲　LDA 方法……258
第 62 讲　2D LDA 方法……261

第1篇　算　　子

本篇重点介绍 Moravec、Forstner、Harris、SUSAN、CSS、FAST、DoG、LoG 等常用算子。

Moravec 算子是最早提出的角点检测算子，计算速度快；对噪声干扰非常敏感；兴趣值的计算方向偏少。

Forstner 算子是摄影测量中著名的点定位算子，计算速度快、精度高；受图像灰度、对比度变化的影响较大。

Harris 算子是比较稳定的点特征提取算子，对图像旋转、灰度变化、噪声和视点变换不敏感，不具有尺度不变性。

SUSAN 算子可以检测角点和边缘，精度好，具有很好的稳定性；存在采用固定阈值和定位不够精确的问题。

CSS 算子在曲线尺度空间采用高斯平滑法，滤掉噪声和不重要的微弱结构，角点检测效果好；难以确定复杂视频图像的尺度。

FAST 算子具有平移和旋转不变性、可靠性高、计算量小的特点，阈值设定依赖于人的干涉，抗噪性能较差。

DoG 算子可以很好地近似视网膜神经节细胞的视野，增加边缘和细节的可见性，实现简单；在调整图像对比度时信息量会减少。

LoG 算子结合高斯平滑滤波和拉普拉斯锐化滤波，先平滑掉噪声，再检测边缘，定位精度高；在边缘定位精度和消除噪声级间存在矛盾。

第 1 讲　Moravec 算子

Moravec 算子由美国斯坦福大学(Stanford University)的 Moravec[1-2]于 1977 年提出，通过定义兴趣值(interest value)进行阈值处理和非最大值抑制，最终确定角点。

一、基本原理

点特征指图像中的明显点(如角点、圆点等)，是图像匹配和定位中的常用特征。用于点特征提取的算子称为兴趣算子，如图 1-1 所示，自 20 世纪 70 年代以来出现多种各有特色的兴趣算子。

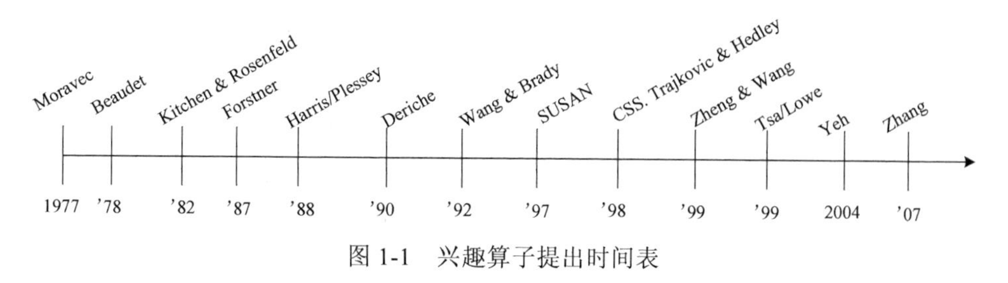

图 1-1　兴趣算子提出时间表

Moravec 算子计算待处理图像每一个像素四个主要方向(水平、垂直、两对角线，即 0°、45°、90°、135°)上的灰度方差，并选择灰度方差符合最大-最小条件的像素点作为待处理图像的特征点。首先以像素四个主要方向上的最小灰度方差表示该像素与邻近像素的灰度变化情况，即像素的兴趣值；然后在图像的局部选择具有最大兴趣值的点作为特征点，即灰度变化明显的点[3]。

二、仿真实验

求取 Moravec 算子的具体流程如下。

(1)计算图像中各像素的兴趣值。

如图 1-2 所示，计算像素(c,r)的兴趣值。在以像素(c,r)为中心的$n\times n$的图像窗口中(如 5×5)，计算四个主要方向(水平、垂直、两个对角线，即图中的 a、b、c、d 四条线)相邻像素灰度(g)差的平方和，其表达式为

$$
\begin{aligned}
V_1&=\sum_{i=-k}^{k-1}(g_{r+i,c}-g_{r+i+1,c})^2, \qquad V_2=\sum_{i=-k}^{k-1}(g_{r+i,c+i}-g_{r+i+1,c+i+1})^2\\
V_3&=\sum_{i=-k}^{k-1}(g_{r,c+i}-g_{r,c+i+1})^2, \qquad V_4=\sum_{i=-k}^{k-1}(g_{r+i,c-i}-g_{r+i+1,c-i-1})^2
\end{aligned}
\tag{1-1}
$$

式中，$k=\mathrm{INT}(n/2)$。

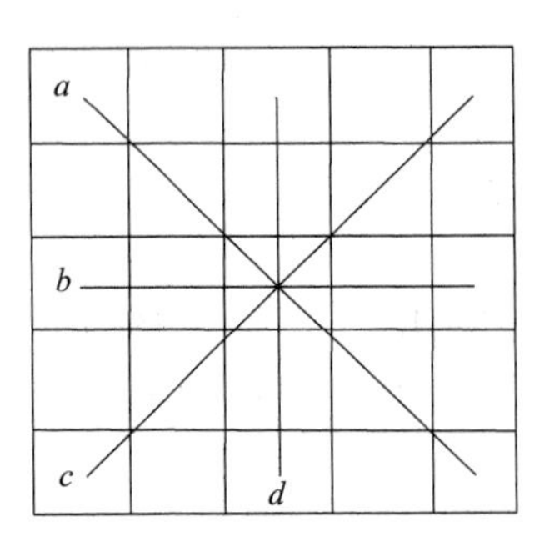

图 1-2　Moravec 算子的四个方向

取式(1-1)中的最小的一个值作为像素(c,r)的兴趣值，即

$$V = \min\{V_1, V_2, V_3, V_4\}$$

(2)给定一个经验阈值，将兴趣值大于该阈值的像素作为候选点。阈值的选择应以候选点中包含所需要的主要特征点而又不包含过多的非特征点为原则。

(3)在一定大小的窗口内，将候选点中兴趣值最大者作为该窗口区域的特征点。**该步骤称为“抑制局部非最大”，是一种应用广泛的思想**[4]。

(4)如果两个特征点之间的距离过短，则去掉其中一个特征点。

三、算法特点

Moravec 算子是最早提出的角点检测算子，简单直观，计算速度快。

Moravec 算子没有对图像进行降噪处理，对噪声干扰非常敏感；对图像的边缘响应很敏感；在计算像素点的兴趣值时考虑的不够全面。

参 考 文 献

[1] Moravec H P. Towards automatic visual obstacle avoidance// Proceedings 5th International Joint Conference on Artificial Intelligence, 1977: 584-600.

[2] Moravec H P. Obstacle avoidance and navigation in the real world by a seeing robot rover. Tech Report CMU-RI-TR-80-03, 1980.

[3] 吴萌, 龚可. 关于 Moravec 算子的一些讨论. 中国科技成果, 2011, 16: 67-69.

[4] 陈淑荞. 数字图像特征点提取及匹配的研究[硕士学位论文]. 西安: 西安科技大学, 2009.

第 2 讲　Forstner 算子

Forstner 算子是德国斯图加特大学(University of Stuttgart)的 Förstner 等[1]于 1987 年的 ISPRS(International Society for Photogrammetry and Remote Sensing)研讨会上提出的，是一种从视频图像中提取角点、圆点等特征的有效算子。

一、基本原理

Forstner 算子以待处理图像中各像素的 Robert 梯度和灰度协方差矩阵为兴趣值，通过抑制局部极小值准则衡量各像素点的兴趣值，提取待处理图像中的特征点[2]。

Forstner 算子的求取过程分为以下两步。

1. 最佳窗口

如图 2-1 所示，对于以每个像素为中心、大小为 5×5 的局部窗口，计算其对应的兴趣值 q 和 w。将所有兴趣值大于给定阈值(经验值)的窗口作为候选最佳窗口，进而通过抑制局部非最大候选最佳窗口，得到最佳窗口。

获取所有像素点的 q、w 值的计算量很大，减少计算量的可行方法之一是先计算每一个像素点在 x 正反方向和 y 正反方向上共计 4 个 Robert 梯度值的绝对值，然后在这 4 个值均大于某个给定阈值时才进行 q、w 值的计算。

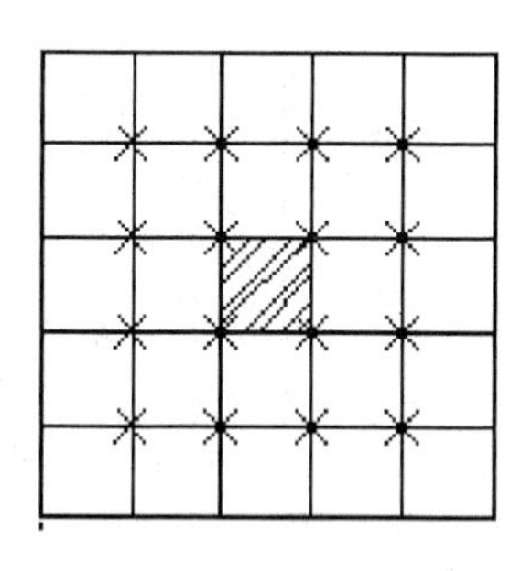

图 2-1　Forstner 算子的窗口

Robert 梯度的计算公式为

$$g(x,y)=\left[\left(\sqrt{f(x,y)}-\sqrt{f(x+1,y+1)}\right)^2+\left(\sqrt{f(x+1,y)}-\sqrt{f(x,y+1)}\right)^2\right]^{\frac{1}{2}} \tag{2-1}$$

式中，$f(x,y)$ 为像素灰度值。

2. 角点定位

在最佳窗口内，通过衡量经过每个像素点的梯度直线的加权中心化结果，可以实现圆状点的检测；通过衡量经过每个像素点的边缘直线(垂直于梯度方向)的加权中心化结果，可以实现角点的检测。

如图 2-2 所示，设最佳窗口的左上角像素为坐标原点，(r,c) 为最佳窗口内任意像素点，则经过 (r,c) 的边缘直线 l 可用如下方程表示，即

$$\rho = r\cos\theta + c\sin\theta$$

式中，ρ 为坐标原点与直线 l 的垂直距离；θ 为对应的梯度角。

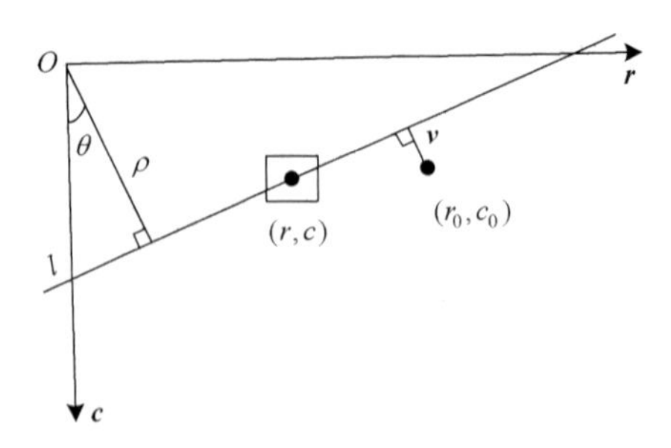

图 2-2　角点定位示意图

设角点坐标为 (r_0,c_0)，v 是角点到直线 l 的垂直距离，则

$$\tan\theta = g_c / g_r \tag{2-2a}$$

$$\rho + v = r_0\cos\theta + c_0\sin\theta \tag{2-2b}$$

$$\omega(r,c) = \left|\nabla_g\right|^2 = g_r^2 + g_c^2 \tag{2-2c}$$

式中，g_c、g_r 为点 (r,c) 的 Robert 梯度；权 $\omega(r,c)$ 实质上是一个边缘尺度[3]。

对式(2-2c)法化，得到法方程为

$$\begin{bmatrix} \sum g_r^2 & \sum g_r g_c \\ \sum g_r g_c & \sum g_c^2 \end{bmatrix}\begin{bmatrix} r_0 \\ c_0 \end{bmatrix} = \begin{bmatrix} r_0\sum g_r^2 + c_0\sum g_r g_c \\ r_0\sum g_r g_c + c_0\sum g_c^2 \end{bmatrix} \tag{2-3}$$

式(2-3)的解 (r_0,c_0) 即为所求的角点坐标。

二、仿真实验

求取 Forstner 算子流程如下。

(1)计算各像素的 Robert 梯度。

(2)计算 $n \times n$ 窗口中灰度协方差矩阵。

(3)计算兴趣值 q 与 w。

(4)确定待选点。

(5)选取极值点。

三、算法特点

Forstner 算子是摄影测量中著名的点定位算子，借助于加权中心化这一操作，可以在最佳窗口内将定位精度提高到亚像素，且计算速度快[4]。

Forstner 算子需要确定阈值，受图像灰度、对比度变化的影响较大[5]。

参 考 文 献

[1] Förstner W, Gulch E. A fast operator for detection and precise location of distinct points, corners and centres of circular features// ISPRS, Interlaken, 1987.

[2] 朱庆, 吴波, 万能, 等. 具有良好重复率与信息量的立体影像点特征提取方法. 电子学报, 2006, 2: 205-210.

[3] 王广学, 黄晓涛, 周智敏. SAR 图像尺度不变特征提取方法研究. 中国图象图形学报, 2011, 12: 2199-2205.

[4] 刘二洋. 摄影测量中图像匹配的探讨和研究[硕士学位论文]. 西安: 西安科技大学, 2010.

[5] 韩斌, 周增雨, 王士同. 改进的亚像素级快速角点检测算法. 江苏科技大学学报(自然科学版), 2009, 23(2): 146-149.

第 3 讲　Harris 算子

角点特征能够减少参与计算的数据量，同时不损失图像的其他重要信息。英国普利西公司(the Plessey Company of United Kingdom)的 Harris 和 Stephens[1]在 1988 年的 Alvey Vision 会议上提出著名的 Harris 算子，该算子是一种有效的角点特征提取方法。

一、基本原理

Harris 算子继承 Moravec 算子的思想精髓，并进行重要改进。Harris 算子可从连续角度进行推导，考虑像素点在每个方向上的自相关性，使用圆形模板窗代替 Moravec 算子的方形窗[2]。

Harris 算子以目标像素点为中心的一个小窗口为计算单元，用解析形式表达该单元沿任意方向移动后的灰度变化情况。

设以像素点 (x,y) 为中心的小窗口在 x 方向上移动距离 u，y 方向上移动距离 v，则窗口内的灰度变化度量 $E(x,y,u,v)$ 可表示为

$$E(x,y,u,v)=\sum_{x,y} w(x,y)(I(x+u,y+v)-I(x,y))^2 \tag{3-1}$$

式中，$w(x,y)$ 为窗口函数；$I(x,y)$ 为像素点灰度值。

Harris 算子在计算时使用高斯函数作为窗口函数，其表达式为

$$w(x,y)=\frac{1}{2\pi\sigma^2}\mathrm{e}^{-(x^2+y^2)/(2\sigma^2)} \tag{3-2}$$

高斯函数呈钟形波形，对离中心点越近的像素赋予越大的权重，这样可以减少噪声对计算结果的影响[3]，如图 3-1 所示。

Moravec 算子只考虑每隔 45° 方向的情况，Harris 算子则用泰勒公式展开来近似任意方向的情况。

设 I 为图像灰度函数，I_x 为 x 方向的差分，I_y 为 y 方向的差分，则 $I(x+u,y+v)$ 可用泰勒公式展开为

$$I(x+u,y+v)=I(x,y)+I_x u+I_y v+O(u^2,v^2) \tag{3-3}$$

因此可得

$$\begin{aligned}E(x,y,u,v)&=\sum_{x,y} w(x,y)\left[I(x+u,y+v)-I(x,y)\right]^2\\&=\sum_{x,y} w(x,y)\left[I_x u+I_y v+O(u^2,v^2)\right]^2\end{aligned} \tag{3-4}$$

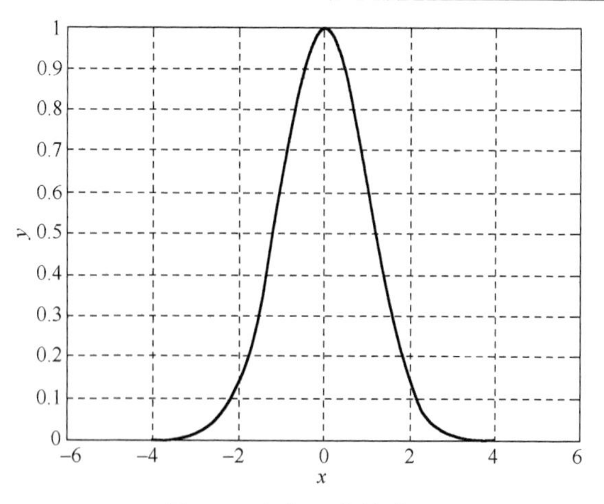

图 3-1 高斯函数的波形

略去二次以上高阶无穷小项，有

$$E(x,y,u,v)=\sum w(x,y)[u^2(I_x)^2+v^2(I_y)^2+2uvI_xI_y]$$
$$=Au^2+2Cuv+Bv^2 \tag{3-5}$$

将 $E(x,y,u,v)$ 转化为二次型，有

$$E(x,y,u,v)=[u\ v]\boldsymbol{M}\begin{bmatrix}u\\v\end{bmatrix} \tag{3-6}$$

式中，$\boldsymbol{M}$ 为实对称矩阵，即

$$\boldsymbol{M}=\sum w(x,y)\begin{bmatrix}I_x^2 & I_x\cdot I_y\\ I_x\cdot I_y & I_y^2\end{bmatrix} \tag{3-7}$$

通过对角化处理得

$$E(x,y,u,v)=\boldsymbol{R}^{-1}\begin{pmatrix}\lambda_1 & 0\\ 0 & \lambda_2\end{pmatrix}\boldsymbol{R} \tag{3-8}$$

式中，$\boldsymbol{R}$ 为旋转因子；λ_1 和 λ_2 为矩阵 $\boldsymbol{M}$ 的两个特征值。对角化处理后并不改变以 u、v 为坐标参数的空间曲面的形状。

如图 3-2 所示，Harris 算子利用 λ_1 和 λ_2 表征变化最快和最慢的两个方向，λ_1 和 λ_2 与两个主轴方向的图像表面曲率成正比，若这两个值都很大则对应的像素点就是角点；若其中一个值大一个值小则对应的像素点就是边缘；若两个值都小则对应的像素点就是在变化缓慢的平坦区域。

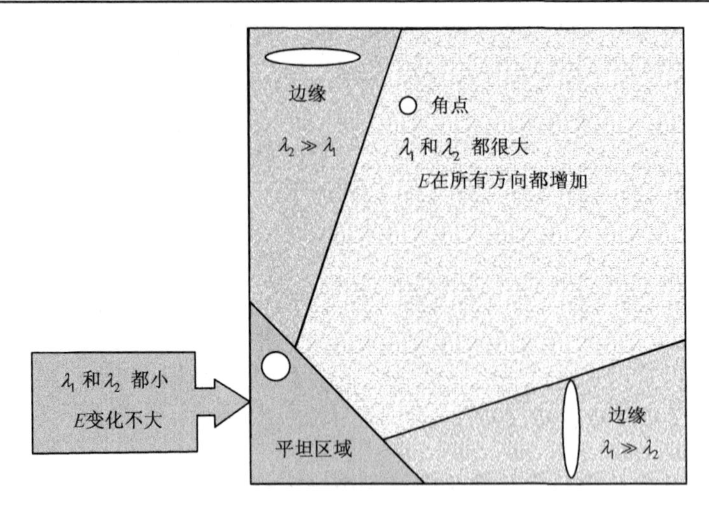

图 3-2　用矩阵 **M** 的特征向量分类图像像素点

直接求解 λ_1 和 λ_2 所需的计算量比较大，实际中常用角点响应函数(Corner Response Function，CRF)来判定角点，计算公式为

$$R = \det(\boldsymbol{M}) - k(\operatorname{trace}(\boldsymbol{M}))^2 \tag{3-9}$$

式中，$\det(\boldsymbol{M})$ 为矩阵 **M** 的行列式，等于两个特征值的积；$\operatorname{trace}(\boldsymbol{M})$ 为 **M** 的迹，等于两个特征值的和；k 一般取值0.04～0.06。当目标像素点的角点响应函数值大于给定阈值时，该像素点即为角点[4]。

二、仿真实验

Harris 算子求取的流程如下。

(1)对每个像素点计算相关矩阵 **M**，其表达式为

$$\boldsymbol{M} = \begin{pmatrix} A & D \\ C & B \end{pmatrix} \tag{3-10}$$

式中，$A = w(x,y) \otimes I_x^2$；$B = w(x,y) \otimes I_y^2$；$C = D = w(x,y) \otimes \left(I_x I_y\right)$。

(2)计算每个像素点的 Harris 角点响应函数，其表达式为

$$R = \left(AB - CD\right)^2 - k\left(A + B\right)^2 \tag{3-11}$$

(3)在 $n \times n$ 范围内寻找极大值点，若 Harris 角点响应大于阈值，则视为角点。

Harris 算子只包含差分运算，如图 3-3 所示，对灰度的平移是不变的，对旋转也有不变性。

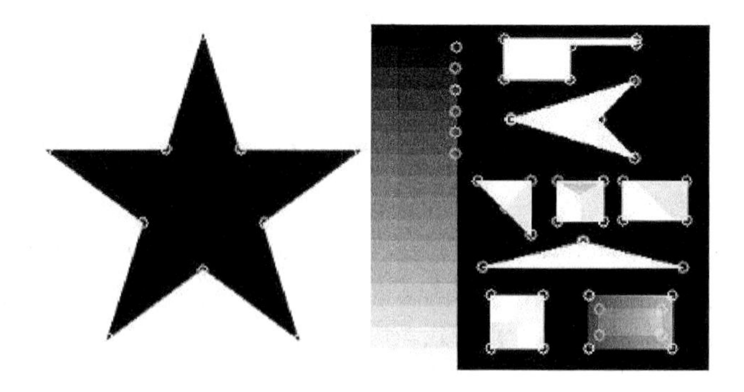

图 3-3 Harris 算子对简单图像的响应

如图 3-4 所示，Harris 算子对尺度很敏感，在某个尺度下是角点，在其他尺度下可能就不是角点。

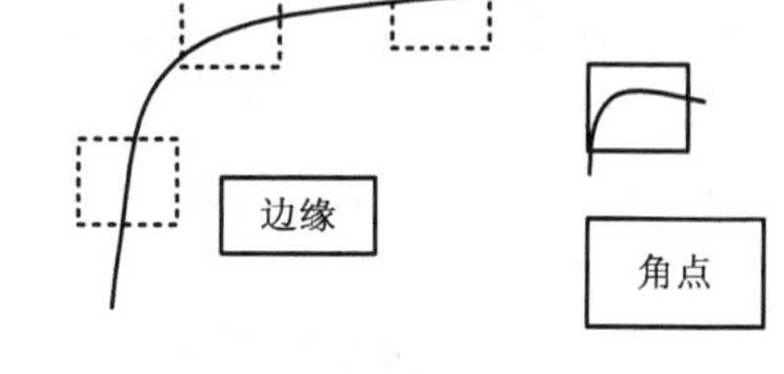

图 3-4 Harris 算子对尺度的敏感性

三、算法特点

Harris 算子只用到灰度的一阶差分和滤波，计算简单；对图像中的每个点都先计算其兴趣值，然后在邻域中选择最优点，纹理信息越丰富，所提取出的特征点越多，从而使得最终得到的点特征均匀而且合理。

Harris 算子对由旋转、灰度变化、噪声和视点变换导致的图像变化不敏感，提取出的点特征比较稳定。

Harris 算子的计算精度是像素级，对图像的尺度很敏感，不具有尺度不变性。

参考文献

[1] Harris C, Stephens M. A combined corner and edge detector// Proceeding of 4th Alvey Vision Conference, 1988:147-152.

[2] 刘丹. 基于点云数据的曲线拟合[硕士学位论文]. 阜新：辽宁工程技术大学, 2009.

[3] 赵杰. 数字地形模拟——地形数据获取与数字地形分析研究[博士学位论文]. 武汉：武汉大学, 2004.

[4] 肖汉, 周清雷, 张祖勋. 基于多 GPU 的 Harris 角点检测并行算法. 武汉大学学报(信息科学版), 2012, 07: 876-881.

第 4 讲　SUSAN 算子

SUSAN 算子是英国牛津大学(University of Oxford)的 Smith 和 Brady 于 1997 年提出的一种基于灰度角点和边缘检测的方法。基于 USAN 检测准则，将位于图形窗口模板中心等待检测的像素点称为核心点[1]。

一、基本原理

假设图像为非纹理，在扫描模板(通常采用圆形模板)内，核心点的邻域被划分为两个区域：**亮度值等于或者相似于核心点亮度的区域即核值相似区(Univalve Segment Assimilating Nucleus，USAN)，以及亮度值不相似于核心点亮度的区域。**

对于任意像素点，这两个区域大致可以分为 6 种情况，如图 4-1 所示。**角点就是图像中具有足够小的 USAN 面积的像素点**[2]。图 4-2 给出一幅简单图像的 USAN 三维示意图。

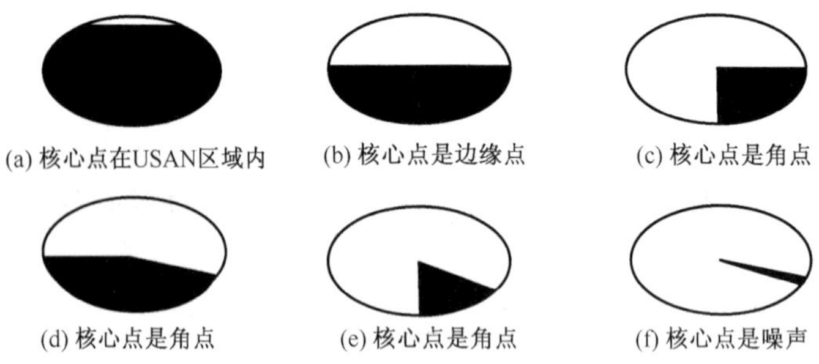

图 4-1　6 种常见的 USAN 划分

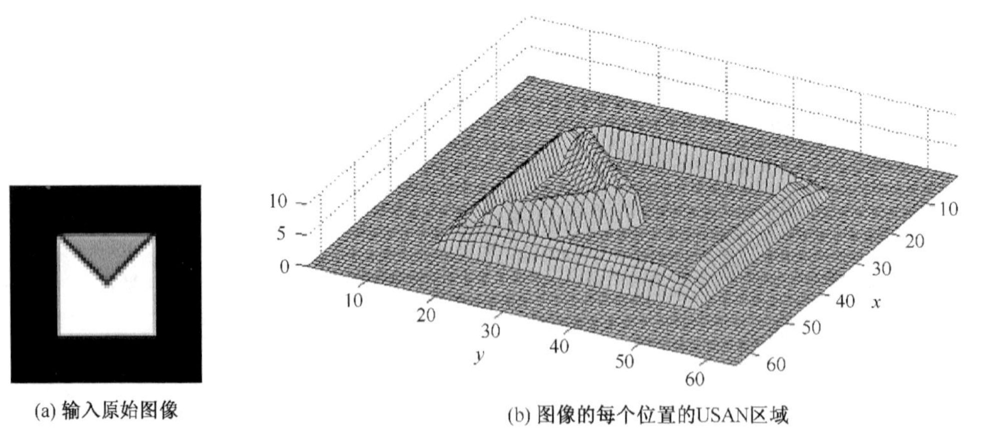

图 4-2　一幅简单图像的 USAN 三维示意图

1. 基于 SUSAN 的角点检测

为了得到图像中每个像素对应的 USAN 面积的精确值，需要将模板在图像上按像素滑动，并比较模板内各像素的亮度值与模板核的亮度值的大小。

相似比较函数为

$$c(\boldsymbol{r},\boldsymbol{r}_0)=\begin{cases}1, & |I(\boldsymbol{r})-I(\boldsymbol{r}_0)|\leqslant t\\ 0, & |I(\boldsymbol{r})-I(\boldsymbol{r}_0)|>t\end{cases} \tag{4-1}$$

式中，$c(\boldsymbol{r},\boldsymbol{r}_0)$ 是以 $\boldsymbol{r}_0$ 为核心的圆形模板内的任意像素 $\boldsymbol{r}$ 是否属于 USAN 的判别值；$I(\boldsymbol{r})$ 为核心点邻域内像素 $\boldsymbol{r}$ 的亮度值；$I(\boldsymbol{r}_0)$ 为核心点 $\boldsymbol{r}_0$ 的亮度值；阈值 t 一般取值 25。

相似比较函数还可以采用一种更稳定和抗噪声的形式，即

$$c(\boldsymbol{r},\boldsymbol{r}_0)=\exp\left(-\left(\frac{I(\boldsymbol{r})-I(\boldsymbol{r}_0)}{t}\right)^8\right) \tag{4-2}$$

像素 $\boldsymbol{r}_0$ 对应的 USAN 区域的大小为

$$n(\boldsymbol{r}_0)=\sum_{\boldsymbol{r}}c(\boldsymbol{r},\boldsymbol{r}_0) \tag{4-3}$$

该像素点的初始角点响应 R 为

$$R(\boldsymbol{r}_0)=\begin{cases}g-n(\boldsymbol{r}_0), & n(\boldsymbol{r}_0)<g\\ 0, & \text{其他}\end{cases} \tag{4-4}$$

式中，g 为几何阈值，一般取值为 $\frac{1}{2}n(\boldsymbol{r}_0)_{\max}$。因为常用 37 像素圆形模板，如图 4-3 所示，所以 g 取值 18。

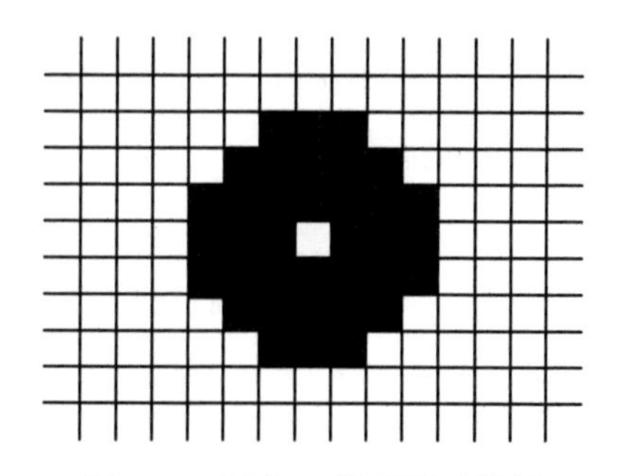

图 4-3　常用 37 像素圆形模板

若 USAN 区域越小，则初始角点响应 R 越大，该点越可能为角点。

2. 基于 SUSAN 的边缘检测

首先，把模板置于每个像素点上，并对模板所覆盖的像素点依次与模板中心所对应的像素点(核心点) $\boldsymbol{r}_0$ 进行比较。

对模板下的每个像素点进行如上运算后，由式(4-3)得到 $\boldsymbol{r}_0$ 对应的 USAN 区域大小 n。然后，n 与预先取定的几何中心 g 比较，这样，初始边缘响应 $R(\boldsymbol{r}_0)$ 由式(4-4)得到。

USAN 区域越小，初始边缘响应 $R(\boldsymbol{r}_0)$ 就越大[3]。

当没有噪声时，几何阈值 g 可以取为 $n_{\max}$。为了最有效地抑制噪声，通过计算噪声响应的期望值，最终确定 g 值取为 $\frac{3}{4}n_{\max}$。其中 $n_{\max}$ 是 n 可以取得的最大值。

常用式(4-2)计算 c，得到的结果更稳定、更准确。

在图像边缘处，模板中心 $\boldsymbol{r}_0$ 和对应的 USAN 区域质心 $\bar{\boldsymbol{r}}$ 是不同点，通过矩计算可以得到边缘的方向信息。

USAN 区域的质心 $\bar{\boldsymbol{r}}$ 计算公式为

$$\bar{\boldsymbol{r}}(\boldsymbol{r}_0)=\frac{\sum_{\boldsymbol{r}}\boldsymbol{r}c(\boldsymbol{r},\boldsymbol{r}_0)}{\sum_{\boldsymbol{r}}c(\boldsymbol{r},\boldsymbol{r}_0)} \tag{4-5}$$

用 (x_0,y_0) 和 (x,y) 分别表示模板中心 $\boldsymbol{r}_0$ 和 USAN 区域质心 $\bar{\boldsymbol{r}}$ 的坐标位置，有

$$\begin{aligned}\overline{(x-x_0)^2}\,(\boldsymbol{r}_0)&=\sum_{\boldsymbol{r}}(x-x_0)^2c(\boldsymbol{r},\boldsymbol{r}_0)\\ \overline{(y-y_0)^2}\,(\boldsymbol{r}_0)&=\sum_{\boldsymbol{r}}(y-y_0)^2c(\boldsymbol{r},\boldsymbol{r}_0)\\ \overline{(x-x_0)(y-y_0)}\,(\boldsymbol{r}_0)&=\sum_{\boldsymbol{r}}(x-x_0)(y-y_0)c(\boldsymbol{r},\boldsymbol{r}_0)\end{aligned} \tag{4-6}$$

式中，$\overline{(y-y_0)(x-x_0)}$ 的符号决定对角线边缘梯度的正负。

由式(4-6)可计算出边缘的方向为

$$\boldsymbol{d}=\frac{\overline{(y-y_0)^2}(\boldsymbol{r}_0)}{\overline{(x-x_0)^2}(\boldsymbol{r}_0)} \tag{4-7}$$

二、仿真实验

1. 基于 SUSAN 的角点检测

基于 SUSAN 的角点检测算法的具体流程如下。

(1) 在图像的核心点处放置一个对准该像素的圆形模板。

(2) 计算圆形模板中与核心点有相似灰度值的像素个数，像素个数定义为 USAN 值。

(3) 计算角点的初始响应值，响应函数值大于某个特定门限值的点被认为是初始角点。

(4) 对初始角点集进行局部非最大值抑制，获得真正的角点集。

2. 基于 SUSAN 的边缘检测

基于 SUSAN 的边缘检测算法的具体步骤如下。

(1) 把圆形模板（或 3×3 模板）的中心点对准该图像像素点。

(2) 计算位于模板内的，而且与该像素点（核心点）有相似灰度的像素点总数。

(3) 用几何阈值 g 减去 USAN 的大小，产生一个边缘强度图像。

(4) 对 USAN 应用矩计算寻找边缘方向。

(5) 利用非最大值抑制、细化和子像素估计等方法优化边缘。

三、算法特点

SUSAN 算子不对图像求导，计算速度快，可满足快速处理要求，具有一定的抗噪能力，可以检测所有类型的角点，精度良好。

基于 SUSAN 的角点检测具有很好的准确性和可靠性，检测效果不受物体方向和噪声的限制，具有很好的稳定性，对于许多不同图像，都能准确地检测出物体的角点。

基于 SUSAN 的边缘检测具有连续性很好的边缘交界，不会出现断裂，检测到的边缘位置恰好在待测图像的边缘处；具有斜坡亮度的部分可以准确地检测出边缘位置，对于不同亮度区域之间的微小变化也适用。

SUSAN 算子存在采用固定阈值和定位不够精确的问题。

参 考 文 献

[1] Smith S M, Brady J M. SUSAN: a new approach to low level image processing. International Journal of Computer Vision, 1997, 1:45-78.

[2] 王洁, 张淑燕, 刘涛, 等. 基于 FPGA 的嵌入式多核处理器及 SUSAN 算法并行化. 计算机学报, 2008, 11: 1995-2004.

[3] 王宝君. 基于角点的相机干扰检测[硕士学位论文]. 上海: 上海交通大学, 2009.

第 5 讲　CSS 算子

曲率尺度空间(Curvature Scale Space，CSS)算子是英国萨里大学(University of Surrey)的 Mokhtarian 和 Suomela 于 1998 年在 TPAMI(IEEE Transactions on Pattern Analysis and Machine Intelligence)上提出的[1]。

一、基本原理

1. CSS 角点检测方法

CSS 角点就是边缘轮廓上的曲率极大值点，CSS 角点检测的核心思想是在粗糙尺度上检测角点，在尺度空间中向精细尺度跟踪这个角点。

将曲线用弧长参数 u 表示为

$$\Gamma(u)=(x(u),y(u)) \tag{5-1}$$

对曲线的横、纵坐标分别进行高斯滤波，即

$$\begin{aligned} X(u,\sigma)&=x(u)\otimes g(u,\sigma)\\ Y(u,\sigma)&=y(u)\otimes g(u,\sigma) \end{aligned} \tag{5-2}$$

式中，X、Y 分别为曲线上点的横、纵坐标，X、Y 都是 u 的一维函数；g 为一维高斯函数，g 的参数 σ 代表曲线尺度。

因此，曲线随着尺度变化的演化形式可表达为

$$\Gamma_\sigma=(X(u,\sigma),Y(u,\sigma)) \tag{5-3}$$

如图 5-1 所示，当 σ 由小变大时，曲线尺度从细向粗演化。

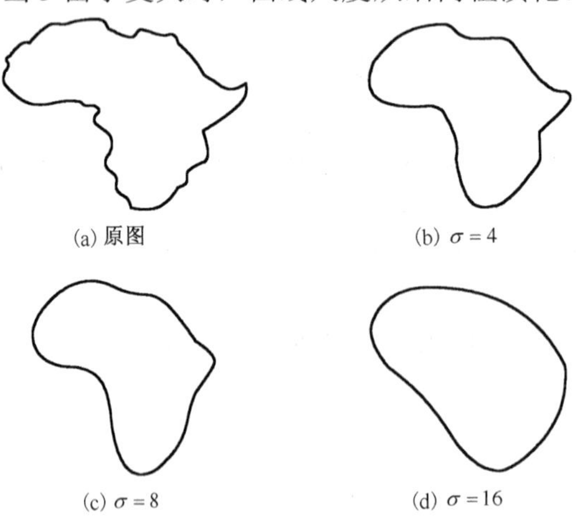

图 5-1　曲线尺度的变化

曲率可定义为

$$k(u,\sigma)=\frac{X_u(u,\sigma)Y_{uu}(u,\sigma)-X_{uu}(u,\sigma)Y_u(u,\sigma)}{\left(X_u(u,\sigma)^2+Y_u(u,\sigma)^2\right)^{1.5}} \tag{5-4}$$

式中

$$X_u(u,\sigma)=\frac{\partial}{\partial u}(x(u)\otimes g(u,\sigma))=x(u)\otimes g_u(u,\sigma)$$

$$X_{uu}(u,\sigma)=\frac{\partial^2}{\partial u^2}(x(u)\otimes g(u,\sigma))=x(u)\otimes g_{uu}(u,\sigma)$$

$$Y_u(u,\sigma)=y(u)\otimes g_u(u,\sigma)$$

$$Y_{uu}(u,\sigma)=y(u)\otimes g_{uu}(u,\sigma)$$

式中，$g_u(u,\sigma)$为高斯函数$g(u,\sigma)$对u的一阶偏导数；$g_{uu}(u,\sigma)$为高斯函数$g(u,\sigma)$对u的二阶偏导数。

令二维函数

$$k(u,\sigma)=0 \tag{5-5}$$

求解得到曲线的CSS图像，如图5-2是图5-1(a)的CSS图像。

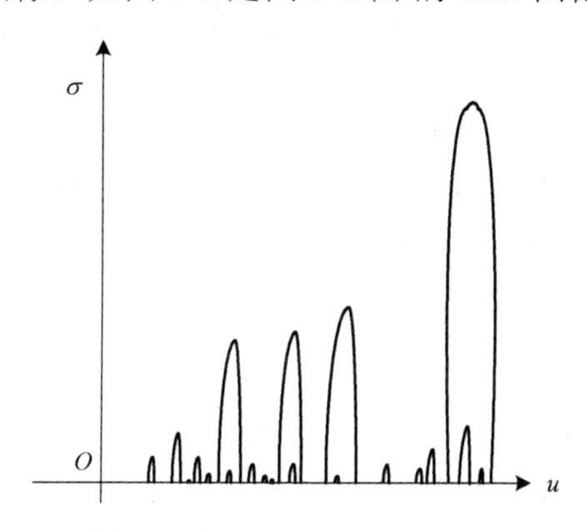

图5-2　图5-1(a)的CSS图像

选择曲率局部极大值点作为候选点，当同时满足下面两个条件时，认为该候选点为角点。

(1)该点的绝对曲率$|k(u,\sigma)|$大于给定的阈值t。

(2)该点的绝对曲率$|k(u,\sigma)|$至少大于两侧相邻的点曲率极小值的两倍。

2. 非CSS角点剔除方法

如图5-3所示，角点是一个比较尖锐的锐角，如果知道曲线上点的夹角，则能够很好地区分该点是否为正确角点。

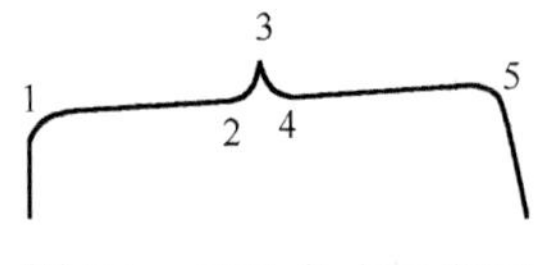

图 5-3　CSS 角点示意图

图 5-3 上的五个点都是曲率局部最大的点，即角点的候选点。如果采用小的支持区域(Region of Support，RoS)，则这五个点都是角点；如果采用大的 RoS，则 2、3、4 将可能视为错误角点。

如果 3 的 RoS 跨越 2 和 4，则判断其为正确角点，是个锐角；如果在自适应局部阈值之后仅 1、3、5 被记为候选角点，则 3 的 RoS 跨越 1 和 5，就可以把 3 看成一个错误角点，1、5 大概为一条直线。

如果 $160^\circ \leqslant \angle C_i \leqslant 200^\circ$，则候选角点 C_i 是个错误角点，否则是一个正确角点，其表达式为

$$\angle C_i = \left|\arctan(\Delta Y_1 / \Delta X_1) - \arctan\left(\Delta Y_2 / \Delta X_2\right)\right|$$

$$\Delta X_1 = \frac{1}{L_1}\sum_{i=u+1}^{u+L_1} X(i) - X(u), \quad \Delta Y_1 = \frac{1}{L_1}\sum_{i=u+1}^{u+L_1} Y(i) - Y(u) \tag{5-6}$$

$$\Delta X_2 = \frac{1}{L_2}\sum_{i=u-L_2}^{u-1} X(i) - X(u), \quad \Delta Y_2 = \frac{1}{L_2}\sum_{i=u-L_2}^{u-1} Y(i) - Y(u)$$

式中，L_1 和 L_2 是 RoS 的大小。

经过多次迭代，由边界噪声和不重要的细节产生的孤立候选角点被剔除，主要的角点被保留。

在候选角点中，尽管一些检测点是局部最大绝对值，但是这些最大值与支持区域的可计算差异很小，是所谓的圆角，可以通过局部自适应曲率阈值方法去除。这关系到支持区域的曲率，自适应阈值为

$$t(u) = \alpha \times K = 1.5 \times \frac{1}{L_1 + L_2 + 1}\sum_{i=u-L_2}^{u+L_1} k(i) \tag{5-7}$$

式中，K 为邻域的曲率均值；u 为曲线上候选角点的位置；α 为作用系数，$\alpha = 1$，没有角点被去除，$\alpha = 2$，曲率函数的波形是三角的，$1 < \alpha < 2$，便是圆角，一般取均值 1.5。

二、仿真实验

1. 基本的 CSS 角点检测方法

如图 5-4 所示，基本的 CSS 角点检测方法的流程如下。

(1) 对一幅灰度图采用 Canny 算子获得二值的边缘图。

(2) 从边缘图提取边缘轮廓，填充轮廓中的间隙，并找到 T 形角点。

(3) 对边缘轮廓计算高尺度 σ 的曲率。

(4) 考虑一个局部极大值作为初始角点，其绝对曲率大于阈值 t 并且两倍于其中一个邻近的局部极小值。

(5) 从最高尺度到最低尺度追踪角点来提高定位。

(6) 比较 T 形角点和其他角点，删除两个很近的角点中的一个。

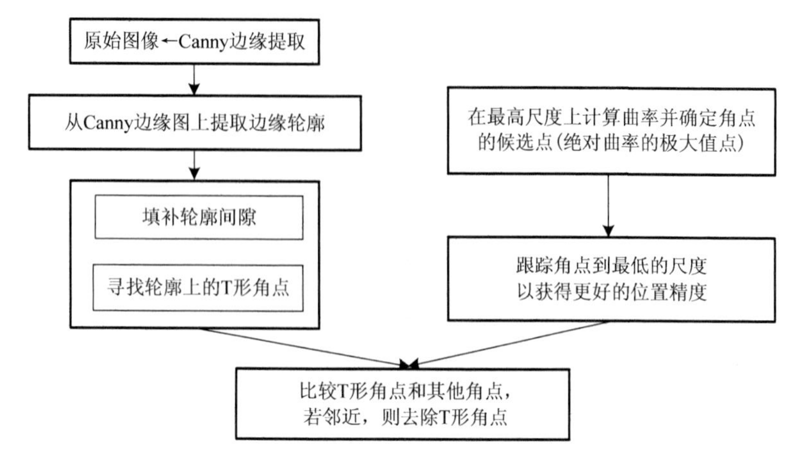

图 5-4 基本的 CSS 角点检测方法的流程

如图 5-5 所示，Canny 边缘检测结果中存在间隙，需要填补；在填补后的边缘轮廓中找到 T 形交点，将其记为 T 形角点。

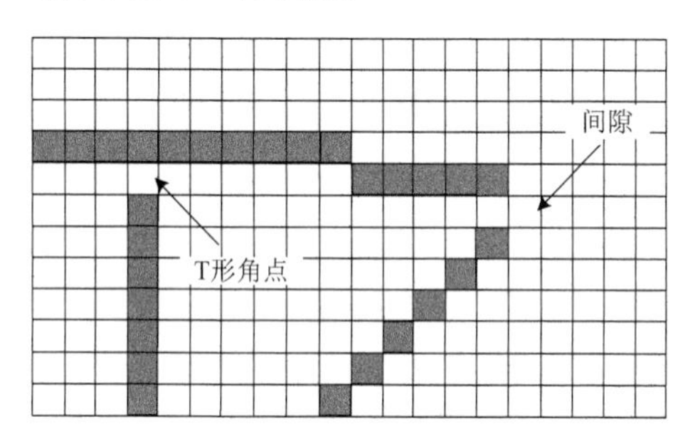

图 5-5 Canny 边缘检测造成边缘轮廓的间隙

在最高的尺度上计算边缘轮廓的曲率绝对值，并选择局部极大值点作为角点候选点，需满足以下条件。

(1) 大于阈值 t (去除圆角和噪声)。

(2) 至少两倍于两侧相邻的某个曲率极小值点。

跟踪角点到最低的尺度上以获得更好的位置精度；对于在高尺度上检测到的极大值点，在其低一级尺度的邻域搜索极大值点。依次类推，向更低尺度进行跟踪，直到最低尺度。

2. 改进的 CSS 角点检测方法

改进方法区别于基本 CSS 方法的步骤(3)和步骤(4)。

(1) 对一幅灰度图采用 Canny 算子获得二值的边缘图。

(2) 从边缘图提取边缘轮廓，填充轮廓中的裂缝，并找到 T 形角点。

(3) 计算每一个轮廓在一个确定的低尺度的曲率。

(4) 将所有曲率的局部极大值作为角点的候选对象，其中也包括那些错误的角点。

(5) 从最高尺度到最低尺度追踪角点来提高定位。

(6) 比较 T 形角点和其他角点，删除两个很近的角点中的一个。

如图 5-6 所示，将上述 CSS 角点和 T 形角点进行比较，去掉非常邻近的点。对于 Canny 连接得到的 T 形角点、CSS 跟踪得到的角点，如果两者邻近，则去掉 T 形角点。

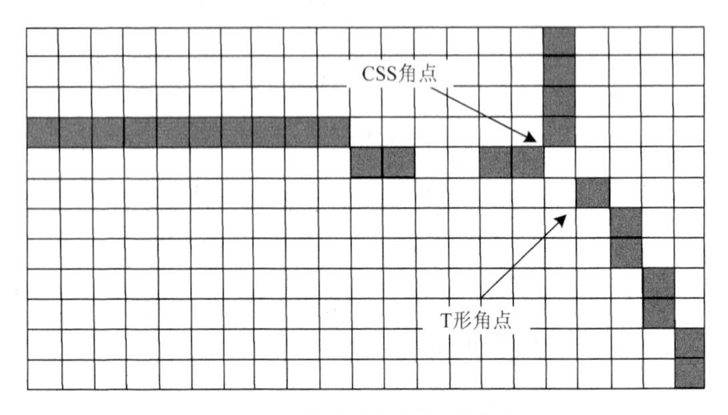

图 5-6　去除重复标记的角点

三、算法特点

CSS 算子首先在高尺度下计算轮廓曲线上任意点处的曲率；然后采用由自适应支持区域(RoS)确定的候选角点的角度，剔除边缘噪声干扰产生的角点，并采用动态阈值剔除圆角点。角点的角度和曲率阈值都动态地反映出候选角点的局部特征，因此多尺度图像的角点检测效果很好。

图像的轮廓曲线常受到噪声的影响而出现毛刺，直接影响角点的求取，在曲线尺度空间中 CSS 算子采用高斯平滑法，可以滤掉平面曲线上的噪声和不重要的微弱结构。

σ 描述的是尺度，在检测中使用单尺度，在定位中使用多尺度。对于复杂视频图像，σ 难以确定，σ 太小会检测出错误角点，σ 太大也不能保证检测出正确角点。

参 考 文 献

[1] Mokhtarian F, Suomela R. Robust image corner detection through curvature scale space. TPAMI, 1998, 20:1376-1381.

第 6 讲　FAST 算子

在 SUSAN 角点特征检测方法的基础上，英国剑桥大学（University of Cambridge）的 Rosten 利用机器学习方法，于 2006 年的 ECCV（European Conference on Computer Vision）上提出 FAST（features from accelerated segment test）算子[1]。

一、基本原理

Smith 和 Brady 在 1997 年提出 SUSAN 算子，如果某个窗口区域内的每个像素亮度值与该窗口中心的像素亮度值相同或相似，则该窗口区域称为 USAN。大量实验表明位于边缘上像素的 USAN 较小，位于角点上像素的 USAN 更小。因此，仅需寻找最小的 USAN，就可确定角点。

FAST 算子检测的角点定义为在像素点的邻域内有足够多的像素点与该点处于不同的区域。在灰度图像中，有足够多的像素点的灰度值大于或者小于该点的灰度值。

如图 6-1 所示，p 点附近半径为 3 的圆环上的 16 个点，若其中有连续 12 个点的灰度值与 p 点灰度值的差异超过某个阈值，则认为 p 点为角点。

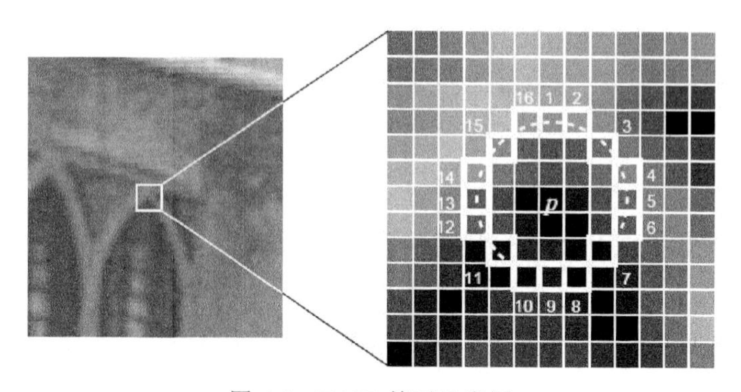

图 6-1　FAST 算子示意图

可以使用机器学习方法来提高该算法的处理速度。对同一类视频图像（如同一场景的图像），可以在 16 个方向上进行训练，得到一棵决策树，从而在判定某个像素点是否为角点时，不再需要对所有方向进行检测，而只需要按照决策树指定的方向进行 2～3 次判定，即可确定该点是否为角点。

某个像素是否为角点可以定义角点响应函数（CRF）来判断。

$$N = \sum_{x \forall (\text{circle}(p))} \left| I(x) - I(p) \right| < \varepsilon_d$$

式中，p 为中心像素点；$I(p)$ 为中心像素点的图像灰度值；$I(x)$ 为圆周上任意一点的图像灰度值；ε_d 为给定的一个极小阈值。通过角点响应函数，可以累加出圆周上满足角点响应函数的像素点个数 N。如果 N 大于给定的某个阈值，则可以确定该点为角点，通常阈值取值12，可以很快排除伪角点。选取不同的阈值 ε_d，可以控制提出的角点数目，阈值 ε_d 与角点数目的关系如图 6-2 所示。

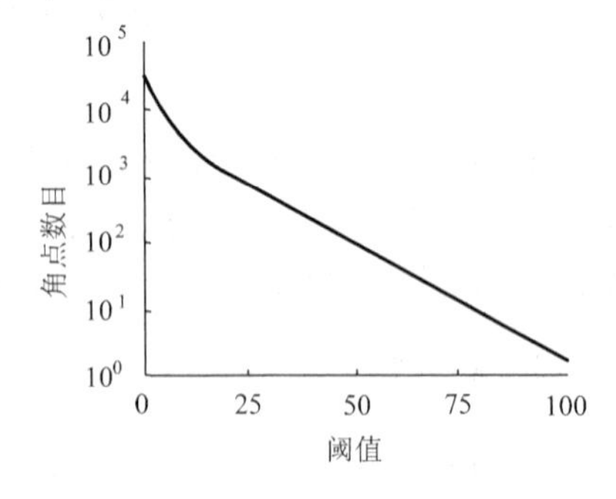

图 6-2　阈值与角点数目的关系

二、仿真实验

FAST 算法包含以下三个主要步骤。

(1) 对固定半径圆上的像素进行分割测试，通过逻辑测试可以去除大量的非特征候选点。

(2) 基于分类的角点特征检测，利用 ID3 tree 分类器根据 16 个特征判决候选点是否为角点，每个特征的状态为−1、0、1。

(3) 利用非极大值抑制方法进行角点特征的验证。

该算法还可以进行优化，如图 6-1 所示，首先可以判断 1、5、9 和 13 四个像素点的图像灰度值是否满足角点响应函数，如果至少有 3 个点满足，那么该点就可以作为角点候选点；然后再对其他点进行判断。经过优化后，该算法平均只需要检测角点候选点周围 3.8 个点就能判断该点是否为角点。

三、算法特点

FAST 角点算子具有平移和旋转不变性、可靠性高、对噪声鲁棒性好、计算量小的特点。

在 FAST 算子中，通过计算角点候选点周围 16 个点的图像灰度值与候选点的图像灰度值之间的差值，满足角点响应函数的像素点的个数超过阈值，就认定该候选点为角点，显然会提取到很多图像上的边缘点和一些局部非极大值点。同样，阈值 ε_d 的设定依赖于人的干涉，对于不同对比度的图像，提取效果不相同，具有较差的抗噪性能。

参 考 文 献

[1] Rosten E. Machine learning for high speed corner detection// ECCV, Graz, 2006, 3951: 430-443.

第 7 讲　DoG 算子

高斯函数的差分(Difference of Gaussian，DoG)算子是两幅高斯图像的差，通过将图像与高斯函数卷积实现低通滤波，是灰度图像增强和特征点检测的基本方法。德国数学家高斯(Gauss)在研究误差理论时，以极其简短的手法推导出正态分布密度函数——高斯函数。高斯函数可看成一个低通滤波器，在适当的标准化下，B-样条函数趋向于高斯函数。

一、基本原理

1. 高斯滤波

高斯函数属于初等函数，可以在整个实数轴上计算它的广义积分。高斯函数与高斯函数的卷积仍然是高斯函数，高斯函数是傅里叶变换的特征函数，高斯函数的傅里叶变换仍是高斯函数[1]。

在自然科学、社会科学、数学和工程学等领域都有高斯函数的身影，如人的身高、树叶的面积、星球的大小等都服从正态分布，而正态分布的密度函数就是高斯函数。

高斯函数与量子场论中的真空态相关，是量子谐振子基态的波函数；分子轨道是高斯函数的线性组合，在光学和微波系统中有高斯波束的应用；在Hermite多项式的定义中起着重要作用；在多尺度空间中用于预平滑核，因此高斯函数是最有用的初等函数。

如图 7-1 所示，中国古代石拱桥也形如高斯函数。

图 7-1　形如高斯函数的石拱桥

一维高斯函数可表示为

$$G(x)=\frac{1}{\sqrt{2\pi\sigma^2}}\exp\left(-\frac{x^2}{2\sigma^2}\right) \tag{7-1}$$

式中，x 为坐标；σ 为高斯分布的均方差。

二维高斯函数可表示为

$$f(x,y)=A\exp\left(-\left(\frac{(x-x_0)^2}{2\sigma_x^2}+\frac{(y-y_0)^2}{2\sigma_y^2}\right)\right) \tag{7-2}$$

式中，x、y 为坐标；σ_x、σ_y 为高斯分布的均方差；A 为振幅。

二维高斯函数的形状如图 7-2 所示。

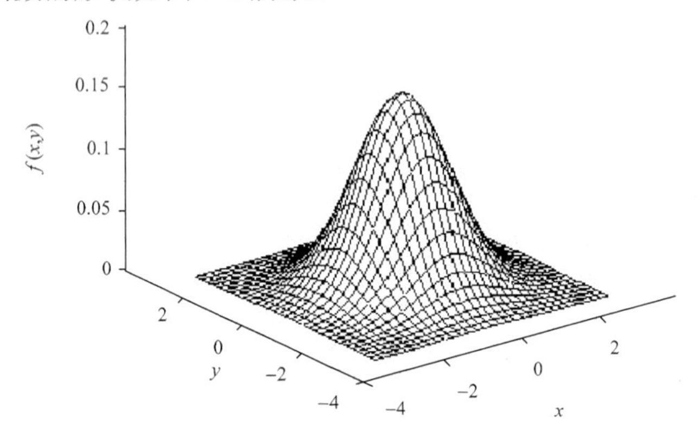

图 7-2　二维高斯函数的形状

高斯滤波保留能量最集中的中间部分，忽略四周能量很小的平坦区域[2]。

2. DoG 算子的计算

使用 DoG 算子来处理图像，就是将同一视频图像在不同参数下的高斯滤波结果相减。

一维 DoG 算子可表示为

$$f(x;\mu,\sigma_1,\sigma_2)=\frac{1}{\sigma_1\sqrt{2\pi}}\exp\left(-\frac{(x-\mu)^2}{2\sigma_1^2}\right)-\frac{1}{\sigma_2\sqrt{2\pi}}\exp\left(-\frac{(x-\mu)^2}{2\sigma_2^2}\right) \tag{7-3}$$

式中，μ 为均值。

二维 DoG 算子可表示为

$$f(x,y,\sigma)=\frac{1}{2\pi\sigma^2}\exp\left(\frac{-(x^2+y^2)}{2\sigma^2}\right)-\frac{1}{2\pi K^2\sigma^2}\exp\left(\frac{-(x^2+y^2)}{2K^2\sigma^2}\right) \tag{7-4}$$

式中，K 为两个高斯核的半径之比。

二、仿真实验

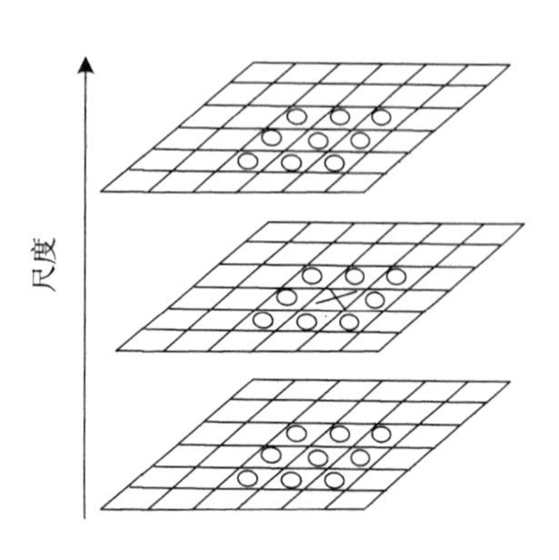

图 7-3　基于 DoG 的特征点检测

如图 7-3 所示，用“×”标记当前像素点，“○”标记邻接像素点，采用 DoG 算子，最多检测 26 个像素点。如果“×”标记的像素点是所有邻接像素点的最大值或最小值点，则把该像素点标记为特征点。**DoG 算子三维图中的最值点是候选特征点。**

三、算法特点

DoG 算子可以用来增加边缘和其他细节的可见性，大部分的边缘锐化算子使用增强高频信号的方法，但是因为随机噪声也是高频信号，所以很多锐化算子也增强噪声。DoG 算子去除的高频信号中通常包含随机噪声，该算子适合处理那些有高频噪声的视频图像。

当用于图像增强时，DoG 算子中两个高斯核的半径之比 K 通常为 4∶1 或 5∶1，**当 K 约等于 5 时，DoG 算子可以很好地近似视网膜上神经节细胞的视野。**当 K 为 **1.6 时，DoG 算子近似为拉普拉斯-高斯（Laplacian of Gaussian，LoG）算子。两个高斯核的确切大小决定两个高斯模糊后图像间的尺度[3]。**

DoG 算子实现简单，用于尺度不变特征变换（Scale Invariant Feature Transform，SIFT）的特征点检测。

DoG 算子的主要缺点是在调整图像对比度的过程中信息量会减少。

参 考 文 献

[1] Lowe D G. Distinctive image features from scale invariant keypoints. International Journal of Computer Vision, 2004，60(2): 91-110.

[2] Yan K, Sukthankar R. PCA-SIFT: a more distinctive representation for local image descriptors// CVPR, Pittsburgh, 2004, 2: II-506-II-513.

[3] Mikolajczyk K, Leibe B, Schiele B. Local features for object class recognition// ICCV, 2005, 2:1792-1799.

第 8 讲　LoG 算子

基于图像灰度二阶导数的零交叉点求取边缘点的方法对噪声十分敏感，1980 年美国麻省理工学院(Massachusetts Institute of Technology，MIT)的 Marr 和 Hildreth 根据人类视觉特性提出一种边缘检测方法，将高斯滤波和拉普拉斯运算结合在一起，称为拉普拉斯-高斯算子[1]。

一、基本原理

1. 高斯滤波与拉普拉斯运算

$G(x,y)$ 为高斯函数，x、y 为整数坐标，σ 为高斯分布的均方差，平滑作用通过 σ 控制，则

$$G(x,y)=\frac{1}{2\pi\sigma^2}\exp\left(-\frac{1}{2\pi\sigma^2}(x^2+y^2)\right) \tag{8-1}$$

拉普拉斯运算是 N 维欧几里得空间中的二阶微分，如果 f 是二阶可微的实函数，则 f 的拉普拉斯运算定义为

$$\Delta f=\nabla^2 f=\nabla\cdot\nabla f \tag{8-2}$$

拉普拉斯运算也是笛卡儿坐标系中的非混合二阶偏导数，即

$$\Delta f=\sum_{i=1}^{n}\frac{\partial^2 f}{\partial x_i^2} \tag{8-3}$$

式中，x_i 为 f 的参数。

2. LoG 算子实现原理

LoG 算子的主要思路如下。

1) 平滑滤波

对图像 $f(x,y)$ 进行高斯滤波，即

$$g(x,y)=f(x,y)*G(x,y) \tag{8-4}$$

2) 拉普拉斯运算

对平滑图像 $g(x,y)$ 进行拉普拉斯运算，即

$$h(x,y)=\nabla^2(f(x,y)*G(x,y)) \tag{8-5}$$

经过计算变换，可得

$$h(x,y)=f(x,y)*\nabla^2 G(x,y) \tag{8-6}$$

式中，$\nabla^2 G(x,y)$ 称为 LoG 算子或 LoG 滤波器，其计算公式为

$$\nabla^2 G(x,y)=\frac{\partial^2 G}{\partial x^2}+\frac{\partial^2 G}{\partial y^2}=\frac{1}{\pi\sigma^4}\left(\frac{x^2+y^2}{2\sigma^2}-1\right)\exp\left(-\frac{1}{2\sigma^2}(x^2+y^2)\right)$$

LoG 滤波器在 (x,y) 空间中的图形与墨西哥草帽形状相似，称为墨西哥草帽滤波器。

LoG 滤波器有无限长的拖尾，计算时取的尺寸越大，所需的计算量越大。随着 $r=\sqrt{x^2+y^2}$ 的增加，LoG 滤波器幅值迅速下降，当 r 大于一定程度时，可以忽略模板的作用。在实际计算时，常取 $n\times n$ 大小的 LoG 滤波器，n 近似为 3σ。

如图 8-1 所示，LoG 滤波器可以近似为两个指数函数之差，即 DoG，其表达式为

$$\mathrm{DoG}(\sigma_1,\sigma_2)=\frac{1}{2\pi\sigma_1^2}\exp\left(-\frac{x^2+y^2}{2\sigma_1^2}\right)-\frac{1}{2\pi\sigma_2^2}\exp\left(-\frac{x^2+y^2}{2\sigma_2^2}\right) \tag{8-7}$$

当 $\sigma_1/\sigma_2=1.6$ 时，DoG 可以代替 LoG，减少计算量。

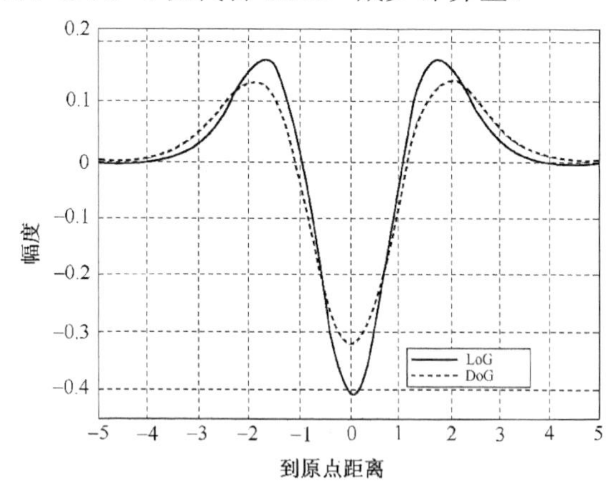

图 8-1　LoG 和 DoG 的比较

3) 边缘检测

边缘检测判据是二阶导数的零交叉点，即 $h(x,y)=0$ 的点，并对应一阶导数的较大峰值。

二、仿真实验

1. LoG 算子的实现流程

LoG 算子将图像与高斯滤波器进行卷积，既平滑图像又降低噪声，孤立的噪声点和较小的结构组织将被滤除。平滑造成图像边缘的延伸，边缘检测器只考虑那些具有局部梯度最大值的点为边缘点，可以用二阶导数的零交叉点实现。

拉普拉斯运算采用二维二阶导数近似，是一种无方向运算。为了避免检测出非显著边缘，一般选择一阶导数大于某个阈值的零交叉点作为边缘点。

LoG 算子首先对图像平滑，然后进行拉普拉斯运算，求二阶微分；等效于把拉普拉斯运算作用于高斯平滑函数[2]，因此有两种方法求图像边缘。

(1) 首先求取图像与高斯滤波器的卷积，然后求卷积的拉普拉斯运算，最后进行过零判断。

(2) 首先求取高斯滤波器的拉普拉斯运算，然后与图像卷积，最后进行过零判断。

拉普拉斯运算对图像中的噪声相当敏感，常产生双像素宽的边缘，不能提供边缘方向的信息。

2. LoG 算子的常用模板

LoG 算子是效果较好的边缘检测器，常用的 5×5 模板的 LoG 算子如图 8-2 所示。

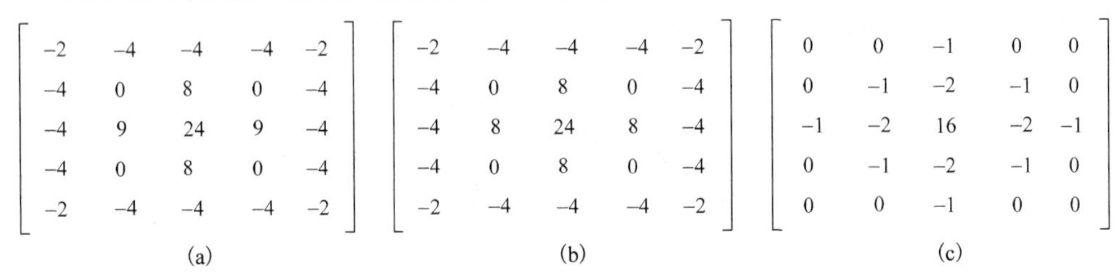

$$\begin{bmatrix} -2 & -4 & -4 & -4 & -2 \\ -4 & 0 & 8 & 0 & -4 \\ -4 & 9 & 24 & 9 & -4 \\ -4 & 0 & 8 & 0 & -4 \\ -2 & -4 & -4 & -4 & -2 \end{bmatrix} \quad \begin{bmatrix} -2 & -4 & -4 & -4 & -2 \\ -4 & 0 & 8 & 0 & -4 \\ -4 & 8 & 24 & 8 & -4 \\ -4 & 0 & 8 & 0 & -4 \\ -2 & -4 & -4 & -4 & -2 \end{bmatrix} \quad \begin{bmatrix} 0 & 0 & -1 & 0 & 0 \\ 0 & -1 & -2 & -1 & 0 \\ -1 & -2 & 16 & -2 & -1 \\ 0 & -1 & -2 & -1 & 0 \\ 0 & 0 & -1 & 0 & 0 \end{bmatrix}$$

(a)　(b)　(c)

图 8-2　常用的 5×5 模板的 LoG 算子

三、算法特点

LoG 算子把高斯平滑滤波器和拉普拉斯锐化滤波器结合起来，先平滑掉噪声，再进行边缘检测，效果好；通过图像平滑，消除尺度小于 σ 的图像强度变化；其他微分法需要计算不同方向的微分，LoG 算子无方向性，节省计算量；边缘连续性好，可以提取对比度较弱的边缘点，定位精度高；模板可以预先计算。

当边缘宽度小于 LoG 算子宽度时，过零点的斜坡融合将会丢失图像细节。LoG 滤波器通过检测二阶导数过零点判断边缘点，σ 正比于低通滤波器的宽度，σ 越大，平滑作用越显著，滤除噪声越好，但图像细节损失越大，边缘精度越低。在边缘定位精度和消除噪声程度间存在矛盾，需要根据具体问题对噪声水平和边缘点定位精度要求适当选取。

参 考 文 献

[1] Marr D, Hildreth E. Theory of edge detection// Proceedings of the Royal Society of London, 1980: 200-217.

[2] Rafeal C G, Richard E W. 数字图像处理. 2 版. 阮秋琦, 阮宇智, 译. 北京: 电子工业出版社, 2003.

第2篇　描　述　子

本篇重点介绍Hu矩、Legendre矩、傅里叶、HOG、LBP、Haar、SIFT、SURF等常用描述子。

Hu不变矩从图像中提取有效的形态特征，不随图像位置、大小和方向变化，速度很快；只用到低阶矩，不能很好地描述图像细节，对纹理特征复杂图像的识别率较低。

Legendre矩用来提取物体形状的全局特征，需要对图像每个像素进行积分，运算量大。

傅里叶描述子能够快速识别和分析物体形状，支持旋转、平移和尺度不变性。

HOG描述子对图像的几何和光学形变能保持很好的不变性，计算量小；没有旋转和尺度不变性。

LBP是典型的结构与统计相结合的纹理描述子，具有光照、灰度不变性，计算简单；可能失去某些局部结构信息，对噪声反应敏感。

Haar矩形特征只对边缘、线段等简单图形结构敏感，只适用于描述水平、垂直、对角等特定走向结构。

SIFT描述图像的局部特征，对平移、旋转、缩放保持不变性，对光照和视角变化、仿射变换、噪声保持一定程度的稳定性。

SURF描述子采用Hessian矩阵获取的图像局部极值十分稳定；过于依赖局部区域像素的梯度方向，有可能导致主方向不准确，造成特征匹配的较大误差。

第 9 讲　Hu 矩描述子

图像不变矩分为灰度直方图不变矩和空间不变矩，空间不变矩对图像平移、旋转、比例变换、对比度变化具有恒定性。不变矩就是一种通过提取具有平移、旋转和比例不变性的图像特征，使用对变换不敏感的基于区域的几个矩作为形状特征。

1962 年 Hu[1]提出代数不变矩的概念，成功应用于很多领域，进行特征提取。

一、基本原理

1. 连续函数的矩计算

函数 $f(x,y)$ 的 $p+q$ 阶矩定义为

$$M_{pq}=\iint x^{p}y^{q}f(x,y)\mathrm{d}x\mathrm{d}y\,,\qquad p,q=0,1,2,\cdots \tag{9-1}$$

矩在统计学中被用来反映随机变量的分布情况，在力学中用于刻画空间物体的质量分布。如果将图像灰度值看成一个二维或三维的密度分布函数，那么矩方法可用于图像特征提取。

零阶矩表示图像的“质量”为

$$M_{00}=\iint f\left(x,y\right)\mathrm{d}x\mathrm{d}y \tag{9-2}$$

一阶矩 (M_{01},M_{10}) 用于确定图像的质心为

$$x_{\mathrm{c}}=M_{10}/M_{00}\,,\qquad y_{\mathrm{c}}=M_{01}/M_{00} \tag{9-3}$$

将坐标原点移至 x_{c} 和 y_{c} 处，得到对于图像位移不变的中心矩，即

$$U_{pq}=\iint\left[(x-x_{\mathrm{c}})^{p}\right]\cdot\left[(y-y_{\mathrm{c}})^{q}\right]f(x,y)\mathrm{d}x\mathrm{d}y \tag{9-4}$$

2. 视频图像的矩计算

视频图像 $f(x,y)$ 的 $p+q$ 阶矩定义为

$$m_{pq}=\sum_{x}\sum_{y}x^{p}y^{q}f(x,y)\,,\qquad p,q=0,1,2,\cdots \tag{9-5}$$

相应的中心矩定义为

$$u_{pq}=\sum_{x}\sum_{y}(x-\overline{x})^{p}(y-\overline{y})^{q}f(x,y)\,,\qquad p,q=0,1,2,\cdots \tag{9-6}$$

式中，$(\overline{x},\overline{y})$ 为目标区域灰度的质心，其表达式为

$$\overline{x}=\frac{m_{10}}{m_{00}},\qquad \overline{y}=\frac{m_{01}}{m_{00}}$$

$f(x,y)$ 的归一化 $p+q$ 阶中心矩定义为

$$\eta_{pq}=\frac{u_{pq}}{u_{00}^{\gamma}},\qquad p,q=0,1,2,\cdots \tag{9-7}$$

式中，$\gamma=\frac{p+q}{2}+1$； $p,q=2,3,4,\cdots$ 。

3. Hu 不变矩的计算

7 个 Hu 不变矩是由归一化的二阶和三阶中心矩得到的，对平移、旋转、镜像和尺度变换具有不变性[2]，即

$$\phi_1=\eta_{20}+\eta_{02}$$

$$\phi_2=(\eta_{20}-\eta_{02})^2+4\eta_{11}^2$$

$$\phi_3=(\eta_{30}-3\eta_{12})^2+(3\eta_{21}-\eta_{03})^2$$

$$\phi_4=(\eta_{30}+\eta_{12})^2+(\eta_{21}+\eta_{03})^2$$

$$\begin{aligned}\phi_5=&(\eta_{30}-3\eta_{12})(\eta_{30}+\eta_{12})\left[(\eta_{30}+\eta_{12})^2-3(\eta_{21}+\eta_{03})^2\right]\\&+(3\eta_{21}-\eta_{03})(\eta_{21}+\eta_{03})\left[3(\eta_{30}+\eta_{12})^2-(\eta_{21}+\eta_{03})^2\right]\end{aligned}$$

$$\phi_6=(\eta_{20}-\eta_{02})\left[(\eta_{30}+\eta_{12})^2-(\eta_{21}+\eta_{03})^2\right]+4\eta_{11}(\eta_{30}+\eta_{12})(\eta_{21}+\eta_{03})$$

$$\begin{aligned}\phi_7=&(3\eta_{21}-\eta_{02})(\eta_{30}+\eta_{12})\left[(\eta_{30}+\eta_{12})^2-3(\eta_{21}+\eta_{03})^2\right]\\&+(3\eta_{12}-\eta_{30})(\eta_{21}+\eta_{03})\left[3(\eta_{30}+\eta_{12})^2-(\eta_{21}+\eta_{03})^2\right]\end{aligned}$$

二、仿真实验

特征提取是预处理和目标分类之间的桥梁，选择和抽取能充分反映目标基本形状与属性的特征，是目标识别的一个重要环节。

特征提取的准则为：同类目标的特征相似度大，不同目标的特征差异性大[3]。

如表 9-1 所示，通过提取某个物体的 7 个 Hu 不变矩，计算出图像中目标区域的不变特征向量。

表 9-1　提取的 7 个 Hu 不变矩特征值

不变矩	ϕ_1	ϕ_2	ϕ_3	ϕ_4	ϕ_5	ϕ_6	ϕ_7
原图像	0.2056	0.0027	0.003	6.6165×10^{-5}	-4.1167×10^{-9}	-3.1478×10^{-6}	-2.5404×10^{-8}
旋转 30°	0.2056	0.0027	0.003	6.6165×10^{-5}	-4.1167×10^{-9}	-3.1478×10^{-6}	-1.6545×10^{-8}

续表

不变矩	ϕ_1	ϕ_2	ϕ_3	ϕ_4	ϕ_5	ϕ_6	ϕ_7
旋转60°	0.2056	0.0027	0.003	6.6161×10^{-5}	-4.1134×10^{-9}	-3.1475×10^{-6}	-2.4502×10^{-8}
旋转90°	0.2056	0.0027	0.003	6.6165×10^{-5}	-4.1167×10^{-9}	-3.1233×10^{-6}	-1.6545×10^{-8}
缩小3倍	0.2055	0.0027	0.003	6.5980×10^{-5}	-3.7581×10^{-9}	-3.1233×10^{-6}	-2.5099×10^{-8}
缩小5倍	0.2055	0.0027	0.003	6.5945×10^{-5}	-3.6876×10^{-9}	-3.1185×10^{-6}	-2.5040×10^{-8}
扩大2倍	0.2056	0.0027	0.003	6.6027×10^{-5}	-3.8453×10^{-9}	-3.1294×10^{-6}	-2.5175×10^{-8}
平移10°	0.2056	0.0027	0.003	6.6165×10^{-5}	-4.1167×10^{-9}	-3.1478×10^{-6}	-2.5404×10^{-8}
平移25°	0.2056	0.0027	0.003	6.6165×10^{-5}	-4.1167×10^{-9}	-3.1478×10^{-6}	-2.5404×10^{-8}
平移50°	0.2056	0.0027	0.003	6.6165×10^{-5}	-4.1167×10^{-9}	-3.1478×10^{-6}	-2.5404×10^{-8}

可以看出图像在发生尺度、平移和旋转变换时，其7个Hu不变矩基本保持不变。

三、算法特点

由于Hu不变矩具有不随图像的位置、大小和方向变化的特点，对于提取图像中的形态特征，是一个非常有效的工具。

Hu不变矩一般用来识别图像中大的物体，对于物体的形状描述比较好，速度很快，如水果的形状识别、车牌的字符识别。

由于Hu不变矩只用到低阶矩，不能很好地描述图像细节，对图像的描述不够完整，所以Hu不变矩对纹理特征复杂图像的识别率比较低。

参考文献

[1] Hu M K. Visual pattern recognition by moment invariants. IRE Transactions on Information Theory, 1962, 8(2):179-187.

[2] Attila L, Tamas S. User-adaptive hand gesture recognition system with interactive training. Image and Vision Computing, 2005, 23(12):1102-1114.

[3] Phung S L, Bouzerdoum A, Chai D. Skin segmentation using color pixel classification: analysis and comparison. IEEE Transactions on Pattern Analysis and Machine Intelligence, 2005, 27(1): 148-154.

第 10 讲　Legendre 矩描述子

法国数学家 Legendre 在 1784 年出版的代表作《行星外形的研究》中提出 Legendre 多项式，并论述了该多项式的性质。基于 Legendre 多项式导出 Legendre 矩描述子，常用于提取物体形状的全局特征。

一、基本原理

对于二维图像 $f(x,y)$，其 $m+n$ 阶 Legendre 矩为

$$\lambda_{mn}=\int_{-1}^{1}\int_{-1}^{1}P_m(x)P_n(y)f(x,y)\mathrm{d}x\mathrm{d}y\,,\qquad m,n=0,1,2,\cdots \tag{10-1}$$

式中，$P_m(x)$ 为 m 阶 Legendre 多项式，即

$$P_m(x)=\sum_{k=0}^{m}(-1)^{(m-k)/2}\frac{1}{2^m}\frac{(m+k)!\cdot x^k}{((m-k)/2)!((m+k)/2)!k!} \tag{10-2}$$

式中，$|x|\leqslant 1$；$(m-k)$ 为偶数。

二、仿真实验

给定 $M\times N$ 二维图像 $f(i,j)$（$i=0,1,\cdots,M-1; j=0,1,\cdots,N-1$），由于 Legendre 矩仅在 $[-1,1]$ 方形空间正交，为计算 Legendre 矩，首先需要将图像映射到 $[-1,1]\times[-1,1]$ 区域。

令 $g(x_i,y_j)=f(i,j)$，其中，$x_i=-1+(2i+1)/M$，$y_j=-1+(2j+1)/N$，把 $g(x,y)$ 看成逐片连续函数，即

$$g(x,y)=g(x_i,y_j)$$

式中

$$-1+2i/M\leqslant x_i\leqslant -1+2(i+1)/M$$

$$-1+2j/N\leqslant y_j\leqslant -1+2(j+1)/N$$

精确计算公式为

$$\begin{aligned}\lambda_{mn}&=\frac{2m+1}{2}\cdot\frac{2n+1}{2}\sum_{i=0}^{M-1}\sum_{j=0}^{N-1}g(x_i,y_j)h_{mn}(x_i,y_j)\\&=\frac{2m+1}{2}\cdot\frac{2n+1}{2}\sum_{i=0}^{M-1}\sum_{j=0}^{N-1}f(x_i,y_j)h_{mn}(x_i,y_j)\end{aligned}$$

式中

$$h_{mn}(x_i, y_j) = \int_{x_i-\Delta x_i/2}^{x_i+\Delta x_i/2} \int_{y_j-\Delta y_j/2}^{y_j+\Delta y_j/2} P_m(x)P_n(y)\mathrm{d}x\mathrm{d}y$$

$$f(x_i, y_j) = f(i, j)$$

式中，Δx 和 Δy 分别表示在 x 和 y 方向的取样间隔，且对 $\forall i, j$ 有

$$\Delta x_i = \Delta x = 2/M$$

$$\Delta y_j = \Delta y = 2/N$$

可得

$$h_{mn}(x_i, y_j) = h_m(x_i)h_n(y_j)$$

$$h_m(x_i) = \int_{x_i-\Delta x_i/2}^{x_i+\Delta x_i/2} P_m(x)\mathrm{d}x = \sum_{r=0}^{\lfloor m/2 \rfloor} B_{rm} x^{m-2r+1} \Big|_{x_i-\Delta x_i/2}^{x_i+\Delta x_i/2}$$

$$h_n(y_j) = \int_{y_j-\Delta y_j/2}^{y_j+\Delta y_j/2} P_n(y)\mathrm{d}y = \sum_{s=0}^{\lfloor n/2 \rfloor} B_{sn} y^{n-2s+1} \Big|_{y_j-\Delta y_j/2}^{y_j+\Delta y_j/2}$$

式中，$(x_i + \Delta x_i/2, x_i - \Delta x_i/2)$、$(y_j + \Delta y_j/2, y_j - \Delta y_j/2)$ 分别为积分的上限和下限。B_{kn} 为一个因子，具有如下形式，即

$$B_{kn} = \frac{(-1)^k(2n-2k)!}{2^n k!(n-k)!(n-2k+1)!}$$

且满足如下递归关系

$$B_{kn} = \begin{cases} 1, & k=0, n=0 \\ \dfrac{2n-1}{n+1} B_{0(n-1)}, & k=0, n>0 \\ -\dfrac{(n-k+1)(n-2k+3)(n-2k+2)}{(2n-2k+2)(2n-2k+1)k} B_{(k-1)n}, & k>0, n \geqslant 0 \end{cases}$$

三、算法特点

不变矩方法是一种经典的特征提取方法，Legendre 矩是图像分析中的一种重要不变矩。

在基于形状的视频图像检索中，不变矩常用来提取物体形状的全局特征。常见的不变矩有几何不变矩描述子(Geometry Invariant Moment Descriptor，GIMD)、Legendre 矩描述子(Legendre Moment Descriptor，LMD)、Zernike 矩描述子(Zernike Moment Descriptor，ZMD)和正交 Fourier-Mellin 矩描述子(Orthorhombic Fourier-Mellin Moment Descriptor，OFMMD)。其中，特征域 Zernike 矩描述子和正交 Fourier-Mellin

矩描述子是从频域提取的形状特征，而几何不变矩描述子和 Legendre 矩描述子是从空间域提取的形状特征；因为 Zernike 矩描述子、Legendre 矩描述子和正交 Fourier-Mellin 矩描述子是正交的，计算得到的特征向量各分量之间是独立的，所以抗噪性能比几何不变矩描述子好；Legendre 矩描述子和正交 Fourier-Mellin 矩描述子的计算复杂，**在对整个图像区域上的 Legendre 多项式采用数值积分方式精确计算 Legendre 矩描述子时，需要对图像中每个像素进行积分，所以运算量大。**Zernike 矩描述子的计算相对简单，而几何不变矩描述子的计算最简单；在查全率相同的情况下，Zernike 矩描述子的查准率高于其他 3 种矩；Zernike 矩描述子、正交 Fourier-Mellin 矩描述子和 Legendre 矩描述子都支持形状的分层表示，而几何不变矩描述子不支持形状的分层表示，因为很难得到高阶的几何不变矩。

第 11 讲　傅里叶描述子

美国斯坦福大学的Zahn和耶鲁大学的Roskies于1972年的IEEE Transactions on Computers上提出傅里叶描述子[1]。傅里叶描述子是物体形状边界曲线的傅里叶变换系数，是物体边界曲线信号的频域分析形式，不受起始点移动、尺度变化和旋转影响。

一、基本原理

1. 基本的傅里叶描述子

将 x 轴作为实轴，y 轴作为虚轴，把坐标的序列点看成复数 $s(k)$，将二维问题转化成一维问题，则

$$s(k)=x(k)+\mathrm{j}y(k)$$

$s(k)$ 的傅里叶变换为

$$a(u)=\sum_{k=0}^{N-1}s(k)\mathrm{e}^{-\mathrm{j}2\pi uk/N}$$

式中，$a(u)$ 为傅里叶系数，由其构成的序列 $\{a(u)\}$ 为傅里叶描述子，反映曲线的形状特征。

傅里叶变换具有能量集中性，少量的傅里叶描述子可以很好地描述轮廓特征，重构出原曲线。 例如，对于一个由 64 点构成的正方形，用前 M（M 可取 2、4、8、16、24、32 等）个傅里叶系数可重构原轮廓曲线。当 $M>8$ 时，重构轮廓形状就接近正方形。

傅里叶变换将序列的主要能量集中在低频系数上，傅里叶描述子的低频系数反映轮廓曲线的整体形状，而高频系数反映轮廓的细节。第 1 个傅里叶描述子(即直流分量)为所有轮廓曲线上点的 x 坐标和 y 坐标的均值(复数形式)，表示轮廓的质心。

2. 傅里叶描述子的归一化

由表 11-1 可知，傅里叶描述子与图形的尺度方向、起始点选择有关。

表 11-1　基本傅里叶描述子的特性

类型	轮廓描绘	傅里叶描述子
原轮廓	$s(k)$	$a(u)$
旋转	$s_r(k)=s(k)\mathrm{e}^{\mathrm{j}\theta}$	$a_r(u)=a(u)\mathrm{e}^{\mathrm{j}\theta}$

续表

类型	轮廓描绘	傅里叶描述子
平移	$s_t(k)=s(k)+\Delta_{xy}$	$a_t(u)=a(u)+\Delta_{xy}\delta(u)$
缩放	$s_s(k)=\alpha s(k)$	$a_s(u)=\alpha a(u)$
起始点变化	$s_p(k)=s(k-k_0)$	$a_p(u)=a(u)\mathrm{e}^{-\mathrm{j}2\pi k_0 u/N}$

图形平移后，仅改变图形质心 $a(0)$ 的值，因此，在对图形进行判别时，可不考虑 $a(0)$。

当图形旋转或起始点发生变化后，对应傅里叶系数 $a'(u)$ 的模 $|a'(u)|$ 不变，对傅里叶系数取模可以消除旋转和起始点变化的影响。

当图形缩放 α 后，对应的傅里叶系数 $a'(u)$ 相应地乘以 α，选择描述子 $d(u)=\dfrac{|a(u)|}{|a(1)|}$，其中 $u>1$，可以消除缩放的影响。

归一化后的傅里叶描述子具有旋转、平移和尺度不变性。

二、仿真实验

假设输入信号 $s(k)$ 为

$$s(k)=\text{ContourSt}[2k]+\text{jContourSt}[2k+1] \tag{11-1}$$

当 N 为 256 时，有

$$\mathrm{e}^{-2\pi k\mathrm{j}/256}=\cos(-2\pi k\mathrm{j}/256)+\mathrm{j}\sin(-2\pi k\mathrm{j}/256) \tag{11-2}$$

将式(11-1)与式(11-2)相乘，可得

$$a(u)_{\text{real}}=\sum_{k=0}^{255}\text{ContourSt}[2k]\cos(-2\pi k\mathrm{j}/256)-\text{ContourSt}[2k+1]\sin(-2\pi k\mathrm{j}/256)$$

$$a(u)_{\text{imag}}=\sum_{k=0}^{255}\text{ContourSt}[2k]\sin(-2\pi k\mathrm{j}/256)+\text{ContourSt}[2k+1]\cos(-2\pi k\mathrm{j}/256)$$

使用傅里叶描述子来分析两个目标的相似性时，首先求取 $\{a(u)\}$，不考虑 $a(0)$；然后分别对两个目标的轮廓点，求取归一化的傅里叶描述子；最后求取两组傅里叶描述子之间的距离为

$$D_{\text{distance}}=\sqrt{\sum_k |d_1(k)-d_2(k)|}$$

三、算法特点

基本的傅里叶描述子对于物体位置、大小、方向存在依赖性，需要进行进一步处理。

归一化后的傅里叶描述子能够鲁棒地识别和区分具有旋转、平移和尺度变换的物体，是快速识别和分析物体形状的一种有效方法。

参 考 文 献

[1] Zahn C T, Roskies R Z. Fourier descriptors for plane closed curves. IEEE Transactions on Computers, 1972, C-21(3) : 269-281.

第 12 讲　HOG 描述子

梯度方向直方图(Histogram of Oriented Gradient，HOG)是用于目标检测的特征描述子，法国国家计算机技术和控制研究所的 Dalal 和 Triggs 在 2005 年的 CVPR (IEEE Computer society conference on computer Vision and Pattern Recognition)上首次提出 HOG，用于静态图像中的行人检测[1]。后来，将其应用在电影和视频中的行人检测，以及静态图像中的车辆和动物的检测。

一、基本原理

HOG 通过将整幅图像分割成小的连通区域，每个连通区域生成一个方向梯度直方图或者区域像素的边缘方向直方图，这些直方图的组合可表示出检测目标的特征描述子。为改善准确率，局部直方图可以通过计算图像中由多个连通区域构成的块内部的光强来归一化该块中的所有连通区域，归一化过程可实现更好的照射和阴影不变性。

如图 12-1 所示，首先将图像分成小的连通区域，即单元格；然后统计单元格内所有像素点的梯度或边缘的方向，得到对应的直方图；最后把得到的所有直方图组合起来就构成图像的特征描述子。

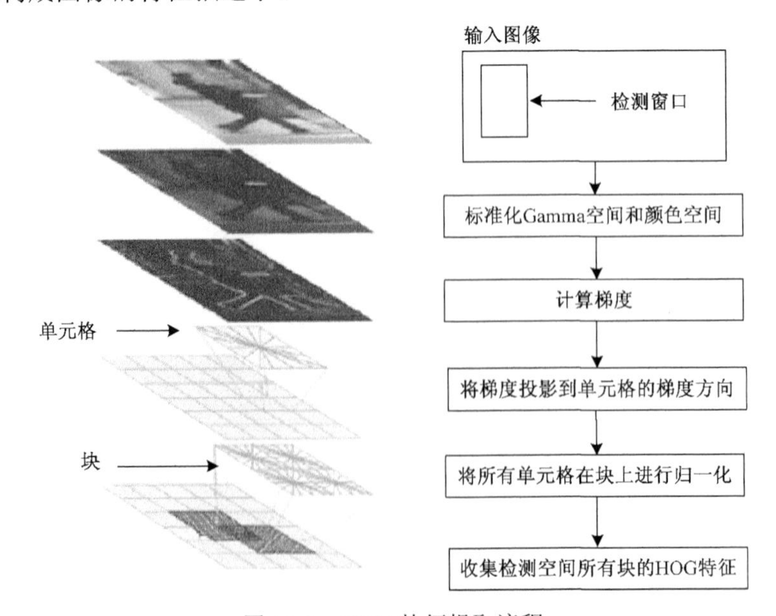

图 12-1　HOG 特征提取流程

为了减少光照影响，需要将图像进行规范化。图像局部的表面曝光贡献比重较大，压缩处理能够有效降低图像局部的阴影和光照变化。

$$I(x,y)=I_0(x,y)^{\text{gamma}}$$

式中，$I_0(x,y)$为规范化前的图像；$I(x,y)$为规范化后的图像；gamma为规范化因子。

常用的梯度大小为

$$R(X,Y)=\sqrt{(I(X+1,Y)-I(X-1,Y))^2+(I(X,Y-1)-I(X,Y+1))^2}$$

常用的梯度方向为

$$\text{Ang}(X,Y)=\arccos\left(\frac{I(X+1,Y)-I(X-1,Y)}{R}\right)$$

HOG将图像局部出现的方向梯度次数进行计数，与边缘方向直方图、尺度不变特征变换、形状上下文方法类似。但是HOG描述子在一个网格密集、大小统一的单元格上计算，采用重叠的局部对比度归一化技术，求导操作能够捕获轮廓、人影和一些纹理信息，弱化光照影响。

对比度归一化能够对光照、阴影和边缘进行压缩，每个单元格由多个不同的块共享，但它的归一化是基于不同块的，所以计算结果也不一样。一个单元格的特征会以不同的结果多次出现在最后的向量中。将归一化后的块描述符称为HOG描述子。

对于一个64×128的图片，若单元格为4×4像素，块为2×2单元格(8×8像素)，直方图取8个方向平分360°，块每次滑动一个单元格，则一块的特征数为2×2×8，特征维数为(8×16)×(2×2×8)共4096维。

将检测窗口中所有重叠的块进行HOG特征提取，并组合成最终的特征向量。

二、仿真实验

1. 经典的HOG特征提取

HOG特征提取流程如下。

(1)灰度化，将图像看成一个三维灰度图像。

(2)划分成小连通区域。

(3)计算每个连通区域中像素点的HOG。

(4)统计每个连通区域的HOG，形成HOG描述子。

2. 改进的HOG特征提取

Zhu等考虑到HOG不能在不同尺度上进行运算，对HOG算法进行改进，将积分图像的概念引入HOG中[2]。

首先生成全图的积分图像；然后采用不同大小的块在积分图像上滑动，获得不同尺度下的特征向量。由于不同的目标可能在不同的尺度里面，所以块越多越能获取更多信息。

三、算法特点

HOG 描述子在图像的局部单元格上操作，对图像的几何和光学形变能保持很好的不变性。在粗的空域抽样、精细的方向抽样和较强的局部光学归一化等条件下，只要行人大体上保持直立姿势，就容许行人有细微的肢体动作，而不影响检测效果。

HOG 描述子没有旋转和尺度不变性，计算量小。

参 考 文 献

[1] Dalal N, Triggs B. Histograms of oriented gradients for human detection// CVPR, San Diego, 2005, 1: 886-893.

[2] Zhu Q, Yeh M C, Kwang-Ting C, et al. Fast human detection using a cascade of histograms of oriented gradients// CVPR, Santa Barbara, 2006, 2: 1491-1498.

第 13 讲　LBP 描述子

局部二值模式(Local Binary Pattern，LBP)描述子由 Ojala 等于 1994 年的 ICPR(International Conference on Pattern Recognition)上提出[1]。将中心像素的灰度值设为阈值，其圆形邻域内的像素与之进行比较得到二进制码，用来表述局部纹理特征，不易受整幅图像灰度线性变化的影响。当图像灰度发生均匀变化时，其 LBP 纹理特征是不变的。

一、基本原理

1. 基本的 LBP 描述子

基本的 LBP 描述子以 3×3 的窗口为编码单位，以窗口中心像素的灰度值为编码阈值，将除中心像素外的 8 个像素的灰度值与编码阈值进行比较，灰度值大于编码阈值的像素点被标记为 1，否则为 0。3×3 邻域内的 8 个像素可产生 8bit 的无符号数，即为该窗口的 LBP 值，可反映该区域的纹理信息，如图 13-1 所示。

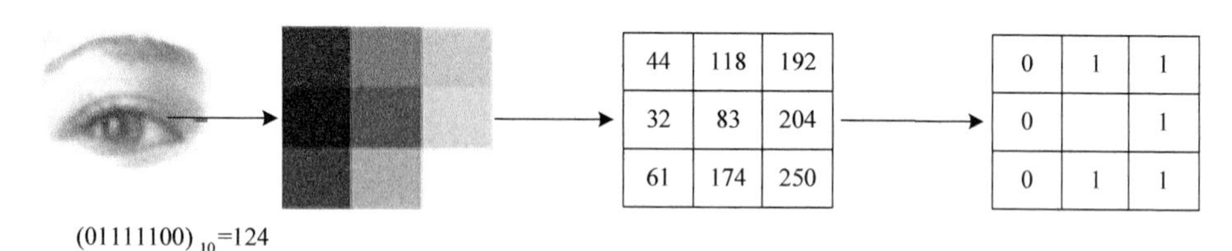

图 13-1　LBP 定义

2. 改进的 LBP 描述子

在基本 LBP 描述子的基础上，不断提出各种改进方法，如半径为 *R* 的圆形区域内含有 *P* 个采样点的环形 LBP 描述子、LBP 均匀模式、LBP 旋转不变模式、LBP 等价模式等[2]。

常用的环形 LBP 描述子以单个像素和以其为中心、半径为 R 的环形邻域上的 P 个像素的联合分布 $T=t(g_c,g_0,\cdots,g_{P-1})$ 为基本编码单元。其中 g_c 表示局部邻域中心的灰度值，$(g_0,\cdots,g_{P-1})$ 对应着半径为 R 的圆环上的 P 个等分点的灰度值，使用不同的 (P,R) 值，就可以得到不同的环形 LBP 描述子，图 13-2 为 3 种不同的环形 LBP 描述子。

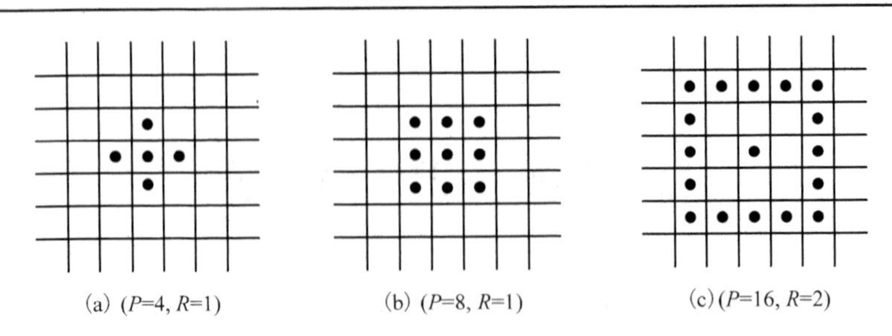

(a) (P=4, R=1)　　(b) (P=8, R=1)　　(c) (P=16, R=2)

图 13-2　不同(P, R)的环形对称邻域

3. 环形 LBP 描述子的求取方法

对于联合分布 $T=t(g_c,g_0,\cdots,g_{P-1})$，用环形邻域上 P 个等分点的灰度值 $g_p(p=0,1,\cdots,P-1)$ 减去中心点的灰度值 g_c，可以得到 P 个差值

$$g_0-g_c,g_1-g_c,\cdots,g_{P-1}-g_c$$

将上述差值用符号函数处理，可以得到图像的纹理描述

$$T\approx t(s(g_0-g_c),s(g_1-g_c),\cdots,s(g_{P-1}-g_c))$$

式中，s 为符号函数，其表达式为

$$s(x)=\begin{cases}1, & x\geqslant 0\\ 0, & x<0\end{cases}$$

当图像存在全局光照变化时，中心像素与其环形邻域上像素灰度值的相对大小不会改变。

将上述结果按环形邻域上像素的特定顺序排成一个 0/1 序列，按逆时针方向，以中心像素的右边邻域像素为起始像素，给每一项 $s(g_p-g_c)$ 赋予二项式因子 2^p，可以将像素的局部空间纹理结构表示为一个唯一的十进制数，该十进制数称为 $\text{LBP}_{P,R}$ 数，计算方式为

$$\text{LBP}_{P,R}=\sum_{p=0}^{P-1}s(g_p-g_c)2^p$$

LBP 纹理特征的计算过程如图 13-3 所示，首先将各邻域像素与中心像素进行比较，大于中心像素的点被置 1，小于则置 0，得到二值化模板；然后按逆时针顺序构造 0/1 序列(10100101)；最后计算出 0/1 序列对应的十进制数 165，则该像素的 LBP 纹理特征值就是 165，对图像中的每个像素求 LBP 特征值，就可以得到图像的 LBP 纹理特征图，如图 13-4 所示。

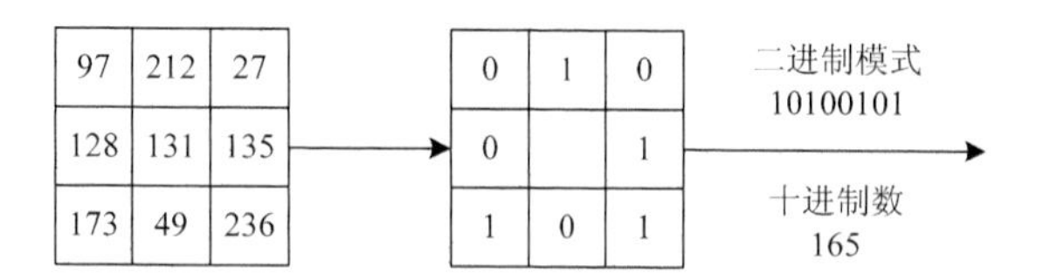

图 13-3　LBP 纹理特征计算过程(P=8, R=2)

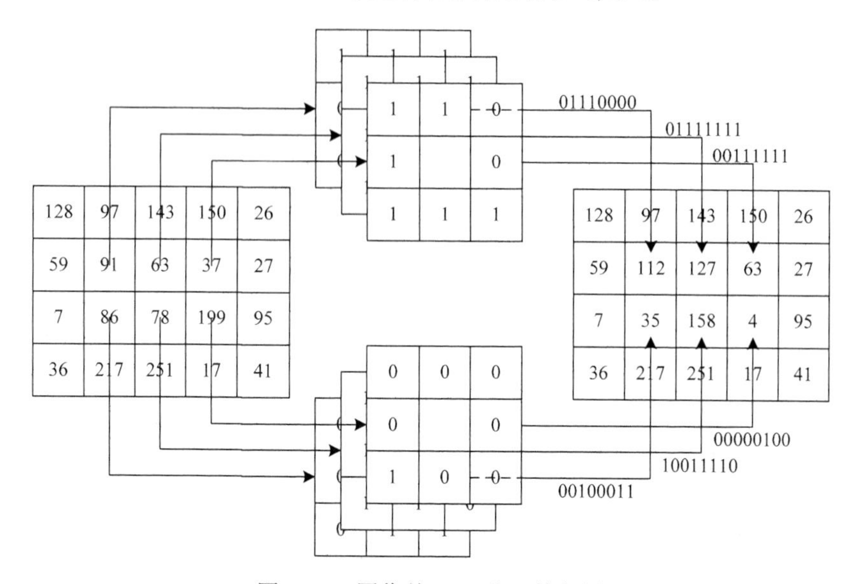

图 13-4　图像的 LBP 纹理特征图

图像边缘处的像素缺少 LBP 编码所需的邻域，其 LBP 编码值取原始灰度值。

4. LBP 特征统计直方图

一幅图像的 LBP 特征依然是一幅图片，将物体从图片转换为二进制特征，该特征与位置信息紧密相关。若直接对两张待处理图片提取这种特征，并进行分析与判别，则会因为图像中目标位置没有配准而产生很大误差，而统计直方图可以有效地减少这种误差。

首先可以将一幅图片划分为若干子区域；然后计算每个子区域内各像素点的 LBP 特征；接着在每个子区域内建立描述区域整体统计特征的 LBP 特征统计直方图。整个图片由若干个统计直方图组成[3]。

例如，一幅 256×256 的图片，首先划分为 16×16=256 个子区域，每个子区域的大小为 16×16 像素；然后对每个子区域内部提取各像素的 LBP 特征；接着建立区域 LBP 特征统计直方图，则这幅图片有 256 个子区域和 256 个统计直方图；最后利用相似性度量函数，判断两幅图像之间的相似性。

二、仿真实验

1. 训练阶段

(1) 用改进的 LBP 描述子对图像进行作用，对作用后的图像进行统计并计算参考特征向量 $\boldsymbol{M}$。改进的 LBP 描述子为

$$\mathrm{LBP}_{P,R}^{\mathrm{riu}_T}=\begin{cases}\sum_{p=0}^{P-1}s(g_p-g_{\mathrm{c}}), & U\leqslant U_T\\ P+1, & \text{其他}\end{cases}$$

式中，U 为二进制码串 0 和 1 的转变次数，例如，11100011 的二进制码串上有 2 次转变，01010000 的二进制码串上有 4 次转变，可表示为

$$U=\left|s(g_{P-1}-g_{\mathrm{c}})-s(g_0-g_{\mathrm{c}})\right|+\sum_{p=1}^{P-1}\left|s(g_p-g_{\mathrm{c}})-s(g_{P-1}-g_{\mathrm{c}})\right|$$

式中，P 为采样点的个数；R 为半径；s 为阶跃函数。U_T 一般取 $P/4$。特征向量 $\boldsymbol{M}$ 为 $(P+2)$ 维，向量的分量为变换后图像像素的频率。

(2) 先将图像划分为 $W\times W$ 的小窗口，再用改进的 LBP 描述子对划分好的小窗口图像进行作用，要求窗口 $W\geqslant w+9$，w 为 LBP 描述子的邻域大小。统计并计算出每个窗口图像的特征向量 $\boldsymbol{S}$，利用特征向量 $\boldsymbol{M}$ 和 $\boldsymbol{S}$ 计算 L。

$$L_k\left(\boldsymbol{S}_k,\boldsymbol{M}\right)=\sum_{i=0}^{P+1}S_{ik}\lg\left(\frac{S_{ik}}{M_i}\right),\qquad k=1,2,\cdots,N$$

式中，N 为窗口的个数；$\boldsymbol{S}_k$ 为第 k 个窗口的特征向量；S_{ik} 为第 k 个窗口的特征向量 $\boldsymbol{S}_k$ 的第 i 个分量；M_i 为特征向量 $\boldsymbol{M}$ 的第 i 个分量，得到 N 个 L 值。

(3) 计算出阈值 T，即

$$T=\mathrm{Max}(L_k),\qquad k=1,2,\cdots,N$$

2. 检验阶段

(1) 先将要检验的图像划分为 $W\times W$ 的小窗口，再用改进的 LBP 描述子对划分好的小窗口图像进行作用，统计并计算出每个窗口图像的特征向量 $\boldsymbol{S}_k$。

(2) 利用训练阶段的特征向量 $\boldsymbol{M}$，检验阶段的特征向量 $\boldsymbol{S}_k$ 计算出 L_k。

(3) 判断 L_k 与阈值 T 之间的大小；并利用相似性度量函数，判断两幅图像之间的相似性。

三、算法特点

LBP 是用来描述图像局部纹理特征的描述子，具有计算简单、灰度不变性、分类能力强、在描述纹理特征方面效果显著的特点[4]。

LBP 是一种典型的结构与统计相结合的纹理描述子，能够提取和度量图像局部的纹理信息，可用于质量检测、字符识别、车牌识别、指纹识别、人脸识别等领域。

基本的 LBP 描述子产生的直方图维数过长，导致识别速度低下；由于不考虑 LBP 描述子中心像素的作用，在特定情况下会失去某些局部结构信息；产生的二值数据对噪声反应敏感。

参 考 文 献

[1] Ojala T, Pietikäinen M, Harwood D. Performance evaluation of texture measures with classification based on kullback discrimination of distributions// ICPR, Finland, 1994, 1: 582-585.

[2] Kokare M, Chatterji B N, Biswas P K. Cosine-modulated wavelet based texture features for content: based image retrieval. PR Letters, 2004,25(4): 391-398.

[3] 李加佳, 彭启民. 适应光照突变的运动目标检测算法. 计算机辅助设计与图形学学报, 2012, 24(1): 1405-1409.

[4] Jafari-Khouzani K, Soltanian-Zadeth H. Radon transform orientation estimation for rotation invariant texture analysis. TPAMI, 2005, 27(6): l004-l008.

第 14 讲　Haar 描述子

Haar 描述子最早由 Papageorgiou 等应用于人脸表示，Viola 和 Jones 在此基础上，提出 3 种类型(两矩形、三矩形、四矩形)共 4 种形式的特征(边缘特征、线性特征、中心环绕特征和对角线特征)[1]。

一、基本原理

1. Haar 矩形特征

Haar 特征分为边缘特征、线性特征、中心特征和对角线特征，这些特征可组合成特征模板。特征模板由白色和黑色两种矩形区域组成，模板特征值为模板内白色矩形区域和黑色矩形区域包含像素和的差值，反映图像灰度变化情况[2]。

图 14-1 的特征模板称为特征原型，其值称为特征值。图 14-1(a)、图 14-1(b)和图 14-1(d)的特征值计算公式为

$$V = \mathrm{Sum}_{白} - \mathrm{Sum}_{黑} \tag{14-1}$$

对于图 14-1(c)，特征值计算公式为

$$V = \mathrm{Sum}_{白} - 2 \times \mathrm{Sum}_{黑} \tag{14-2}$$

式中，加权因子 2 是为了使两种矩形区域中像素数目一致。

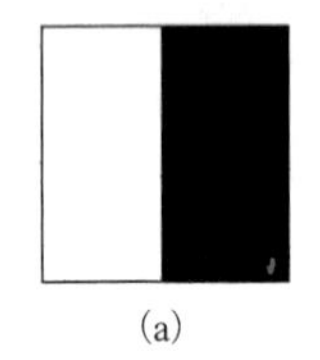
(a)

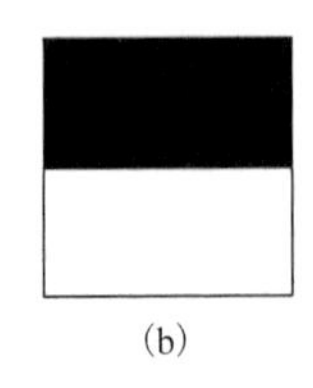
(b)

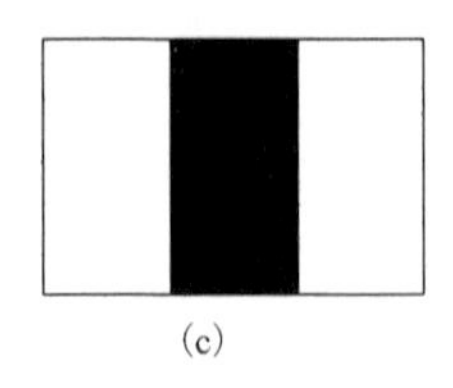
(c)

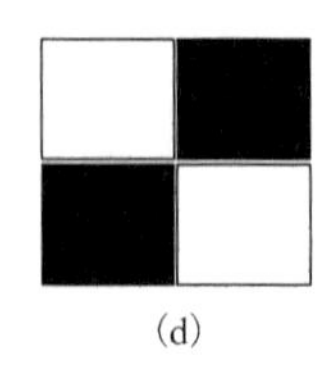
(d)

图 14-1　特征示意图

通过改变特征原型的大小和位置，即将特征原型在图像中进行平移和伸缩扩展，可在图像中穷举出大量特征。

矩形特征值是矩形模板类别、矩形位置和矩形大小三个因素的函数。由于矩形特征种类多，可位于图像任意位置且大小可以任意改变，所以很小的检测窗口中都可能含有大量的矩形特征，例如，在 24×24 像素大小的检测窗口内矩形特征数量可以达到 16 万个。

为了实现特征的快速提取和分类，可使用积分图方法和 AdaBoost 分类器。

2. 积分图方法

积分图是一种能够描述全局信息的矩形表示方法，只需要对全图进行一次遍历就可以求出图像中所有区域像素和，可有效提高图像特征值计算的效率。

积分图方法将图像从起点到各个点所形成的矩形区域像素之和作为一个数组元素保存在内存中，当要计算某个区域的像素和时，通过直接索引数组元素来加快计算过程。能够在多种尺度下，使用相同的时间计算不同的特征，大大提高了计算速度[3]。

积分图构造方式是位置 (i, j) 处的值 $ii(i, j)$ 是原图像中 (i, j) 左上角方向所有像素的和，即

$$ii(i, j) = \sum_{k \leqslant i, l \leqslant j} i(k, l) \tag{14-3}$$

如图 14-2 所示，积分图的构建过程如下。

(1) 用 $s(i, j)$ 表示行方向的累加和，初始化 $s(i, -1) = 0$ 。

(2) 用 $ii(i, j)$ 表示一个积分图像，初始化 $ii(i, -1) = 0$ 。

(3) 逐行扫描图像，递归计算每个像素 (i, j) 行方向的累加和 $s(i, j)$ 与积分图像 $ii(i, j)$ 的值，即

$$s(x, y) = s(x, y-1) + i(x, y)$$

$$ii(x, y) = ii(x-1, y) + s(x, y)$$

(4) 扫描一遍图像，当到达图像右下角像素时，积分图构造完成。

如图 14-3 所示，任何矩形区域的像素累加和都可以通过简单运算得到。

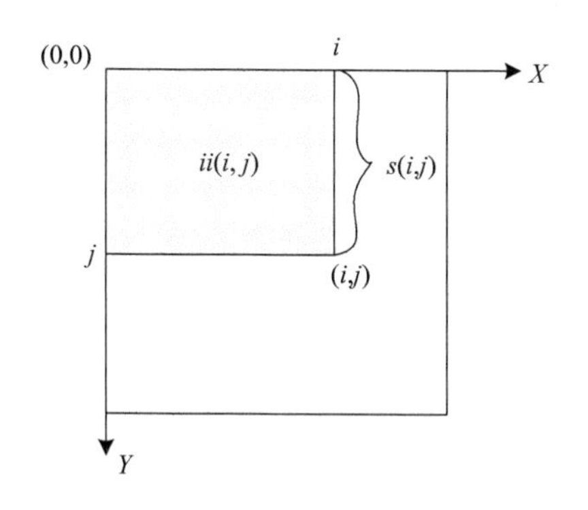

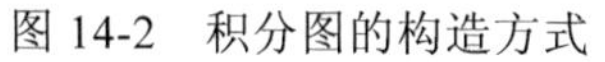
图 14-2　积分图的构造方式

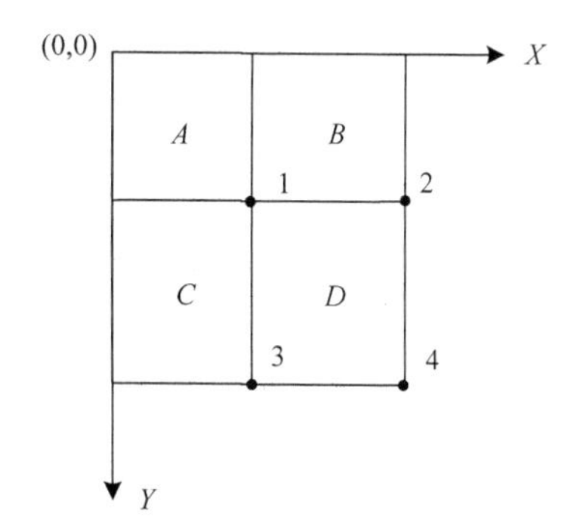

图 14-3　积分图的简单运算

设 D 的四个顶点分别为 1、2、3、4，则 D 的像素和可表示为

$$D_{\text{sum}} = ii(4) + ii(1) - ii(2) - ii(3)$$

Haar 特征值等于黑白两类矩形区域内像素和的差。由于矩形区域内像素和的差只与此特征矩形端点的积分图有关，所以不管此特征矩形的尺度如何变换，其对应特征值的计算所消耗的时间都是常量。因此，只要遍历图像一次，得到全图的积分图后，就可以快速求得所有子窗口的特征值[4]。

3. 拓展的 Haar 特征

如图 14-4 所示，Lienhart 等对 Haar 矩形特征库进一步扩展，加入旋转 45° 的矩形特征，拓展后的特征分为 4 种类型：边缘特征、线性特征、中心环绕特征和对角线特征。

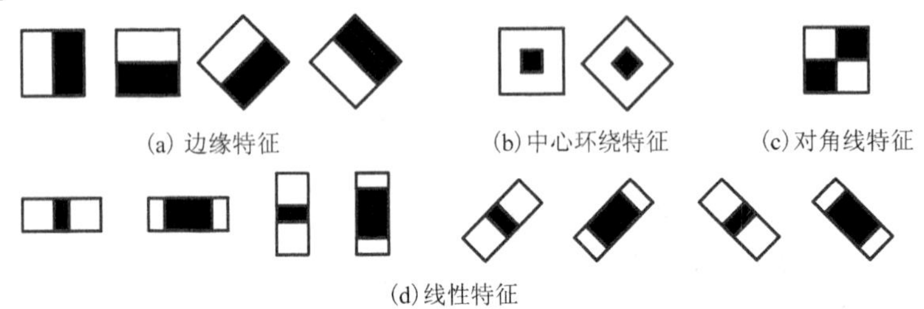

图 14-4　Haar 矩形特征拓展

在特征值的计算过程中，黑色区域对应的权值为负值，白色区域对应的权值为正值，且权值与矩形面积成反比，使两种矩形区域中像素数目一致。

竖直矩形特征值计算方法与水平矩形一样。

4. 特殊 Haar 特征的计算

如图 14-5 所示，对于 45° 的矩形，定义 RSAT(x,y) 为点 (x,y) 左上角 45° 区域和左下角 45° 区域的像素和，可表示为

$$\mathrm{RSAT}(x,y)=\sum_{x'\leqslant x,\ x'\leqslant x-|y-y'|} I(x',y') \tag{14-4}$$

在实际应用中可按如下递推公式计算，以减少计算时间(图 14-6)。

$$\mathrm{RSAT}(x,y)=\mathrm{RSAT}(x-1,y-1)+\mathrm{RSAT}(x-1,y)+I(x,y)-\mathrm{RSAT}(x-2,y-1) \tag{14-5}$$

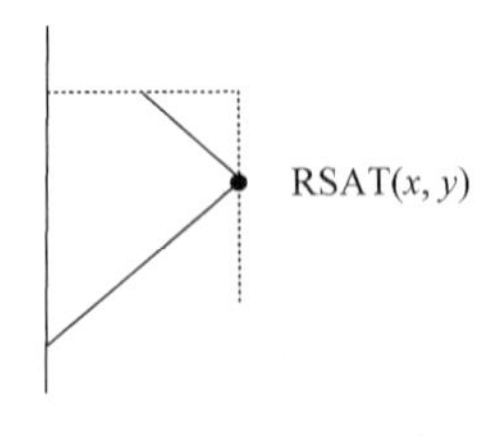

图 14-5　45° 的矩形示意图

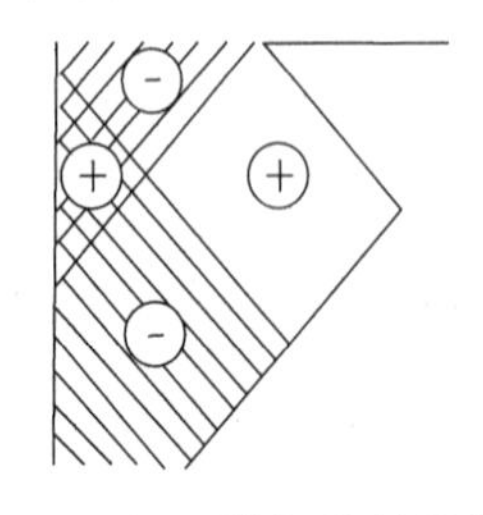

图 14-6　矩形特征值的计算

二、仿真实验

如图 14-7 所示，脸部特征可由 Haar 矩形特征简单描绘。图中两个 Haar 矩形特征表示出人脸的某些特征，中间的图像表示眼睛区域的颜色要比脸颊区域的颜色深，右边的图像表示鼻梁两侧区域的颜色要比鼻梁区域的颜色深。用区域特征取代像素点特征可极大地提高处理速度。

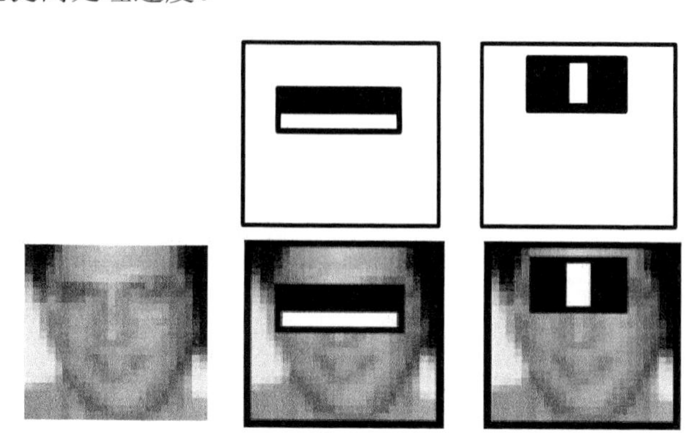

图 14-7　脸部的矩形特征

子窗口中的特征个数即为特征矩形的个数。在确定特征形式后，矩形特征的数量只与子窗口大小有关。特征模板可以在子窗口内以任意尺寸任意放置，每一种形态称为一个特征。将每一个特征在训练图像子窗口中进行滑动计算，即可获取各个位置的各类矩形特征。找出子窗口的所有特征，是进行弱分类训练的基础。

三、算法特点

基于特征的检测能够编码特定区域的状态，比基于像素的系统要快得多。

Haar 矩形特征只对边缘、线段等简单图形结构特征敏感，只适用于描述水平、垂直、对角等特定走向结构[5]。

小幅图像即可拥有大量的 Haar 特征[6]，必须通过特定算法甄选合适的矩形特征，并将其组合成强分类器才能检测目标。

参考文献

[1] Haralick R, Shanmugam K,Dinstein I. Texture feature for image classification. IEEE Transactions on Systems, Man, and Cybernetics, 1973, 3(6):610-621.

[2] Victor B, Bowyer K, Sarkar S. An evaluation of face and ear biometrics// ICPR, Quebec City, Canada, 2002: 429-432.

[3] 江博. 基于 Kalman 的 TLD 目标跟踪算法研究[硕士学位论文]. 西安: 西安科技大学, 2013.
[4] 傅文林. 图像分割技术研究及头发分割应用[硕士学位论文].上海: 上海交通大学, 2009.
[5] 王赞超. 基于 Android 平台的视觉手势识别研究[硕士学位论文]. 西安: 西安电子科技大学, 2013.
[6] Haar 特征与积分图. liulina603 的专栏. http://blog.csdn.net/liulina603/article/details/8617281.

第 15 讲　SIFT 描述子

尺度不变特征变换(Scale Invariant Feature Transform，SIFT)描述子由加拿大哥伦比亚大学(University of British Columbia)的 Lowe 于 1999 年的 ICCV(IEEE International Conference on Computer Vision)上提出[1]。SIFT 描述子是一种基于尺度空间的，对图像平移、旋转、缩放与一定视角和光照变化等保持不变性的局部特征描述子。

一、基本原理

1. 尺度空间的生成

尺度空间理论用于分析图像数据的多尺度特征，在多尺度空间进行特征点的检测可以使得提取到的特征具有尺度不变性。

高斯卷积核是实现尺度变换的常用变换核，并且是唯一的线性核[2]。二维图像的尺度空间可用下式表示，即

$$L(x,y,\sigma)=G(x,y,\sigma)*I(x,y)$$

式中，$G(x,y,\sigma)$ 是尺度可变的高斯函数，其表达式为

$$G(x,y,\sigma)=\frac{1}{2\pi\sigma^2}\mathrm{e}^{-(x^2+y^2)/(2\sigma^2)}$$

式中，(x,y) 是空间坐标，代表图像的像素位置；符号 $*$ 表示卷积；尺度空间因子 σ 表示图像的平滑程度，σ 越大，平滑程度越大，变换结果对应图像的概貌特征，反之则对应图像的细节特征。

图 15-1 展示了尺度空间中两组不同尺度图像金字塔的构建过程，第二组图像由第一组图像下采样得到。

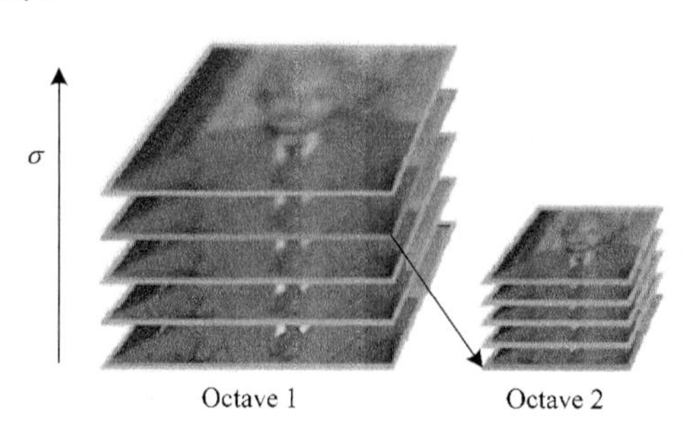

图 15-1　图像金字塔的构建示例

利用不同尺度的高斯核依次与原始图像进行卷积，即可得到高斯差分尺度空间。

$$D(x,y,\sigma)=(G(x,y,k\sigma)-G(x,y,\sigma))*I(x,y)=L(x,y,k\sigma)-L(x,y,\sigma)$$

利用差分近似代替微分，有

$$\sigma\nabla^2 G=\frac{\partial G}{\partial\sigma}\approx\frac{G(x,y,k\sigma)-G(x,y,\sigma)}{k\sigma-\sigma}$$

则

$$G(x,y,k\sigma)-G(x,y,\sigma)\approx(k-1)\sigma^2\nabla^2 G$$

式中，$k-1$ 是常数，不影响极值点位置的求取。

高斯差分函数计算简单，效率高，与尺度归一化的拉普拉斯-高斯(LoG)算子非常相似，实际应用中可作为 LoG 的一种近似。如图 15-2 所示，图中粗虚线表示 DoG，而粗实线表示 LoG 算子。

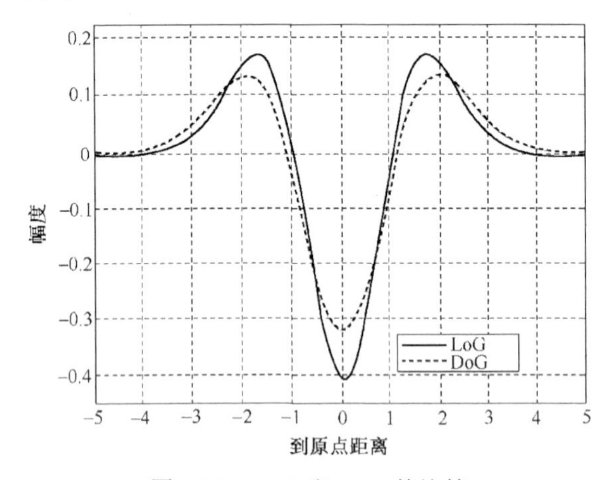

图 15-2　LoG 和 DoG 的比较

2002 年 Mikolajczyk 在实验中发现，与梯度、Hessian 或 Harris 特征提取函数比较，$\sigma^2\nabla^2 G$ 的极大值和极小值能够产生最稳定的图像特征[3]。

图 15-3 为 DoG 算子的构建过程。

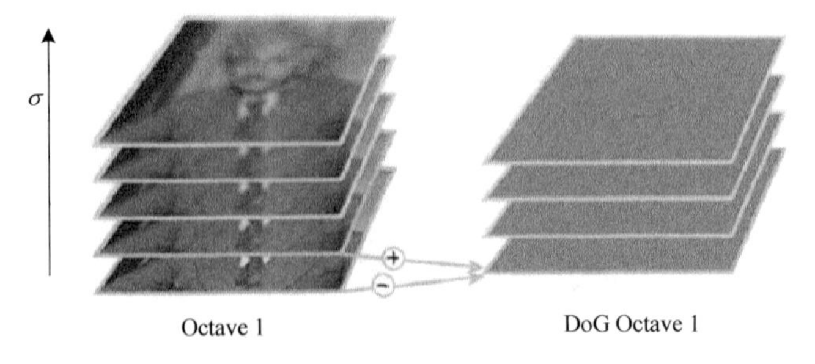

图 15-3　DoG 算子的构建过程

图 15-4 为构造 $D(x,y,\sigma)$ 的一种有效方法。

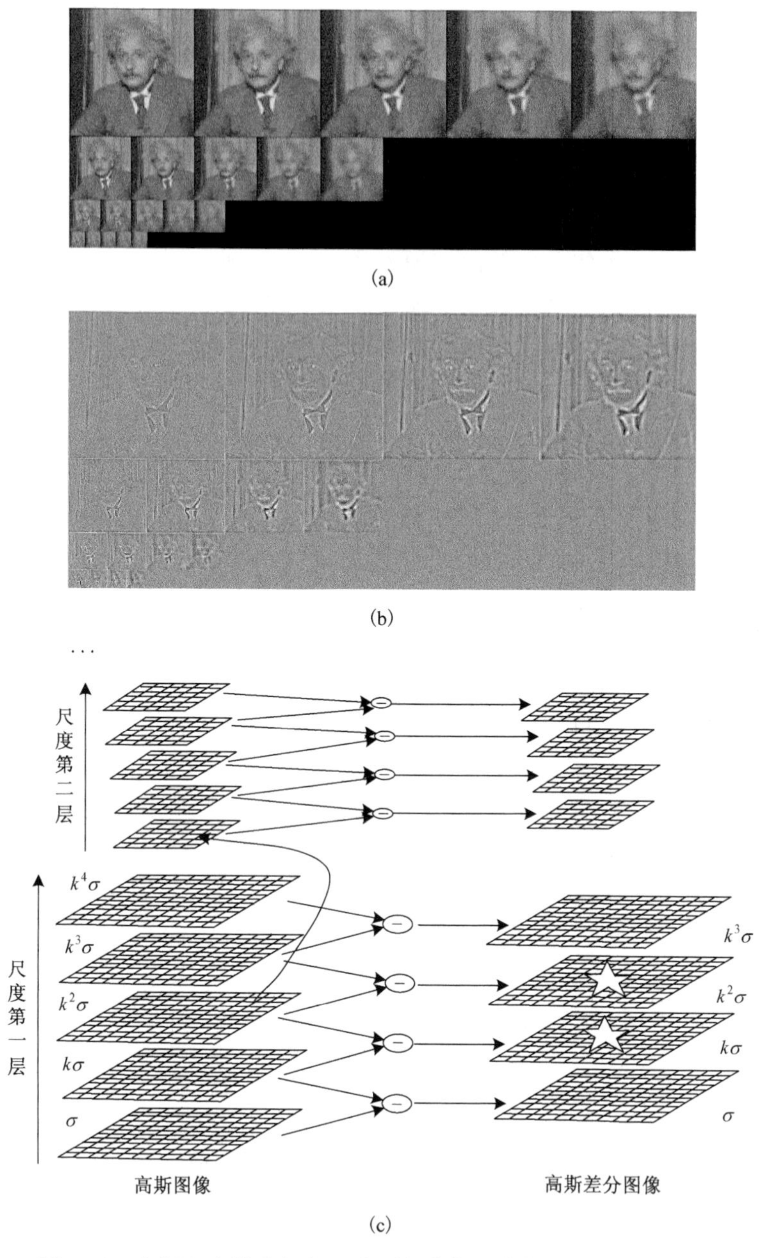

图 15-4　高斯金字塔中相邻尺度两幅高斯图像相减得到 DoG 图像

(1) 使用不同尺度因子对应的高斯核对原始图像进行卷积处理，得到图像的一个尺度空间，将这一组图像作为图像金字塔的第一层。

(2) 对图像金字塔第一层图像中的对应 2 倍尺度因子处理结果的图像以 2 倍像素距离进行下采样，得到图像金字塔第二层中的第一幅图像。使用不同尺度因子对应的高斯核对该图像进行卷积处理，获得图像金字塔第二层的一组图像。

(3) 对图像金字塔第二层图像中的对应 2 倍尺度因子处理结果的图像以 2 倍像素距离进行下采样，得到图像金字塔第三层中的第一幅图像。使用不同尺度因子对应的高斯核对该图像进行卷积处理，获得图像金字塔第三层的一组图像。

依次类推，即可获得图像金字塔每一层中的一组图像，如图 15-4 (a) 所示。求取图 15-4 (a) 每一层中相邻高斯图像间的差值，即可得到高斯差分图像，如图 15-4 (b) 所示。图 15-4 (c) 为高斯差分图像生成流程。

经过上述处理得到的 DoG 尺度空间可用于特征点的检测与提取。

2. 空间极值点检测

尺度空间中的极值点是指该采样点要比它所有的相邻点都大或者小。如图 15-5 所示，中间的检测点要与它同尺度的 8 个相邻点、上下相邻尺度对应的 9×2 个点共 26 个点比较，以确保所求得到极值点在尺度空间和二维图像空间上均为最大或最小。

因为需要与相邻尺度进行比较，所以在一组 DoG 图像中只能检测到除最大尺度和最小尺度两个尺度以外的极值点，如图 15-4 (c) 中右列的五角星标志所示。依次类推，即可检测出图像金字塔中不同层中的极值点。

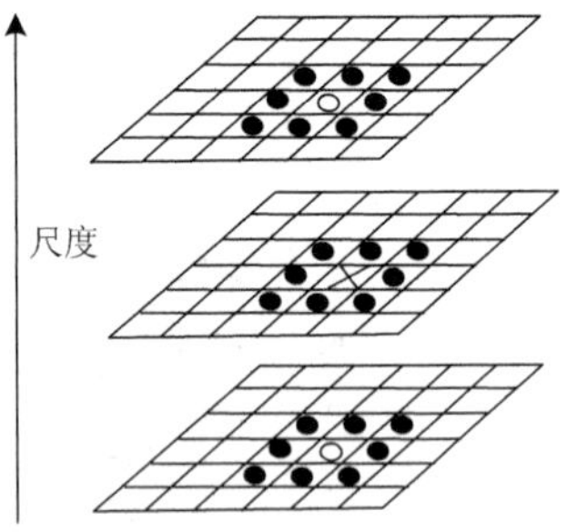

由于图像中某些极值点只是略大于或略小于周围邻域的点，且 DoG 算子本身会产生较强的边缘响应，所以上述过程产生的极值点不都是稳定的特征点[4]。

图 15-5　DoG 尺度空间中局部极值检测

主曲率是衡量极值点是否为稳定特征点的常用标准，可通过特征点 D 处的一个 2×2 的 Hessian 矩阵 $\boldsymbol{H}$ 求出，即

$$\boldsymbol{H}=\begin{bmatrix} D_{xx} & D_{xy} \\ D_{xy} & D_{yy} \end{bmatrix}$$

式中，矩阵元素（D_{xx}、D_{xy}、D_{yy}）为图像在 D 处的二阶导数，可由采样点的相邻差估计得到。

令 $\boldsymbol{H}$ 的特征值 α 和 β 代表 x 和 y 方向的梯度，则

$$\mathrm{Tr}(\boldsymbol{H})=D_{xx}+D_{yy}=\alpha+\beta$$

$$\det(\boldsymbol{H})=D_{xx}D_{yy}-(D_{xy})^2=\alpha\beta$$

式中，$\mathrm{Tr}(\boldsymbol{H})$表示矩阵 $\boldsymbol{H}$ 对角线元素之和；$\det(\boldsymbol{H})$表示矩阵 $\boldsymbol{H}$ 的行列式。假设α是较大的特征值，而β是较小的特征值，令$\alpha = r\beta$，则

$$\frac{\mathrm{Tr}(\boldsymbol{H})^2}{\det(\boldsymbol{H})} = \frac{(\alpha+\beta)^2}{\alpha\beta} = \frac{(r\beta+\beta)^2}{r\beta^2} = \frac{(r+1)^2}{r}$$

D的主曲率和 $\boldsymbol{H}$ 的特征值成正比，令α为最大特征值，β为最小特征值，则$(r+1)^2/r$的值在两个特征值相等时最小，随着r的增大而增大。r值越大，说明α和β的比值越大，即该点在不同方向上的梯度值差异越大，边缘上的点就具备这种特征。因此通过限定该比值的上限，就可以剔除边缘响应点。在检测主曲率是否在某阈值r下时，只需检测

$$\frac{\mathrm{Tr}(\boldsymbol{H})^2}{\det(\boldsymbol{H})} < \frac{(r+1)^2}{r}$$

式中，Lowe 在文献[1]中取r为 10。

3. 关键点方向分配

求取关键点的方向特征可使描述子具有旋转不变性，这里要用到图像的局部特征。关键点处的梯度模值和方向可依据邻域像素的梯度和方向分布特性，按照式(15-1)计算，即

$$\begin{aligned} m(x,y) &= \sqrt{(L(x+1,y)-L(x-1,y))^2+(L(x,y+1)-L(x,y-1))^2} \\ \theta(x,y) &= \arctan((L(x,y+1)-L(x,y-1))/L(x+1,y)-L(x-1,y)) \end{aligned} \tag{15-1}$$

式中，L为每个关键点各自所在的尺度。

在以关键点为中心的邻域窗口内，计算所有邻域像素的梯度特征，并用直方图统计梯度方向。梯度方向直方图的范围是 0～360°，为了便于分析，每 10°划分为一个方向，则总共有 36 个方向。

在计算梯度方向直方图时，需要对邻域像素的梯度计算结果进行高斯加权(参数σ一般等于关键点所在尺度的 1.5 倍)，以强化中心区域的作用，加权区域如图 15-6(a)中的圆形所示。图 15-6(b)为方向直方图部分分量的计算结果。

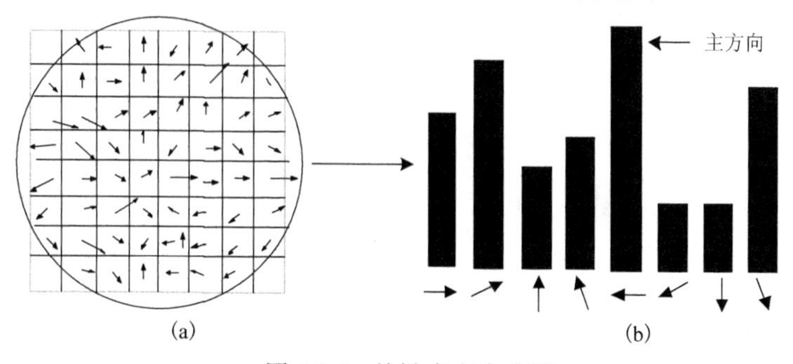

图 15-6　关键点方向分配

方向直方图峰值对应的方向被作为该关键点的方向，见图 15-6(b)。同时为了增强匹配的鲁棒性，还保留峰值大于主方向峰值 80%的方向作为该关键点的辅方向，即在相同位置和尺度将会有多个关键点被创建但方向不同。实验表明，当被赋予多个方向的关键点数量超过总数的 15%时，即可明显提高匹配结果的稳定性[5]。

4. 特征点描述子生成

用于描述特征点性质的描述子必须包含关键点的三个核心特性，即位置、所处尺度、方向；必须具有较强的鲁棒性，即受光照变化、视角变化等影响小；应该有较高的独特性，即不同关键点对应的描述子差异明显，以提高特征点正确匹配的概率[6]。生成描述子的步骤如下。

(1) 旋转坐标轴，使其指向与关键点方向一致，以确保旋转不变性。

(2) 以关键点为中心取 8×8 的窗口。图 15-7(a)的中央黑点为当前关键点的位置；圆圈代表高斯加权的范围，越靠近关键点的像素梯度方向信息的贡献越大；每个小格代表关键点邻域所在尺度空间的一个像素；箭头方向代表该像素的梯度方向，箭头长度代表梯度模值。

(3) 将 8×8 的窗口分为 4 个 4×4 的小块，在每 4×4 的小块上计算 8 个方向的梯度方向直方图，绘制每个梯度方向的累加值，形成一个种子点，如图 15-7(b)所示。图中一个关键点由 2×2 共 4 个种子点组成，每个种子点有 8 个方向的向量信息。这种将关键点邻域像素的方向性信息进行融合的思想能够增强算法抗噪声能力，同时对于含有定位误差的特征匹配提供较好的容错性。

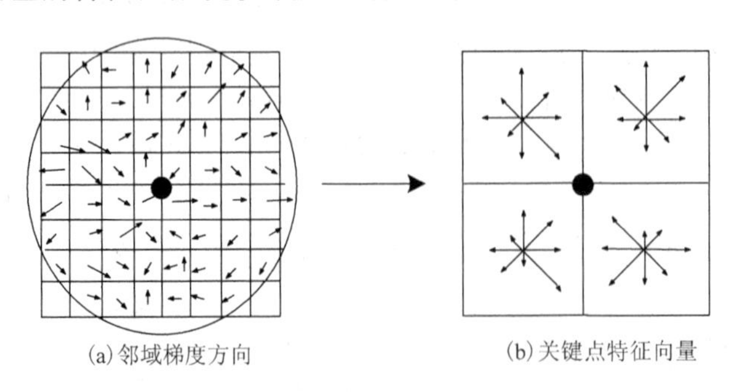

图 15-7 由关键点邻域梯度信息生成特征向量

(4) 为了增强匹配的稳健性，可对每个关键点使用 4×4 共 16 个种子点来描述，即将窗口尺寸扩大为 16×16，这样一个关键点就对应 128 维的 SIFT 特征向量[7]。

通过上述处理得到的 SIFT 特征向量对尺度变化、旋转等几何变形具有很好的鲁棒性，再将特征向量的长度归一化，即可进一步去除光照变化的影响。

5. 特征点匹配

在进行特征点匹配时通常采用关键点对应的特征向量间的欧几里得距离(Euclidean distance)作为相似性判定度量。具体判定方法为：取图像A中的某个关键点p_a，计算其与图像B中所有关键点间的欧氏距离，并找出最近距离d_1对应的关键点p_{b1}和第二近距离d_2对应的关键点p_{b2}，如果有$d_1 / d_2 \leqslant Th$（Th为给定的阈值），则(p_a, p_{b1})为一对匹配点。降低Th的值，SIFT匹配点数目会减少，但匹配结果会更加稳定[8]。

二、仿真实验

基于SIFT描述子的特征提取和匹配流程如下。

(1)检测尺度空间极值点。尺度空间由输入图像和高斯函数卷积产生，尺度空间极值点由DoG函数与图像卷积的DoG求取，极值点的检测在DoG空间进行。

(2)得到关键点的位置和所处尺度。精确定位极值点，淘汰对比度低的点，通过Hessian矩阵判断边缘不稳定的点。

(3)确定关键点的方向参数。方向直方图由特征点邻域内采样点的梯度方向形成，分36格，每格10°，每个采样点加入的直方图由其梯度幅值和高斯圆窗加权产生。方向直方图峰值是局部梯度的主要方向，80%的最大值以后的峰值方向可作为特征点的第二方向，大概只有15%的点有多个主方向。

(4)关键点描述子的生成。局部图像描述子的每个特征点具有三个基本属性：位置、尺度、方向。采样特征点局部区域的光强，通过规范化的相关性测量方法匹配。

(5)利用SIFT特征对物体或场景进行匹配。

三、算法特点

SIFT描述子是图像局部特征的体现，对平移和尺度缩放保持不变性；具有非常好的旋转不变性，从0～180°进行旋转变化，描述子的重复度保持在80%以上；对光照变化、3D视角变化、仿射变换、噪声保持一定程度的稳定性，具有较强的鲁棒性。

SIFT描述子所含信息量丰富且独特性好，匹配正确率高，适用于海量特征数据库的快速、准确匹配。

SIFT描述子具有多量性，稀疏目标场景中也可以提取出大量SIFT特征向量，对于目标识别非常重要。

SIFT描述子可以很方便地与其他形式的特征向量进行联合，经优化的SIFT匹配方法可以达到高速效果。

SIFT每个特征需要用多维向量描述，计算量大；使用主成分SIFT(PCA-SIFT)

方法[9]可以滤除很多维度信息，可有效降低计算量，但是保留下的少数主分量只适合于行为变化不大的物体检测。

参 考 文 献

[1] Lowe D G. Object recognition from local scale-invariant features// ICCV, Vancouver, 1999, 2: 1150-1157.

[2] Lowe D G. Distinctive image features from scale invariant keypoints. International Journal of Computer Vision, 2004, 2(60):91-110.

[3] 杨占龙. 基于特征点的图像配准与拼接技术研究[博士学位论文]. 西安: 西安电子科技大学, 2008.

[4] 孙伟. 基于粒子滤波的视频目标跟踪关键技术及应用研究[博士学位论文]. 西安: 西安电子科技大学, 2009.

[5] 王彦. 基于视觉的机械手目标识别及定位研究[博士学位论文]. 西安: 西安理工大学, 2010.

[6] 王辉. 复杂场景下多摄像机运动目标连续跟踪研究[博士学位论文]. 北京: 北京交通大学, 2013.

[7] 刘宏娟. 基于 DSP 的航拍图像配准系统的研究与实现[博士学位论文]. 西安: 西安电子科技大学, 2012.

[8] 韩日升. 基于核的变尺度视频目标跟踪算法研究[博士学位论文]. 上海: 上海交通大学, 2009.

[9] Yan K, Sukthankar R. PCA-SIFT: a more distinctive representation for local image descriptors// CVPR, Pittsburgh, 2004, 2: II-506-II-513.

第 16 讲　SURF 描述子

SURF(speeded up robust features)是瑞士苏黎世联邦理工学院的 Bay 于 2006 年的 ECCV 上提出的局部特征描述子[1]，对 SIFT 在算法执行效率上进行改进，处理速度比 SIFT 更快。

一、基本原理

SURF 描述子主要包括特征点检测和特征描述子生成两部分。在特征点检测部分，利用积分图像和快速 Hessian 检测子在尺度空间提取图像特征点。在描述子生成部分，先确定特征点的主方向，然后沿主方向划定检测窗口，最后在该窗口区域内提取一个 64 维的向量来描述特征点。

SURF 算法用方框滤波来近似二阶高斯滤波，利用积分图像加速方框滤波卷积运算，提高计算速度[1]。用于近似尺度因子为 $\sigma=1.2$ 的二阶高斯滤波的 9×9 的方框滤波模板如图 16-1 所示。提取 SURF 特征时通过构造尺度空间来保证尺度不变性。SURF 特征的尺度空间同样用图像金字塔来实现，但与 SIFT 特征尺度空间的不同之处在于，SURF 算法形成图像金字塔时改变的是方框滤波模板大小而非图像自身的大小。

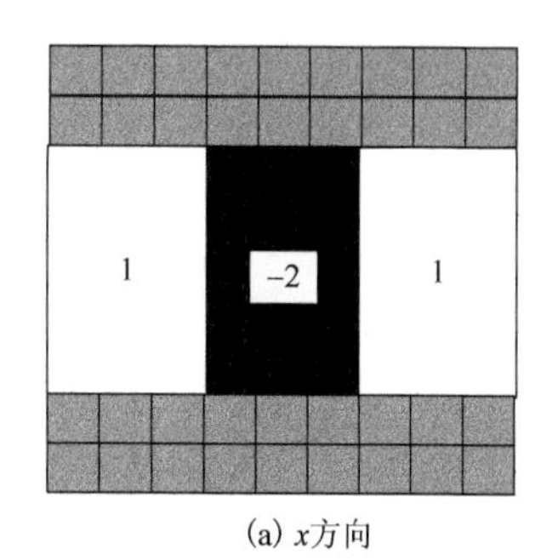

(a) x方向

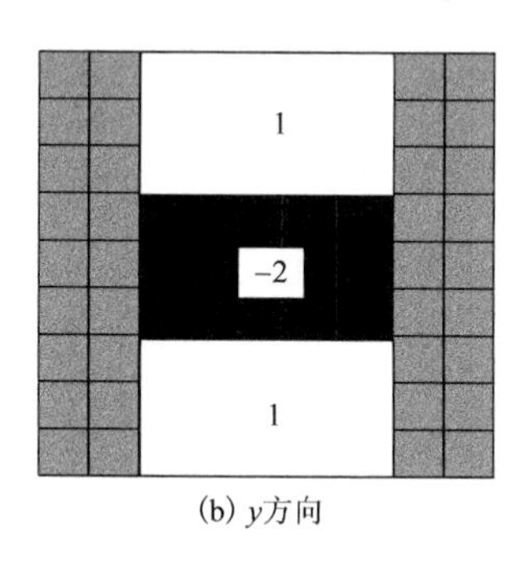

(b) y方向

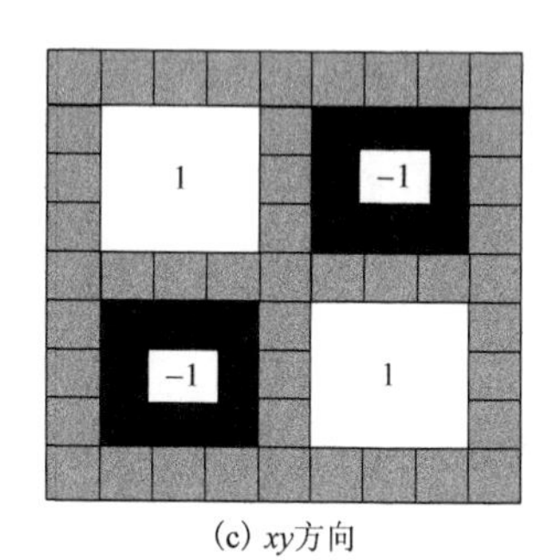

(c) xy方向

图 16-1　方框滤波

方框滤波是二阶高斯滤波的近似估计，实际应用中需要对得到的 Hessian 矩阵行列式进行误差补偿，考虑

$$\frac{\|L_{xy}(1,2)\|\,\|D_{xx}(9)\|}{\|L_{xx}(1,2)\|\,\|D_{xy}(9)\|}=0.912\approx0.9 \tag{16-1}$$

式中，$\|\cdot\|$表示 2 范数；L_{xx}, L_{xy} 为二阶高斯滤波结果；D_{xx}, D_{xy}, D_{yy} 为方框滤波模板同图像卷积后的值。进一步得到 Hessian 矩阵的行列式为

$$\det(\boldsymbol{H}) = D_{xx}D_{yy} - (0.9D_{xy})^2 \tag{16-2}$$

通过 Hessian 矩阵的行列式可以得到各个尺度极值点。将每个极值点与其在同一尺度下的 8 个邻域点，以及该点相邻两个尺度中的各 9 个邻域点，共 26 个点进行比较，只有当极值点的值为最大或最小时，才将此极值点作为候选特征点。得到所有的候选特征点后，在尺度空间和图像空间中采用插值运算，得到亚像素精度的稳定特征点的位置和所在尺度值。

1. 特征点检测

给定图像 $I(x,y)(0 \leqslant x \leqslant M, 0 \leqslant y \leqslant N)$，其积分图像为

$$I_{\Sigma}(x,y) = \sum_{i=0}^{i \leqslant x}\sum_{j=0}^{j \leqslant y} I(i,j)$$

设 $A(x_1,y_1)$、$B(x_2,y_2)$、$C(x_3,y_3)$、$D(x_4,y_4)$ 分别为图像 $I(x,y)$ 上一个矩形区域的左上、右上、右下、左下四个顶点，则该矩形区域内像素之和可以表示为

$$I_{\Sigma}(A) + I_{\Sigma}(D) - (I_{\Sigma}(C) + I_{\Sigma}(B))$$

SURF 算法通过计算 Hessian 矩阵的行列式来判断图像上的某点是否为极值点。Hessian 矩阵是 SURF 描述子生成的核心[2]。

设 $f(x,y)$ 是一个二阶可微的函数，则其 Hessian 矩阵为

$$\boldsymbol{H}(f(x,y)) = \begin{bmatrix} \dfrac{\partial^2 f}{\partial x^2} & \dfrac{\partial^2 f}{\partial x \partial y} \\ \dfrac{\partial^2 f}{\partial x \partial y} & \dfrac{\partial^2 f}{\partial y^2} \end{bmatrix}$$

矩阵 $\boldsymbol{H}$ 的行列式为

$$\det(\boldsymbol{H}) = \frac{\partial^2 f}{\partial x^2} \times \frac{\partial^2 f}{\partial y^2} - \left(\frac{\partial^2 f}{\partial x \partial y}\right)^2$$

矩阵 $\boldsymbol{H}$ 的行列式是其特征值的乘积。如果 $\det(\boldsymbol{H}) < 0$，则点 (x,y) 不是局部极值点；如果 $\det(\boldsymbol{H}) > 0$，则点 (x,y) 被认为是极值点。

将上述方法应用于图像，即用图像像素值 $I(x,y)$ 代替输入函数值 $f(x,y)$，用二阶高斯滤波计算图像的二阶偏导，图像 $I(x,y)$ 在尺度 σ 的 Hessian 矩阵就可以定义为

$$H(x,y,\sigma)=\begin{bmatrix} L_{xx}(x,y,\sigma) & L_{xy}(x,y,\sigma) \\ L_{xy}(x,y,\sigma) & L_{yy}(x,y,\sigma) \end{bmatrix}$$

式中，$L_{xx}(x,y,\sigma)$ 是图像在点 (x,y) 处与高斯函数二阶偏导的卷积，类似定义 $L_{xy}(x,y,\sigma)$ 和 $L_{yy}(x,y,\sigma)$。可用该Hessian矩阵的行列式计算图像上极值点的位置和尺度信息。

2. SURF特征描述子

生成SURF特征描述子的步骤如下。

(1)确定主方向。设某特征点的尺度因子为 σ，在以该点为圆心、6σ 为半径的圆形区域中，分别计算所有点在 x 方向和 y 方向上的Haar小波响应(Haar小波的尺寸选为 4σ)。用一个60°扇形区域以圆心为原点进行旋转，计算扇形区域内各点Haar小波响应的向量和，选择最长的向量方向作为该特征点的主方向。

(2)构造描述子向量。沿主方向构造一个 $20\sigma\times20\sigma$ 的窗口，并将其分成 4×4 个子区域。对每一个子区域，分别计算其包含的点在主方向及主方向的垂直方向上的Haar小波响应，记为 d_x 和 d_y，则 $\sum d_x,\sum d_y,\sum|d_x|,\sum|d_y|$ 可以反映该子区域的特性。4×4 个子区域可以得到64个值，将这64个值归一化后就得到该特征点的SURF描述子。

二、仿真实验

1. 构建Hessian矩阵

计算图像中每个像素点对应的 $\boldsymbol{H}$ 行列式的值，并判别该点是否为特征点。$\boldsymbol{H}$ 矩阵判别式可由式(16-2)近似表示。

2. 构建尺度空间

SIFT算子利用高斯核的卷积实现图像的尺度空间，将输入图像函数与高斯核函数反复卷积，并对卷积结果进行二次抽样，得到图像金字塔。由于每层图像依赖于前一层图像，并且图像需要重设尺寸，运算量大。

SURF算子计算时改变的是高斯核的尺寸，不需要对图像进行二次抽样，可极大提高计算效率，这是SIFT与SURF在使用金字塔原理方面的不同[3]。图16-2(a)为SIFT建立的金字塔结构，图像尺寸是变化的，并反复使用高斯函数对子层进行平滑处理；图16-2(b)为SURF建立的金字塔结构，原始图像保持不变，改变的是滤波器的大小。

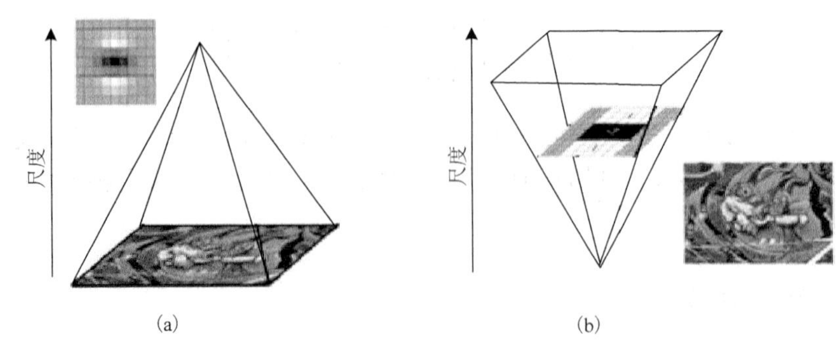

图 16-2　构建尺度空间

3. 精确定位特征点

在所有尺度中寻找局部极值点，给定一个阈值，丢弃所有小于该阈值的极值点，仅保留特征最强点。

4. 主方向确定

首先计算以特征点为中心，6σ 为半径（σ 为特征点所在的尺度值）的区域内的点在 x、y 方向的 Haar 小波（边长取 4σ）响应，并对这些响应值进行高斯加权，提升靠近特征点的响应贡献；然后遍历累加 60° 扇形范围内的响应向量，选择最长向量的方向为该特征点的主方向，如图 16-3 所示。

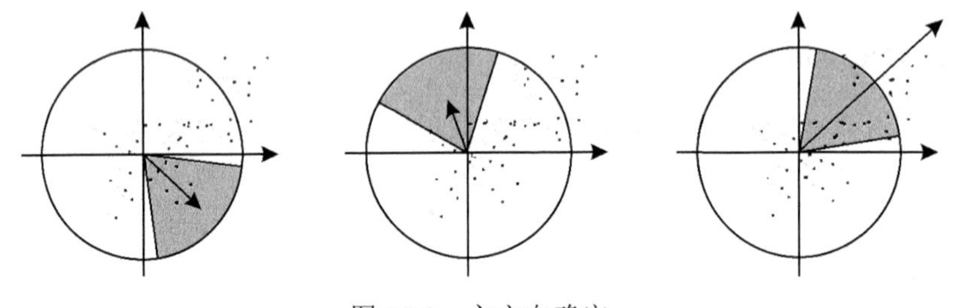

图 16-3　主方向确定

5. 特征点描述子生成

沿特征点主方向构造一个 $20\sigma\times20\sigma$ 的窗口，并将其分成 4×4 个子区域。对每一个子区域，分别计算其包含的点在主方向及主方向的垂直方向上的 Haar 小波响应 d_x 和 d_y，求取子区域的 $\sum d_x, \sum d_y, \sum|d_x|, \sum|d_y|$。$4\times4$ 个子区域可以得到 64 个值，将这 64 个值归一化后就得到该特征点的 SURF 描述子，如图 16-4 所示。

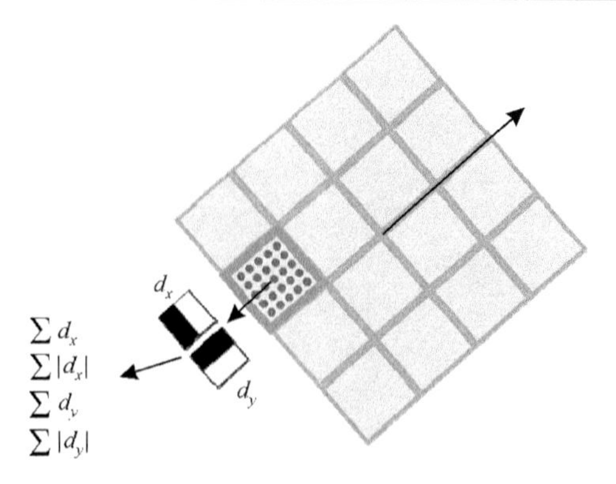

图 16-4　SURF 描述子

三、算法特点

SURF 描述子用 Hessian 矩阵获取到的图像局部极值十分稳定。

SURF 描述子的主方向和局部区域像素梯度方向密切相关，局部干扰可能会影响主方向的准确度，进而影响后续处理结果[4]。

参 考 文 献

[1] Bay H. SURF: speeded up robust features// ECCV, Graz, 2006.

[2] 梅振顺, 战荫伟, 钟左峰. 基于 SURF 特征的目标跟踪. 中国体视学与图像分析, 2011, 16 (1): 28-32.

[3] 王刚. 基于点群特征和线点不变量的目标识别算法研究[硕士学位论文]. 桂林: 广西师范大学, 2013.

[4] 方壮. 基于点特征的图像配准技术研究[硕士学位论文]. 重庆: 重庆大学, 2011.

第3篇　滤　　波

本篇重点介绍Butterworth滤波、Chebyshev滤波、椭圆滤波、递归中值滤波、最小二乘滤波、维纳滤波、卡尔曼滤波、同态滤波、双边滤波、Guided滤波等常用滤波方法。

Butterworth滤波器的通带内的频率响应曲线最大限度平坦，没有起伏；滤波器阶数越高，阻带的振幅衰减速度越快。

Chebyshev 滤波器和理想滤波器的频率响应曲线之间的误差最小，在通带内存在幅度波动。

椭圆滤波的通带和阻带都具有等波纹特性，逼近特性良好，但设计和调整十分繁琐。

递归中值滤波将滤波过程转化为优化处理，兼顾滤波处理的光滑连续性和抑制噪声的累积特性，可有效地消除脉冲型干扰噪声。

最小二乘法对不同的数据组导出不同的最佳滤波器，递归最小二乘滤波具有收敛快、稳定的特点，但所需计算量很大。

维纳滤波假设信号和噪声都是已知频谱特性、自相关特性、互相关特性的随机过程，性能标准为最小均方误差，滤除按照统计方式下干扰信号的噪声；但要求得到半无限时间区间内的全部观察数据的条件很难满足，常用于理论研究。

卡尔曼滤波是最优化自回归数据处理算法，效率高，克服维纳滤波的局限性，广泛应用于控制、制导、导航、通信等；存在不稳定甚至发散问题。

同态滤波是非线性滤波，结合频率过滤和灰度变换，压缩亮度范围，增强对比度，改善图像质量。

双边滤波器在图像变化平缓区域，邻域内像素亮度值相差不大，双边滤波转化为高斯低通滤波；在图像变化剧烈区域，滤波器利用边缘点附近亮度值相近的像素点的亮度值平均代替原亮度值。既平滑图像，又保持图像边缘。双边滤波的效率偏低，时间复杂度很高。

Guided滤波具有良好的边缘保持和细节增强能力，使用邻域内的均值和方差作为局部估计参数，能够根据图像内容自适应地调整输出的权重值。

第 17 讲　Butterworth 滤波

理想滤波器是非因果的，物理上不可实现，常用滤波器都不是理想滤波器。按一定规则构成的实际滤波器的幅频特性可逼近理想滤波器，如 Butterworth、Chebyshev 和椭圆滤波器等。

Butterworth 滤波由英国工程师和物理学家 Butterworth 于1930 年发表在“Wireless Engineer”(无线电工程师) 的论文中提出[1]。

一、基本原理

Butterworth 滤波器的振幅平方函数为

$$A(\omega^2)=\left|H_N(\mathrm{j}\omega)\right|^2=H_N(-\mathrm{j}\omega)\cdot H_N(\mathrm{j}\omega)=\frac{1}{1+\left(\dfrac{\mathrm{j}\omega}{\mathrm{j}\omega_c}\right)^{2N}} \tag{17-1}$$

式中，N 为滤波器阶数，ω_c 为截止频率(振幅下降 3dB 时对应的频率)。该振幅平方函数有 $2N$ 个极点，均匀对称地分布在 $\left|\mathrm{j}\omega\right|=\omega_c$ 的圆周上。振幅平方函数的波形如图 17-1 所示。

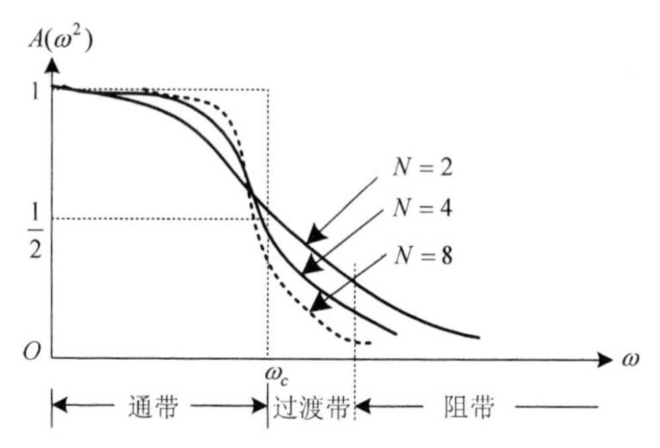

图 17-1　Butterworth 滤波器的振幅平方特性

其中，通带就是使信号通过的频带；阻带就是抑制噪声通过的频带；过渡带则是通带到阻带间过渡的频率范围。

理想滤波器要求过渡带为零，阻带时 $\left|H_N(\mathrm{j}\omega)\right|$ 的值为 0，通带内 $\left|H_N(\mathrm{j}\omega)\right|$ 的值为常数；$H_N(\mathrm{j}\omega)$ 的相位是线性的[2]。

在图 17-1 中，随着 N 的增加，通带和阻带的近似性越好，过渡带越陡；在通带内，分母 ω/ω_c 小于 1，$A(\omega^2)$ 接近 1；在过渡带和阻带内，ω/ω_c 大于 1，且随着 ω 增加，$A(\omega^2)$ 快速减小。

$$\frac{A(\omega^2)}{A(0)} = \frac{1}{2} \tag{17-2}$$

二、仿真实验

N 阶 Butterworth 滤波器的振幅和频率关系为

$$G_N(\omega) = |H_N(\mathrm{j}\omega)| = \frac{1}{\sqrt{1+(\omega/\omega_c)^{2N}}} \tag{17-3}$$

式中，G 表示滤波器的放大率；H 表示传递函数；j 是虚数单位；N 表示滤波器的级数；ω 是信号的角频率，以 rad/s 为单位。

令截止频率 $\omega_c = 1$，将式(17-3)归一化为

$$G_N(\omega) = |H_N(\mathrm{j}\omega)| = \frac{1}{\sqrt{1+\omega^{2N}}} \tag{17-4}$$

可根据衰减度求滤波器的阶数。令

$$1/A = G_N(\omega), \qquad N = \frac{\lg(A^2-1)}{2\lg(\omega)}$$

当 $A = 200$，$\omega = 2$ 时，$G_N(\omega) = 0.005$，可得 $N = 7.6$，需要 8 阶 Butterworth 滤波器。

三、算法特点

Butterworth 滤波器的通带内的频率响应曲线最大限度平坦，没有起伏，而在阻带则逐渐下降为零。在振幅的对数对角频率的波形图上，从某个边界角频率开始，振幅随着角频率的增加而逐渐减少[3]。

一阶 Butterworth 滤波器的衰减率为每倍频 6dB，每十倍频 20dB；二阶 Butterworth 滤波器的衰减率为每倍频 12dB；三阶 Butterworth 滤波器的衰减率为每倍频 18dB，依次类推。

Butterworth 滤波器的振幅对角频率单调下降，并且也是唯一的无论阶数高低，振幅对角频率曲线都保持同样形状的滤波器。滤波器阶数越高，阻带的振幅衰减速度越快。

参 考 文 献

[1] Butterworth S. On the theory of filter amplifiers. Wireless Engineer, 1930: 536-541.

[2] 王永初. Butterworth 滤波器在过程控制中的应用(II). 工业仪表与自动化装置, 1995, 1:10-14.

[3] 王兆安, 杨君, 刘进军. 谐波抑制与无功功率补偿. 北京: 机械工业出版社, 2006.

第 18 讲　Chebyshev 滤波

Chebyshev（切比雪夫）滤波器由美国的 Daniels 在 1974 年提出[1]，该滤波器的名称源自俄罗斯数学家 Chebyshev，因为其在通带或阻带上频率响应幅度等波纹波动，符合 Chebyshev 分布。

一、基本原理

Butterworth 滤波器在通带内幅度特性是单调下降的，如果阶次一定，则在靠近截止频率 ω_c 处，幅度下降很多。为了使通带内的衰减足够小，需要的阶次 N 很高，为了克服该缺点，采用 Chebyshev 多项式逼近所希望的 $|H(\mathrm{j}\omega)|^2$。

Chebyshev 滤波器的 $|H(\mathrm{j}\omega)|^2$ 在通带内是等幅起伏的，同样的通带衰减，其阶数较 Butterworth 滤波器要小[2]。可根据需要对通带内允许的衰减量提出要求，如要求波动范围小于 1dB。

Chebyshev 滤波器的振幅平方函数为

$$A(\omega^2)=|H_a(\mathrm{j}\omega)|^2=\frac{1}{1+\varepsilon^2 V_N^2\left(\dfrac{\omega}{\omega_c}\right)}$$

式中，ω_c 为有效通带截止频率；ε 为与通带波纹有关的参数，$0<\varepsilon<1$，ε 越大，波纹越大；$V_N(x)$ 为 N 阶 Chebyshev 多项式，定义为

$$V_N(x)=\begin{cases}\cos(N\arccos x), & |x|\leqslant 1\\ \cosh(N\operatorname{arcosh} x), & |x|>1\end{cases}$$

当 $|x|\leqslant 1$ 时，$|V_N(x)|\leqslant 1$；当 $|x|>1$ 时，$V_N(x)$ 随着 $|x|$ 的增大而增大。

如图 18-1 所示，当 $\omega>\omega_c$ 时，随着 ω/ω_c 增加，$|H_a(\mathrm{j}\omega)|^2$ 迅速趋于零。ω_s 为阻带的起始点频率。

当 ω=0 时，有

$$|H_a(\mathrm{j}\omega)|^2_{\omega=0}=\frac{1}{1+\varepsilon^2\cos[N\arccos(0)]}=\frac{1}{1+\varepsilon^2\cos^2\left(N\cdot\dfrac{\pi}{2}\right)}$$

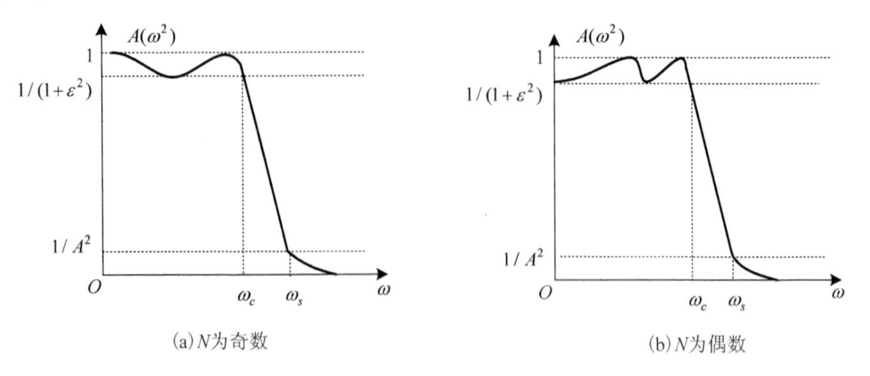

图 18-1　Chebyshev 滤波器的振幅平方特性

当 N 为偶数时，得到最小值

$$\left(\left|H_a(\mathrm{j}\omega)\right|\right)^2_{\min}=\frac{1}{1+\varepsilon^2}$$

当 N 为奇数时，得到最大值

$$\left(\left|H_a(\mathrm{j}\omega)\right|\right)^2_{\max}=1$$

二、仿真实验

当有效通带截止频率 ω_c 预先给定时，通带波纹可表示为

$$\delta=20\lg\frac{\left|H_a(\mathrm{j}\omega)\right|_{\max}}{\left|H_a(\mathrm{j}\omega)\right|_{\min}}=20\lg\sqrt{1+\varepsilon^2}=10\lg(1+\varepsilon^2)$$

给定通带波纹值分贝数 δ (dB) 后，可求出 ε。

阶数 N 由阻带的边界条件确定，ω_s、A^2 为事先给定的边界条件，即在阻带中的频率点处 ω_s，要求滤波器的频率响应衰减到 $1/A^2$ 以下。

当 $\omega=\omega_s$ 时，有

$$\left|H_a(\mathrm{j}\omega)\right|^2\leqslant\frac{1}{A^2}$$

$$\frac{1}{1+\varepsilon^2V_N^2\left(\dfrac{\omega_s}{\omega_c}\right)}\leqslant\frac{1}{A^2}$$

当 $|x|>1$ 时

$$V_N(x)=\cosh(N\cdot\operatorname{arcosh}x)$$

得

$$N \geqslant \frac{\operatorname{arcosh}\left(\sqrt{A^2-1}/\varepsilon\right)}{\operatorname{arcosh}(\omega_s/\omega_c)}$$

因此，要求阻带边界频率处衰减越大，N 也越大，参数 N 、ω_c 、ε 给定后，查阅有关滤波器手册，可求得系统函数 $H_a(\mathrm{j}\omega)$。

三、算法特点

Butterworth 滤波器的幅频特性随 ω 的增加而单调下降，当 N 较小时，阻带幅频特性下降较慢，要想使其幅频特性接近理想低通滤波器，必须增加滤波器阶数，导致滤波器复杂。

Chebyshev 滤波器的阻带衰减特性有所改善，误差值在规定的频段上等幅变化；在过渡带比 Butterworth 滤波器衰减快，但频率响应的幅频特性不如 Butterworth 滤波器平坦；与理想滤波器的频率响应曲线之间的误差最小，在通带内存在幅度波动[3]。

参 考 文 献

[1] Daniels R W. Approximation Methods for Electronic Filter Design: with Applications to Passive, Active, and Digital Networks. New York: McGraw-Hill,1974.

[2] Wlng Enz C C. A low-distortion BiCMOS seventh-order bessel filter operating at 2.5V supply. IEEE Journal of Solid-State Circuits,1996,31(3):321-330.

[3] Caruson A C, Johns D A. A 5 order Gm-C filter in O.25um CMOS with digitally programmable poles&zeros. 2002 IEEE Int Symp Circuits and Syst, 2002: 635-638.

第19讲　椭圆滤波

雅可比(1804—1851年，德国数学家)，在数学方面最主要的成就是和挪威数学家阿贝尔相互独立地奠定椭圆函数论的基础。

基于椭圆函数的椭圆滤波在有限频率上既有零点又有极点。通带内极零点产生等波纹，阻带内的有限传输零点减少过渡区，可获得极为陡峭的衰减曲线。在相同阶数的条件下，椭圆滤波相比于其他类型滤波，能获得更窄的过渡带宽和较小的阻带波动。陡峭的过渡带特性是以通带和阻带的起伏为代价换取的，在通带和阻带的波动相同[1]。

一、基本原理

1. 椭圆函数

第一类椭圆积分为

$$z=\int_0^{\varpi}\frac{\mathrm{d}t}{\sqrt{(1-t^2)(1-k^2t^2)}} \tag{19-1}$$

其反函数为双周期的亚纯函数，记为

$$\varpi=\operatorname{sn}z=\operatorname{sn}(z,k) \tag{19-2}$$

具有基本周期

$$\varpi=4\int_0^{\frac{\pi}{2}}\frac{\mathrm{d}\theta}{\sqrt{1-k^2\sin^2\theta}}$$

$$\varpi^t=2i\int_0^{\frac{\pi}{2}}\frac{\mathrm{d}\theta}{\sqrt{1-k^{2t}\sin^2\theta}}\quad,\quad k^t=\sqrt{1-k^2}$$

式中，$\operatorname{sn}z$ 为椭圆正弦；k 为模；k^t 为补模。若

$$\sin\phi=\operatorname{sn}z$$

则 ϕ 称为 z 的振幅函数，记为 $\phi=\operatorname{am}z$。

定义

$$\operatorname{cn}z=\cos\phi=\sqrt{1-\operatorname{sn}^2z}\qquad(椭圆余弦)$$

$$\operatorname{tn}z=\tan\phi=\frac{\operatorname{sn}z}{\operatorname{cn}z}=\frac{\operatorname{sn}z}{\sqrt{1-\operatorname{sn}^2z}}\qquad(椭圆正切)$$

$$\operatorname{dn}z=\sqrt{1-k^2\operatorname{sn}^2z}$$

则 $\operatorname{sn} z$、$\operatorname{cn} z$、$\operatorname{tn} z$、$\operatorname{dn} z$ 统称为二阶雅可比椭圆函数，其级数表达式分别为

$$\operatorname{sn} z = z - \frac{1+k^2}{3!}z^3 + \frac{1+14k^2+k^4}{5!}z^5 - \frac{1+135k^2+135k^4+k^6}{7!}z^7 + \frac{1+1228k^2+5478k^4+1228k^6+k^8}{9!}z^9 - \cdots, \quad |z| < |K'|$$

$$\operatorname{cn} z = 1 - \frac{1}{2!}z^2 + \frac{1+4k^2}{4!}z^4 - \frac{1+44k^2+16k^4}{6!}z^6 + \frac{1+408k^2+912k^4+64k^6}{8!}z^8 - \cdots, \quad |z| < |K'|$$

$$\operatorname{tn} z = 1 - \frac{k^2}{2!}z^2 + \frac{k^2(4+k^2)}{4!}z^4 - \frac{k^2(16+44k^2+k^4)}{6!}z^6 + \frac{k^2(64+912k^2+408k^4+k^6)}{8!}z^8 - \cdots, \quad |z| < |K'|$$

$$\operatorname{dn} z = z - \frac{k^2}{3!}z^3 + \frac{k^2(4+k^2)}{5!}z^5 - \frac{k^2(16+44k^2+k^4)}{7!}z^7 + \frac{k^2(64+912k^2+408k^4+k^6)}{9!}z^9 - \cdots, \quad |z| < |K'|$$

2. 椭圆滤波

椭圆滤波振幅平方函数为

$$A(\omega^2) = \left|H_Q(\mathrm{j}\omega)\right|^2 = \frac{1}{1+\varepsilon^2 R_N^2(\omega, L)} \tag{19-3}$$

式中，$R_N(\omega, L)$ 为雅可比椭圆函数；L 表示波纹性质。

如图 19-1 所示，在归一化通带内（$-1<\omega<1$），$R_5^2(\omega,L)$ 在 $(0,1)$ 振荡，而超过 ω_L 后，在 (L^2,∞) 振荡，L 越大，ω_L 也越大，使滤波器同时在通带和阻带具有任意衰减量[2]。

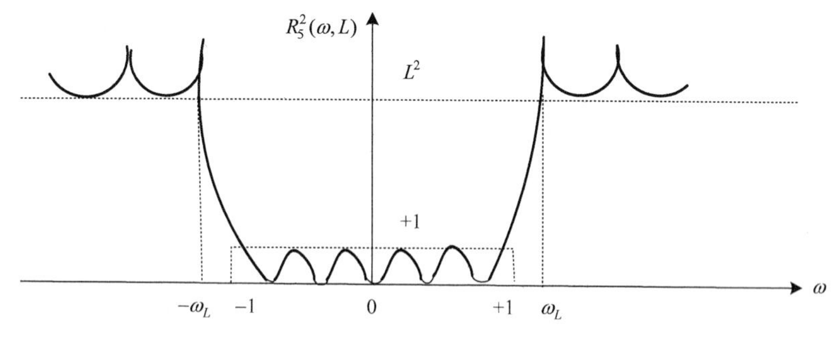

图 19-1　$R_5^2(\omega,L)$ 的特性曲线

图 19-2 为典型的椭圆滤波振幅平方函数。图中，ε、A 的定义与 Chebyshev 滤波器相同。

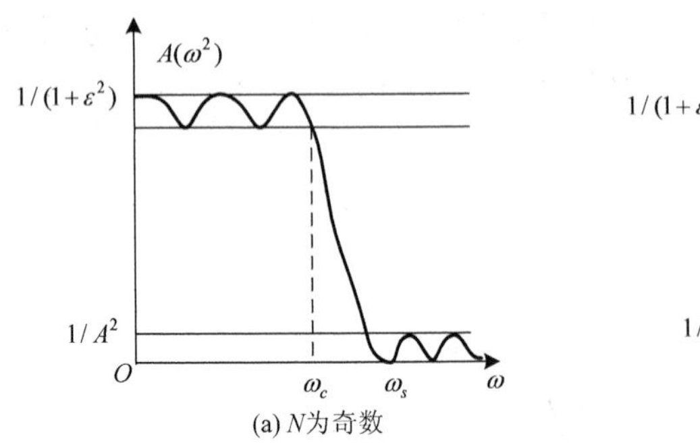

(a) N为奇数

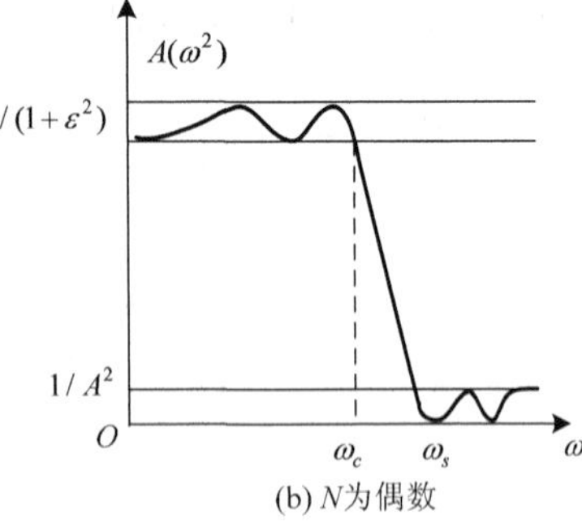

(b) N为偶数

图 19-2　椭圆滤波的振幅平方函数

当有效通带截止频率 ω_c、阻带截止频率 ω_s、ε 和 A 确定后，阶次 N 的确定方法为

$$k=\omega_c/\omega_s,\quad k_1=\frac{\varepsilon}{\sqrt{A^2-1}}$$

$$N=\frac{K(k)K\sqrt{1-k_1^2}}{K(k_1)K\sqrt{1-k^2}},\quad K(k)=\int_0^1\frac{\mathrm{d}t}{(1-t^2)^{1/2}(1-k^2t^2)^{1/2}}$$

二、仿真实验

椭圆函数的阶数 N 等于通带和阻带内最大点和最小点的总和。

系统函数和阶数 N 由系统的性能指标确定，系统的性能指标主要有：有效通带截止频率 ω_c，通带内最大衰减 A_P，阻带截止频率 ω_s，阻带内最小衰减 A_S。

假定 ω_0 是频率归一化的基准频率，即

$$\omega_0=\sqrt{\omega_c\omega_s}$$

定义频率的选择性因数 k 为

$$k=\frac{\omega_c}{\omega_s}$$

再次假定

$$g_0=0.5\frac{1-(1-k^2)^{0.25}}{1+(1-k^2)^{0.25}},\quad g=g_0+2g_0^5+15g_0^9+15g_0^{13}$$

$$b^2=10^{0.1A_S},\quad \varepsilon^2=10^{0.1A_P}$$

则得到椭圆滤波器的阶数 N 为

$$N\geqslant\frac{\lg 16\left(\dfrac{b^2-1}{\varepsilon^2-1}\right)}{\lg\left(\dfrac{1}{g}\right)}$$

得到阶数N后，根据椭圆函数数值表可以得到相应阶次滤波器系统函数的分子、分母系数。令归一化的基准频率为$\omega_0=1$，则得到归一化后的椭圆低通滤波器的系统函数为

$$H_{aN}(s)=\frac{H_0}{D_0(s)}\prod_{i=1}^{M}\frac{s^2+A_i}{s^2+B_i+C_i}$$

式中

$$M=\begin{cases}\dfrac{N}{2}, & N\text{为偶数}\\ \dfrac{N-1}{2}, & N\text{为奇数}\end{cases}$$

$$D_0(s)=\begin{cases}1, & N\text{为偶数}\\ s+\sigma_0, & N\text{为奇数}\end{cases}$$

椭圆低通滤波器可以由归一化的系统函数得

$$H_a(s)=H_{aN}\left(\frac{s}{\omega_0}\right)$$

当ω_c、ω_s、ε和A确定后，阶次N即可确定，从而设计出椭圆滤波器。

三、算法特点

椭圆滤波的幅值响应在通带和阻带内都是等波纹的，对于给定的阶数和波纹要求，能获得较其他滤波更窄的过渡带宽。

椭圆滤波是一种零点、极点型滤波，在有限频率范围内存在传输零点和极点。通带和阻带都具有等波纹特性，逼近特性良好[3]。

椭圆滤波传输函数是一种较复杂的逼近函数，采用传统设计方法进行网络综合时，设计和调整十分烦琐。

参考文献

[1] Yu B, Yuan B Z. A more efficient branch and bound algorithm for feature selection. Pattern Recognition, 1993,26(6):883-889.

[2] 刘文卿，朱俊青，王林泉. 基于积分投影的快速人脸定位. 计算机辅助工程, 2003,2:1-6.

[3] 赵丽红，刘纪红，徐心和，等. 基于外观的人脸检测方法. 计算机应用研究，2006，23(2)：246-249.

第 20 讲　递归中值滤波

递归滤波(recursive filtering)又称为迭代滤波，由美国哥伦比亚大学(Columbia University)的 Tsai 等于 1988 年在 ICASSP(International Conference on Acoustics, Speech, and Signal Processing)上提出，利用递归思想实现滤波方法[1]。

一、基本原理

中值滤波把数字图像中某点的值用该点邻域的中值来代替。对于一个 $(2k+1)\times(2k+1)$ 窗口，中心像素为 $x(i,j)$ 的区域 $g(m,n)$，经过中值滤波后其值为

$$\hat{f}(i,j)=\text{med}[g(m,n)] \qquad (i-k\leqslant m\leqslant i+k\ ,\ j-k\leqslant n\leqslant j+k)$$

邻域窗口的形状可以是方形、圆形或十字形。

将已经求得的中值反馈到当前的中值计算中，称为递归中值滤波。在每次滤波时，将窗口正中前 p 点的像素值换成在前面 p 次中值滤波得到的中值，进行排序取其中值，称为递归 p 中值滤波。

在递归中值滤波中，当 $p=0$ 时，递归中值滤波退化成标准的中值滤波。当 $p=1$ 时，在窗口中利用一个反馈值，对一些噪声滤除效果较好，产生的模糊度比标准中值滤波小。当 $p=l-1$ 时，此时递归中值滤波最大限度地利用窗口中的反馈值，滤除噪声性能比 $p=1$ 的情况有明显提高，但是经常以不实用的低通滤波告终。

可以根据实际要求选择 p，在除噪性能和图像细节之间适当折中。对于 $(2k+1)\times(2k+1)$ 的窗口，最多选择

$$p=(k+1)^2-1=k(k+2)$$

对于 3×3 窗口，常选择 $p=3$；对于 5×5 窗口，常选择 $p=8$。

二、仿真实验

假设在 $(2k+1)\times(2k+1)$ 的窗口中，中心像素用 l 进行标记，则递归中值滤波的输出为

$$\hat{f}_l=\text{med}[g_1,\cdots,g_{l-p-1},\hat{f}_{l-p},\cdots,\hat{f}_{l-1},g_l,\cdots,g_{(2k+1)^2}]$$

式中，$\hat{f}_r$ 是在窗口中心位于第 r 点时的中值，$l-p\leqslant r\leqslant l-1$。可以改变 p 值得到不同形式的滤波器。

三、算法特点

标准的中值滤波和递归中值滤波均有较好的滤除噪声特性，同时对图像造成不同程度的模糊。

递归中值滤波将滤波过程转化为一种优化处理，兼顾滤波处理的光滑连续性和抑制噪声的累积特性，可有效地消除脉冲型干扰噪声。

参 考 文 献

[1] Tsai T C, Anastassiou D. Nonlinear recursive filters and applications to image processing// International Conference on Acoustics, Speech, and Signal Processing, New York, 1988: 828-831.

第21讲　最小二乘滤波

德国数学家高斯在研究测量误差时导出最小二乘法。自适应滤波的最佳准则为最小均方误差准则，使滤波器输出与需要信号的误差平方的统计平均值最小。该准则根据输入数据的长期统计特性寻求最佳滤波，根据最小二乘法得到面向已知数据的最佳滤波器。

一、基本原理

已知n个数据$x(1),\cdots$，$x(i),\cdots$，$x(n)$，利用m阶线性滤波器估计信号$d(1),\cdots$，$d(i),\cdots$，$d(n)$，m阶线性滤波器如图21-1所示。对$d(i)$的估计可表示为

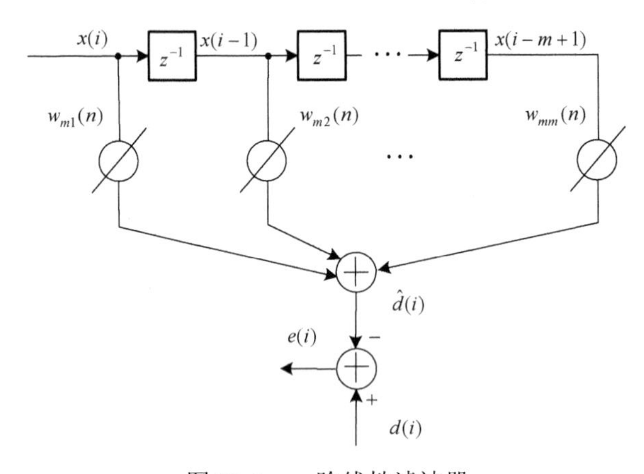

图21-1　m阶线性滤波器

$$\hat{d}(i)=\sum_{k=1}^{m}w_{mk}(n)x(i-k+1)$$

估计误差为

$$e(i)=d(i)-\hat{d}(i)=d(i)-\sum_{k=1}^{m}w_{mk}(n)x(i-k+1)$$

若假设$i<1$和$i>n$时，$x(i)=d(i)=0$，则有如下$n+m-1$个估计误差，即

$$e(1)=d(1)-w_{m1}(n)x(1)$$
$$e(2)=d(2)-w_{m1}(n)x(2)-w_{m2}(n)x(1)$$
$$\cdots$$

$$e(m)=d(m)-w_{m1}(n)x(m)-\cdots-w_{mm}(n)x(1)$$

$$\cdots$$

$$e(n)=d(n)-w_{m1}(n)x(n)-\cdots-w_{mm}(n)x(n-m+1)$$

$$\cdots$$

$$e(n+m-1)=-w_{mm}(n)x(n)$$

其余的 $e(i)$ 均为零。

根据最小二乘法，最佳估计值应使平方误差性能函数最小，即

$$\xi(n)=\sum_{i}\lambda^{n-i}e^{2}(i)$$

式中，$0\leqslant\lambda\leqslant1$。

i 的变化范围有下列四种取法，即

$$\begin{aligned}&1\leqslant i\leqslant n+m-1 && \text{(相关法)}\\&1\leqslant i\leqslant n && \text{(前加窗法)}\\&m\leqslant i\leqslant n+m-1 && \text{(后加窗法)}\\&m\leqslant i\leqslant n && \text{(方差法)}\end{aligned}$$

其中，前加窗法假定 $i<1$ 时，$x(i)=0$；后加窗法假定 $i>n$ 时，$x(i)=0$；相关法即前后窗法，假定 $i<1$ 和 $i>n$ 时，$x(i)=0$。

对于前加窗法，只利用前 n 个误差。令 m 维矢量

$$\boldsymbol{\omega}_m(n)=\left[w_{m1}(n),\ \cdots,\ w_{mm}(n)\right]^{\mathrm{T}}$$

$$\boldsymbol{x}_m(i)=\left[x(i),\ \cdots,\ x(i-m+1)\right]^{\mathrm{T}}$$

且有

$$x(i)=0,\qquad i<1$$

前加窗法的 n 个误差可写为

$$\begin{aligned}e(1)&=d(1)-\boldsymbol{x}_m^{\mathrm{T}}(1)\boldsymbol{\omega}_m(n)\\e(2)&=d(2)-\boldsymbol{x}_m^{\mathrm{T}}(2)\boldsymbol{\omega}_m(n)\\&\cdots\\e(n)&=d(n)-\boldsymbol{x}_m^{\mathrm{T}}(n)\boldsymbol{\omega}_m(n)\end{aligned}\tag{21-1}$$

引入 n 维矢量

$$\begin{aligned}\boldsymbol{e}(n)&=\left[e(1),\ \cdots,\ e(n)\right]^{\mathrm{T}}\\\boldsymbol{d}(n)&=\left[d(1),\ \cdots,\ d(n)\right]^{\mathrm{T}}\end{aligned}\tag{21-2}$$

与 $m\times n$ 维矩阵

$$\boldsymbol{X}_m(n)=\left[\boldsymbol{x}_m(1),\cdots,\boldsymbol{x}_m(n)\right]\tag{21-3}$$

由式(21-1)～式(21-3)可知前加窗法的 n 个误差可写为

$$\boldsymbol{e}(n)=\boldsymbol{d}(n)-\boldsymbol{X}_m^{\mathrm{T}}\boldsymbol{\omega}_m(n) \tag{21-4}$$

前加窗法的最小二乘性能函数为

$$\xi(n)=\sum_{i=1}^{n}\lambda^{n-1}e^2(i)=\boldsymbol{e}^{\mathrm{T}}(n)\boldsymbol{\Lambda}(n)\boldsymbol{e}(n)$$

式中

$$\boldsymbol{\Lambda}(n)=\mathrm{Diag}(\lambda^{n-1},\ \cdots,\ \lambda,1)$$

求 $\boldsymbol{\omega}_m(n)$ 的最佳值问题归结为

$$\underset{\omega_{\mathrm{m}}}{\mathrm{Min}}\left\{\xi(n)=\boldsymbol{e}^{\mathrm{T}}(n)\boldsymbol{\Lambda}(n)\boldsymbol{e}(n)\right\}$$

为了求解此问题

$$\begin{aligned}\xi(n)=&\boldsymbol{d}^{\mathrm{T}}(n)\boldsymbol{\Lambda}(n)\boldsymbol{d}(n)-2\boldsymbol{\omega}_m^{\mathrm{T}}(n)[\boldsymbol{X}_m(n)\boldsymbol{\Lambda}(n)\boldsymbol{d}(n)]\\&+\boldsymbol{\omega}_m^{\mathrm{T}}(n)\left[\boldsymbol{X}_m(n)\boldsymbol{\Lambda}(n)\boldsymbol{X}_m^{\mathrm{T}}(n)\right]\boldsymbol{\omega}_m(n)\end{aligned}$$

引入 m 维矢量

$$\boldsymbol{r}_m(n)=\boldsymbol{X}_m(n)\boldsymbol{\Lambda}(n)\boldsymbol{d}(n)=\sum_{i=1}^{n}\lambda^{n-i}\boldsymbol{d}(i)\boldsymbol{x}_m(i)$$

与 $m\times m$ 维矩阵

$$\boldsymbol{R}_m(n)=\boldsymbol{X}_m(n)\boldsymbol{\Lambda}(n)\boldsymbol{X}_m^{\mathrm{T}}(n)=\sum_{i=1}^{n}\lambda^{n-i}\boldsymbol{x}_m(i)\boldsymbol{x}_m^{\mathrm{T}}(i) \tag{21-5}$$

可得

$$\xi(n)=\boldsymbol{d}^{\mathrm{T}}(n)\boldsymbol{\Lambda}(n)\boldsymbol{d}(n)-2\boldsymbol{\omega}_m^{\mathrm{T}}(n)\boldsymbol{r}_m(n)+\boldsymbol{\omega}_m^{\mathrm{T}}(n)\boldsymbol{R}_m(n)\boldsymbol{\omega}_m(n)$$

这里 $\boldsymbol{\omega}_m(n)$ 的最佳值满足方程

$$\nabla_{\omega_m(n)}\xi(n)=0$$

从而有

$$-2\boldsymbol{r}_m(n)+2\boldsymbol{R}_m(n)\boldsymbol{\omega}_m(n)=0$$

得

$$\boldsymbol{R}_m(n)\boldsymbol{\omega}_m(n)=\boldsymbol{r}_m(n)$$

即

$$\boldsymbol{\omega}_m(n)=\boldsymbol{R}_m^{-1}(n)\boldsymbol{r}_m(n)$$

或

$$\boldsymbol{\omega}_m(n)=\left[\boldsymbol{X}_m(n)\boldsymbol{\Lambda}(n)\boldsymbol{X}_m^{\mathrm{T}}(n)\right]^{-1}\left[\boldsymbol{X}_m(n)\boldsymbol{\Lambda}(n)\boldsymbol{d}(n)\right]$$

二、仿真实验

根据已知的 $x(i)$ 和 $d(i)$ ，$1 \leqslant i \leqslant n$ ，求出 $\boldsymbol{\omega}_m(n)$ 的最佳值。如果直接使用最小二乘滤波，需要进行矩阵求逆，其运算量为 $O(m^3)$，一般不适于高速滤波。采用递推算法可以减少运算量。

由式(21-3)可得

$$\boldsymbol{R}_m(n) = \lambda \boldsymbol{R}_m(n-1) + \boldsymbol{x}_m(n)\boldsymbol{x}_m^{\mathrm{T}}(n)$$

利用矩阵求逆引理，可得

$$\boldsymbol{R}_m^{-1}(n) = \frac{1}{\lambda}\left[\boldsymbol{R}_m^{-1}(n-1) - \frac{\boldsymbol{R}_m^{-1}(n-1)\boldsymbol{x}_m(n)\boldsymbol{x}_m^{\mathrm{T}}(n)\boldsymbol{R}_m^{-1}(n-1)}{\lambda + \mu(n)}\right] \tag{21-6}$$

式中

$$\mu(n) = \boldsymbol{x}_m^{\mathrm{T}}(n)\boldsymbol{R}_m^{-1}(n-1)\boldsymbol{x}_m(n)$$

引入 $m \times m$ 矩阵

$$\boldsymbol{C}_m(n) = \boldsymbol{R}_m^{-1}(n) \tag{21-7}$$

与 n 维增益系数 $\boldsymbol{g}_m(n)$

$$\boldsymbol{g}_m(n) = \frac{\boldsymbol{C}_m(n-1)\boldsymbol{x}_m(n)}{\lambda + \mu(n)} \tag{21-8}$$

可得

$$\boldsymbol{C}_m(n) = \lambda^{-1}\left[\boldsymbol{C}_m(n-1) - \boldsymbol{g}_m(n)\boldsymbol{x}_m^{\mathrm{T}}(n)\boldsymbol{C}_m(n-1)\right] \tag{21-9}$$

可用递推方式求 $m \times m$ 维矩阵 $\boldsymbol{R}_m(n)$ 的逆，降低运算量。

由式(21-4)～式(21-7)可得

$$\boldsymbol{g}_m(n) = \boldsymbol{R}_m^{-1}(n)\boldsymbol{x}_m(n) = \boldsymbol{C}_m(n)\boldsymbol{x}_m(n)$$

$$\boldsymbol{r}_m(n) = \lambda \boldsymbol{r}_m(n-1) + \boldsymbol{d}(n)\boldsymbol{x}_m(n)$$

$$\begin{aligned}
\boldsymbol{\omega}_m(n) - \boldsymbol{R}_m^{-1}(n)\boldsymbol{r}_m(n) &= \boldsymbol{C}_m(n)\boldsymbol{r}_m(n) \\
&= \lambda^{-1}\left[\boldsymbol{C}_m(n-1) - \boldsymbol{g}_m(n)\boldsymbol{x}_m^{\mathrm{T}}(n)\boldsymbol{C}_m(n-1)\right]\left[\lambda \boldsymbol{r}_m(n-1) + \boldsymbol{d}(n)\boldsymbol{x}_m(n)\right] \\
&= \boldsymbol{C}_m(n-1)\boldsymbol{r}_m(n-1) - \boldsymbol{g}_m(n)\boldsymbol{x}_m^{\mathrm{T}}(n)\boldsymbol{C}_m(n-1)\boldsymbol{r}_m(n-1) \\
&\quad + \lambda^{-1}\boldsymbol{C}_m(n-1)\boldsymbol{x}_m(n)\boldsymbol{d}(n) - \lambda^{-1}\boldsymbol{g}_m(n)\boldsymbol{x}_m^{\mathrm{T}}(n)\boldsymbol{C}_m(n-1)\boldsymbol{x}_m(n)\boldsymbol{d}(n)
\end{aligned}$$

简化可得

$$\boldsymbol{\omega}_m(n) = \boldsymbol{\omega}_m(n-1) + \boldsymbol{g}_m(n)\left[\boldsymbol{d}(n) - \boldsymbol{x}_m^{\mathrm{T}}(n)\boldsymbol{\omega}_m(n-1)\right]$$

这就是递推最小二乘法的计算公式。

n 时刻的最佳 $\boldsymbol{\omega}_m(n)$ 可由 $(n-1)$ 时刻的最佳值 $\boldsymbol{\omega}_m(n-1)$ 加一个修正量得到。修正量等于 $\boldsymbol{g}_m(n)\left[\boldsymbol{d}(n)-\boldsymbol{x}_m^{\mathrm{T}}(n)\boldsymbol{\omega}_m(n-1)\right]$，其中，预测误差为 $\boldsymbol{d}(n)-\boldsymbol{x}_m^{\mathrm{T}}(n)\boldsymbol{\omega}_m(n-1)$，$\boldsymbol{g}_m(n)$ 根据预测误差进行修正时的比例系数确定。递推最小二乘法的流程如算法 21-1 所示。

算法 21-1　递推最小二乘法的流程

初始条件：$\omega_m(0)=x_m(0)=0,\ C_m(0)=\delta_1$

运算：对 $n=1,2,\cdots$

(1) 取得 $d(n)$，$x_m(n)$

(2) 更新增益矢量

$$\mu(n)=x_m^{\mathrm{T}}(n)\boldsymbol{C}_m(n-1)x_m(n)$$

$$g_m(n)=\frac{\boldsymbol{C}_m(n-1)x_m(n)}{\lambda+\mu(n)}$$

(3) 更新滤波器参量

$$\omega_m(n)=\omega_m(n-1)+g_m(n)\left[d(n)-x_m^{\mathrm{T}}(n)\omega_m(n-1)\right]$$

(4) 更新逆矩阵

$$\boldsymbol{C}_m(n)=\lambda^{-1}\left[\boldsymbol{C}_m(n-1)-g_m(n)x_m^{\mathrm{T}}(n)\boldsymbol{C}_m(n-1)\right]$$

三、算法特点

对于同一类数据，最小均方误差准则对不同的数据组导出同样的最佳滤波器；最小二乘法对不同的数据组导出不同的最佳滤波器。

递归最小二乘滤波方法弥补基本最小二乘滤波方法收敛慢的缺点，收敛快、稳定，但是所需计算量很大。

第22讲　维 纳 滤 波

维纳滤波是从噪声中提取信号的方法，由美国麻省理工学院的维纳(Wiener)[1]在1949年提出，是一种基于最小均方误差准则的线性估计滤波器。

一、基本原理

1. 均方误差

时间序列是随机变量关于时间的函数，随机变量 x 的均值为

$$Ex = \int_{-\infty}^{\infty} xp(x)\,\mathrm{d}\,x = m \tag{22-1}$$

式中，$p(x)$ 是随机变量 x 的概率密度。

随机变量 x 的平方均值为

$$Ex^2 = \int_{-\infty}^{\infty} x^2 p(x)\,\mathrm{d}\,x \tag{22-2}$$

随机变量 x 的方差为

$$\mathrm{Var}\,x = E(x - Ex)^2 = E(x-m)^2 = \sigma^2 \tag{22-3}$$

均值、平方均值和方差是有联系的，即

$$\begin{aligned}\sigma^2 &= \int_{-\infty}^{\infty} (x-m)^2 p(x)\,\mathrm{d}\,x \\ &= \int_{-\infty}^{\infty} x^2 p(x)\,\mathrm{d}\,x - 2m\int_{-\infty}^{\infty} xp(x)\,\mathrm{d}\,x + m^2\int_{-\infty}^{\infty} p(x)\,\mathrm{d}\,x \\ &= Ex^2 - 2m^2 + m^2 \\ &= Ex^2 - m^2\end{aligned} \tag{22-4}$$

或者记为

$$\sigma^2 = Ex^2 - (Ex)^2 \tag{22-5}$$

方差表征随机变量的一切值在其平均值两旁的分布情况，度量离散或者密集情况。

2. 最佳滤波

滤波是一类估计问题，最佳滤波输出就是最小均方误差估计[2]。

滤波器的输入包括真实信号值 $x(t)$ 和干扰噪声 $v(t)$，信号值与噪声是统计独立的，两者的合成输入信号为

$$y(t)=x(t)+v(t) \tag{22-6}$$

滤波器是线性的，其冲击响应为 $h(t)$，则滤波器的输出为

$$\hat{x}(t)=\int_{-\infty}^{t}h(t-\tau)y(\tau)\mathrm{d}\tau \tag{22-7}$$

考虑到物理的可实现性，式(22-7)可写为

$$\hat{x}(t)=\int_{0}^{\infty}h(\tau)y(t-\tau)\mathrm{d}\tau \tag{22-8}$$

输出的估计误差为

$$\xi(t)=\hat{x}(t)-x(t) \tag{22-9}$$

误差的均方值，即 $\tau=0$ 时的误差自相关函数为

$$\overline{\xi^2(t)}=R_{\mathrm{ee}}(0)=\lim_{T\to\infty}\frac{1}{2T}\int_{-T}^{T}\xi^2(t)\,\mathrm{d}t \tag{22-10}$$

综合式(22-7)～式(22-10)，可得

$$\begin{aligned}\overline{\xi^2(t)}&=E[\xi(t)]^2=E[x(t)-\hat{x}(t)]^2=E[x(t)-\int_0^{\infty}h(t)y(t-\tau)\,\mathrm{d}\tau]^2\\&=E[x(t)]^2-2\int_0^{\infty}h(\tau)(E[y(t-\tau)y(\tau-\sigma)]\,\mathrm{d}\sigma\\&\quad+\int_0^{\infty}h(\tau)\,\mathrm{d}\tau\int_0^{\infty}h(\sigma)E[y(t-\tau)y(t-\sigma)]\,\mathrm{d}\sigma\\&=R_{xx}(0)-2\int_0^{\infty}h(\tau)R_{yx}(\tau)\,\mathrm{d}\tau+\int_0^{\infty}h(\tau)\,\mathrm{d}\tau\int_0^{\infty}h(\sigma)R_{yy}(\tau-\sigma)\,\mathrm{d}\sigma\end{aligned} \tag{22-11}$$

式中，$R_{xx}(0)$ 为滤波器的消息输入的均方值；$R_{yx}(\tau)$ 为滤波器的输入与理想输出的互相关函数；$R_{yy}(\tau-\sigma)$ 为滤波器消息与噪声联合输入的自相关函数，其表达式分别为

$$R_{xx}(\tau)=E\left[x(t)\right]^2=\lim_{T\to\infty}\frac{1}{2T}\int_{-T}^{T}x^2(t)\mathrm{d}t$$

$$R_{yx}(\tau)=E[x(t)y(t-\tau)]=\lim_{T\to\infty}\frac{1}{2T}\int_{-T}^{T}x(t)y(t-\tau)\mathrm{d}t$$

$$R_{yy}(\tau-\sigma)=E[y(t-\tau)y(t-\sigma)]=\lim_{T\to\infty}\frac{1}{2T}\int_{-T}^{T}y(t-\tau)y(t-\sigma)\mathrm{d}t$$

均方误差取决于相关函数 $R_{xx}(0)$、$R_{yx}(\tau)$、$R_{yy}(\tau-\sigma)$ 和系统的冲击响应 $h(t)$。相关函数描述信号的统计特性，在相关函数给定的情况下，均方误差唯一依赖于系

统的冲击响应。寻找一个最佳的滤波器冲击响应$h_{\text{opt}}(t)$，使均方误差$\overline{\xi^2(t)}$达到最小。这个最佳化过程就是泛函求极值问题，可以应用变分法。

3. 维纳-霍夫方程

用泛函$J[h(t)]$表示均方误差，令$h_{\text{opt}}(t)$为最佳线性系统的冲击响应，即维纳滤波器的冲击响应，假设式(22-12)成立，即

$$J\left[h_{\text{opt}}(t)\right] \leqslant J\left[h(t)\right] \tag{22-12}$$

对任意的$h(t)$有

$$J_1 = \left.\frac{\partial J\left[h_{\text{opt}}(t)+\varepsilon h(t)\right]}{\partial \varepsilon}\right|_{\varepsilon=0} = 0$$

式中，ε为任意的系数。由泰勒公式展开得

$$J\left[h_{\text{opt}}(t)+\varepsilon h(t)\right] = J\left[h_{\text{opt}}(t)\right] - 2\varepsilon J_1 + \varepsilon^2 J_2 + O(\varepsilon^3)$$

式中

$$J_1 = \int_0^\infty h(\tau)\left[R_{yx}(\tau) - \int_0^\infty R_{yy}(\tau-\sigma)h_{\text{opt}}(\sigma)\,\mathrm{d}\sigma\right]\mathrm{d}\tau$$

$$J_2 = \int_0^\infty h(\sigma)\,\mathrm{d}\sigma \int_0^\infty R_{yy}(\tau-\sigma)h(\tau)\,\mathrm{d}\tau$$

由于$J_1<0$是不可能的，当$J_1>0$时，若$\varepsilon>0$，以及

$$2\varepsilon J_1 > \varepsilon^2 J_2 + O(\varepsilon^3)$$

则将导致

$$J\left[h_{\text{opt}}(t)+\varepsilon h(t)\right] < J\left[h_{\text{opt}}(t)\right]$$

这明显与最佳冲击响应将使均方误差最小的假设相矛盾。所以，只能取$J_1=0$，则

$$R_{xy}(\tau) - \int_0^\infty R_{yy}(\tau-\sigma)h_{\text{opt}}(\sigma)\,\mathrm{d}\sigma = 0,\ \tau \geqslant 0$$

这就是著名的维纳-霍夫方程。满足这个方程的$h_{\text{opt}}(t)$所构成的极值是最小的。于是寻求维纳滤波器的$h_{\text{opt}}(t)$的问题，就变成求解维纳-霍夫方程的问题。所以维纳滤波理论所追求的是使均方误差最小的系统最佳冲击响应的明确表达式。

二、仿真实验

如图22-1所示，观测信号受到噪声干扰，维纳滤波就是要得到不受干扰影响的真正信号。

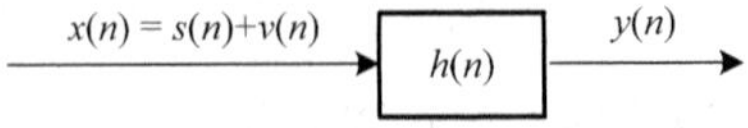

图 22-1　维纳滤波模型

不含噪声的信号是 $s(n)$，称为期望信号；滤波系统的单位脉冲响应为 $h(n)$，系统的期望输出用 $y_d(n)$ 表示，$y_d(n)$ 应等于信号真值 $s(n)$；系统的实际输出用 $y(n)$ 表示，$y(n)$ 是 $s(n)$ 的逼近或估计，即

$$y_d(n)=s(n)$$

$$y(n)=\hat{s}(n)$$

对信号 $x(n)$ 进行处理，可以看成是对期望信号的估计，维纳滤波的目的是要得到信号的一个最佳估计。

若已知 $x(n)$，$x(n-1)$，…，$x(n-m)$，要估计当前的信号值 $\hat{s}(n)$，设计维纳滤波器，选择 $h(n)$，使输出信号 $y(n)$ 与期望信号 $d(n)$ 之间的误差均方值最小。根据维纳滤波器时域求解的方法，可得

$$y(n)=h(n)*x(n)=\sum_{m=0}^{+\infty}h(m)x(n-m),\ \ n=0,1,2,\cdots$$

设误差信号为 $e(n)$，则

$$e(n)=d(n)-y(n)=s(n)-y(n)$$

$$E\left(\left|e(n)\right|^2\right)=E\left(\left|d(n)-y(n)^2\right|\right)$$

要使均方误差最小，需满足

$$\frac{E\left(\left|e(n)^2\right|\right)}{\partial h_j}=0$$

导出维纳-霍夫方程为

$$R_{xd}(k)=\sum_{m=0}^{M-1}h(m)R_{xx}(k-m)=h(k)*R_{xx}(k),\quad k=0,1,2,\cdots$$

将维纳-霍夫方程写成矩阵形式，即

$$\boldsymbol{R}_{xd}=\boldsymbol{R}_{xx}\boldsymbol{h} \tag{22-13}$$

将式(22-13)两边左乘 $\boldsymbol{R}_{xx}^{-1}$，得

$$\boldsymbol{h}=\boldsymbol{R}_{xx}^{-1}\boldsymbol{R}_{xd}$$

已知期望信号与观测数据的互相关函数、观测数据的自相关函数时，可以通过矩阵求逆运算，得到维纳滤波器的最佳解[3]。

三、算法特点

维纳滤波假设信号和噪声都是已知频谱特性、自相关特性、互相关特性的随机过程，性能标准为最小均方误差，能够用标量方法找到最优滤波器，设计目的就是滤除按照统计方式下干扰信号的噪声。

维纳滤波要求得到半无限时间段内的全部观察数据，这一条件在实际应用中很难满足，不适用于噪声为非平稳的随机过程。因此，维纳滤波在实际问题中应用不多，常用于理论研究。

参 考 文 献

[1] Wiener N. Extrapolation, Interpolation, and Smoothing of Stationary Time Series. Cambridge: MIT press, 1949.

[2] Goldstein J S, Eed I S, Chaf L L. A multistage representation of the Wiener filter based on orthogonal projections. IEEE Trans on Information Theory, 1998, 449:7943-2959.

[3] Joham M, Un Y, Zoltowski M D, et a1. A new backward recursion for the multistage nested Wiener filter employing krylov subspace methods// IEEE Military Communications Conference, Washington, D.C., USA, 2001:1210-1213.

第23讲　卡尔曼滤波

卡尔曼滤波是一种常用的递归滤波处理方法，由 Swerling 等提出。卡尔曼在美国国家航空与航天局(National Aeronautics and Space Administration，NASA)埃姆斯研究中心访问时，发现该方法对于解决阿波罗计划的轨道预测很有用。

与维纳滤波相似，卡尔曼滤波是以最小均方误差为准则的最佳线性估计。其特点为不需要过去全部的观测数据，只是根据前一个估计值和最近一个观测数据来估计信号的当前值。在时域上利用状态方程以递推方法进行估计，所得解以估计值形式给出[1]。

一、基本原理

1. 随机变量序列的卡尔曼滤波

设两个随机变量序列 $s_1, s_2, s_3, \cdots, s_n$ 和 $x_1, x_2, x_3, \cdots, x_n$，第一个序列为信号序列，第二个序列为数据样本序列，则

$$x_n = s_n + v_n \tag{23-1}$$

式中，v_n 是噪声。

可以用数据 $x_1, x_2, x_3, \cdots, x_n$ 的线性组合来估计 s_n，即

$$\hat{s}_n = a_1^n x_1 + a_2^n x_2 + \cdots + a_n^n x_n$$

由正交原理，当差值 $s_n - \hat{s}_n$ 对各个数据样本 x_i 为正交时，解出的各个系数 a_i^n 可使均方误差最小，即

$$E((s_n - \hat{s}_n)x_i) = 0, \qquad i = 1, 2, \cdots, n$$

使

$$E([s_n - \hat{s}_n]^2) = 0$$

式中，E 代表数学期望。

如果 $E(s_n x_i)$ 和 $E(x_k x_i)$ 已知，则可解出未知系数 a_i^n。这时所得到的均方估计误差为

$$e_n = E((s_n - \hat{s}_n)^2) = E((s_n - \hat{s}_n)s_n)$$

由此可知，为了估计 s_{n+1}，就需要确定一组 $(n+1)$ 个新的系数 a_i^{n+1}。

2. 广义马尔可夫序列的卡尔曼滤波

如果一个随机变量序列 s_n，用它前面的所有随机变量 $(s_{n-1}, s_{n-2}, \cdots, s_1)$ 对它所作的

线性均方估计与仅用 s_{n-1} 时的相同，则这个随机变量序列 s_n 就称为广义马尔可夫序列。

从矢量投影的观点来看，相当于在 $s_{n-1}, s_{n-2}, \cdots, s_1$ 空间内，s_n 的投影只与 s_{n-1} 相符。由相关函数的概念

$$R_{ik} = E(s_i s_k)$$

与

$$\hat{s}_n = A_n s_{n-1}$$

得

$$E((s_n - A_n s_{n-1}) s_{n-1}) = 0 \tag{23-2}$$

式中

$$A_n = \frac{R_{n-1,n}}{R_{n-1,n-1}} \tag{23-3}$$

设式(23-1)中信号 s_n 是广义马尔可夫序列，噪声 v_n 由正交的随机变量组成，并对 s_i 也是正交的，则

$$\begin{cases} x_i = s_i + v_i \\ E(v_i^2) = \sigma_i^2 \qquad i,n = 1,2,\cdots \\ E(s_i, v_n) = 0 \end{cases} \tag{23-4}$$

从而

$$E(s_i, x_n) = E(s_i, s_n) = R_{in}$$

$$E(x_i, x_n) = \begin{cases} R_{ii} + \sigma_i^2, & i = n \\ R_{in}, & i \neq n \end{cases}$$

3. 卡尔曼滤波的均方误差

$x_n, x_{n-1}, \cdots, x_1$ 对 s_n 的线性估计表示为

$$\hat{s}_n = \alpha_n \hat{s}_{n-1} + \beta_n x_n$$

式中，$\hat{s}_{n-1}$ 是对 s_{n-1} 的估计；α_n 和 β_n 是两个待定的常数。

因为 $\hat{s}_n$ 是用 $x_n, x_{n-1}, \cdots$ 对 s_n 的估计，所以必有式(23-5)成立，即

$$\begin{aligned} &E\{(s_n - \hat{s}_n) x_n\} = 0 \\ &E\{(s_n - \hat{s}_n) x_i\} = 0, \qquad i = 1,2,\cdots,n-1 \end{aligned} \tag{23-5}$$

由式(23-2)和式(23-4)可知，$s_n - A_n s_{n-1}$ 与 $s_{n-1}, s_{n-2}, \cdots, s_1$ 是正交的，且 s_i 与 v_n 也正交，则

$$E((s_n - A_n s_{n-1})v_i) = 0, \quad i = 1,2,\cdots,n-1 \tag{23-6}$$

将 $s_n - \hat{s}_n$ 写为

$$s_n - \hat{s}_n = s_n - \alpha_n \hat{s}_{n-1} - \beta_n x_n = s_n - \alpha_n s_{n-1} - \beta_n s_n + \alpha_n (s_{n-1} - \hat{s}_{n-1}) - \beta_n v_n$$

因为 $\hat{s}_{n-1}$ 是 s_{n-1} 的估计，所以 $(s_{n-1} - \hat{s}_{n-1})$ 对 $x_{n-1}, x_{n-2}, \cdots, x_1$ 正交，并且 v_n 与 $x_{n-1}, x_{n-2}, \cdots, x_1$ 也正交。因此要使

$$E\{[s_n(1-\beta_n) - \alpha_n s_{n-1}]x_i\} = 0, \quad i = 1,2,\cdots,n-1 \tag{23-7}$$

成立，只要使

$$\frac{\alpha_n}{1-\beta_n} = A_n = \frac{R_{n-1,n}}{R_{n-1,n-1}}$$

此时问题转化为如何确定 α_n 和 β_n。因为

$$\begin{aligned} E((s_n - \hat{s}_{n-1})x_n) &= E((s_n - \alpha_n \hat{s}_{n-1} - \beta_n x_n)x_n) \\ &= E(x_n s_n - \alpha_n x_n \hat{s}_{n-1} - \beta_n x_n x_n) = 0 \end{aligned} \tag{23-8}$$

可得

$$R_{nn} = \alpha_n E\left[x_n \hat{s}_{n-1}\right] + \beta_n (R_{nn} + \sigma_n^2) \tag{23-9}$$

$$E\left[x_n \hat{s}_{n-1}\right] = E\left[(s_n + v_n)\hat{s}_{n-1}\right] = E\left[s_n \hat{s}_{n-1}\right] \tag{23-10}$$

其均方误差为

$$e_n = E((s_n - \alpha_n \hat{s}_{n-1} - \beta_n x_n)s_n) = R_{nn} - \alpha_n E(s_n \hat{s}_{n-1}) - \beta_n R_{nn} = \beta_n \sigma_n^2 \tag{23-11}$$

又由

$$E((s_n - A_n s_{n-1})\hat{s}_{n-1}) = E(s_n \hat{s}_{n-1}) - A_n E(s_n \hat{s}_{n-1}) \tag{23-12}$$

$$e_{n-1} = E((s_{n-1} - \hat{s}_{n-1})s_{n-1}) = R_{n-1,n-1} - E(s_n \hat{s}_{n-1}) \tag{23-13}$$

可得

$$E(s_n \hat{s}_{n-1}) = A_n (R_{n-1,n-1} - e_{n-1}) \tag{23-14}$$

由式(23-11)、式(23-14)可得

$$R_{nn} = \alpha_n A_n (R_{n-1,n-1} - e_{n-1}) + \beta_n (R_{nn} + \sigma_n^2)$$

$$\beta_n = \frac{e_n}{\sigma_n^2}, \quad \alpha_n = A_n \left(1 - \frac{e_n}{\sigma_n^2}\right)$$

则

$$e_n = \frac{R_{nn} - A_n^2 R_{n-1,n-1} + A_n^2 e_{n-1}}{R_{nn} - A_n^2 R_{n-1,n-1} + A_n^2 e_{n-1} + \sigma_n^2} \sigma_n^2$$

二、仿真实验

卡尔曼滤波的计算流程如下。

当 R_{ik} 与 σ_i^2 已知时，若第 $n-1$ 步中已计算出 $\hat{s}_{n-1}$ 与 e_{n-1}，则可确定 e_n，由此算出常数 α_n 和 β_n，最后可得到 s_n 的估计 $\hat{s}_n$，从而完成第 n 步计算。

用一维递归滤波对图像进行处理时，首先必须用扫描方式将二维平面信息转化为一维形式。这时观察到的图像为

$$s = s_I + n$$

式中，s 为观测图像(或称数据样本)；s_I 为理想图像；n 为加性噪声。由卡尔曼滤波原理可知，s_I 的第 k 个样本的递归估计量为

$$\hat{s}_I(k) = \alpha_k \hat{s}_I(k-1) + \beta_k s(k)$$

式中，$\hat{s}_I(k)$ 是理想图像 $s_I(t)$ 在时刻 k 的估计；$\hat{s}_I(k-1)$ 是理想图像在时刻 $k-1$ 的估计；$s(k)$ 是新的观测值；α_k、β_k 则是系数。根据该递归公式就可以在均方误差最小的准则下由含噪图像恢复出原始图像。

假设噪声方差是已知的平稳噪声，即方差是一个常数。将二维图像转化为一维形式，用前一个像素点来递推当前像素值。

对于每一点的 R_{ij}，当 $i=j$ 时，$R_{ii} = x_i^2 - \sigma^2$；当 $i \neq j$ 时，$R_{ij} = x_i x_j$。

1. 初始状态设定

将第一个点的观察值设为当前点的估计值。则

$$e_0 = E\{(s_0 - \hat{s}_0)s_0\} = R_{00} - E\{\hat{s}_0 s_0\} = R_{00} - E\{x_0 s_0\} = R_{00} - R_{00} = 0$$

$$\begin{cases} \hat{s}_0 = x_0 \\ e_0 = 0 \\ R_{00} = x_0 x_0 - \sigma^2 \end{cases}$$

2. 递归运算

在本次运算中运用前一次计算得到的 $\hat{s}_{n-1}$、e_{n-1}、$R_{n-1,n-1}$，计算 $R_{n-1,n}$、A_n、R_{nn}、e_n，得到 α_n 和 β_n，进而得到当前点的估计值 $\hat{s}_n$，即

$$\begin{cases} R_{n-1n} = x_n x_{n-1} \\ A_n = R_{n-1,n} / R_{n-1,n-1} \\ e_n = \dfrac{R_{nn} - A_n^2 R_{n-1,n-1} + A_n^2 e_{n-1}}{R_{nn} - A_n^2 R_{n-1,n-1} + A_n^2 e_{n-1} + \sigma_n^2} \sigma_n^2 \\ R_{nn} = x_n x_n - \sigma^2 \end{cases} \Rightarrow \begin{cases} \beta_n = \dfrac{e_n}{\sigma^2} \\ \alpha_n = A_n(1 - \beta_n) \end{cases} \Rightarrow \hat{s}_n = \alpha_n \hat{s}_{n-1} + \beta_n x_n$$

将本次运算得到的 $\hat{s}_n$ 、 e_n 、 R_{nn} 作为下一次递归运算的 $\hat{s}_{n-1}$ 、 e_{n-1} 、 $R_{n-1,n-1}$ ，进入下一轮运算中，直到所有点都处理完。

三、算法特点

卡尔曼滤波以“预测—实测—修正”的顺序递推，利用系统的测量值来消除随机干扰，重构系统状态向量，恢复被污染系统的本来面目[2]。

卡尔曼滤波克服维纳滤波的局限性，是一个最优化自回归数据处理算法，对于很多问题，卡尔曼滤波是最优、效率最高、最有用的解决方法。已经广泛应用 50 多年，包括机器人控制、传感器数据融合、雷达系统和导弹追踪等，并应用于人脸识别、图像分割、边缘检测等计算机图像处理。例如，雷达需要对目标精确跟踪，但目标的测量值可能有噪声，利用卡尔曼滤波去掉噪声的影响，可以得到对目标过去位置(插值或平滑)、当前位置(滤波)或将来位置(预测)的估计[3]。但是卡尔曼滤波存在不稳定甚至发散的问题。

参考文献

[1] Montaldo N, Albertson J D, Mancini M. Dynamic calibration with an ensemble Kalman filter based data assimilation approach for root-zone moisture Predictions. Journal of Hydrometeorology, 2007, 8:910-921.

[2] Zhou F, Meng X Y. Adaptive Kalman filter of transfer alignment with un-modeled wing flexure of aircraft. Journal of Beijing Institute of Technology, 2008, 17, 4:434-438.

[3] 庞庆霈. 四旋翼飞行器设计与稳定控制研究[硕士学位论文]. 合肥: 中国科学技术大学, 2011.

第24讲　同态滤波

同态滤波(homomorphic filtering)由麻省理工学院的Stockham等于1960年提出。

一、基本原理

1. 同态滤波的思想

图像灰度是光照函数和反射函数共同作用的结果。光照强度一般具有一致性，在空间上缓慢变化，表现为低频分量；不同材料的反射率差异通常较大，会导致反射光急剧变化，使图像灰度发生改变，表现为高频分量。

为了消除光照不均匀对图像灰度的影响，增强图像的高频细节，可以采用同态滤波来处理光照不足或光照变化，有效增强感兴趣的景物[1]。

2. 同态滤波模型

同态滤波从入射光和反射光入手构建图像模型，将图像函数 $f(x,y)$ 表示为光照函数 $i(x,y)$ 与反射函数 $r(x,y)$ 的乘积，即

$$f(x,y)=i(x,y)\cdot r(x,y),\quad 0<r(x,y)<\infty,\quad 0<i(x,y)<\infty$$

光照函数 $i(x,y)$ 反映灰度的恒定分量，相当于频域中的低频信息，减弱入射光就可以起到缩小图像灰度范围的作用；反射函数 $r(x,y)$ 与物体的边界特性密切相关，相当于频域中的高频信息，增强反射光就可以提高图像对比度。

3. 同态滤波的实现

(1)取原图像 $f(x,y)$ 的对数，将图像模型中的乘法运算转化为加法运算，即

$$z(x,y)=\ln f(x,y)=\ln i(x,y)+\ln r(x,y) \tag{24-1}$$

(2)进行傅里叶变换，将图像转换到频域

$$F\left[z(x,y)\right]=F\left[\ln i(x,y)\right]+F\left[\ln r(x,y)\right] \tag{24-2}$$

即

$$Z=I+R$$

如图24-1所示，选择适当的传递函数 $H(u,v)$，压缩入射函数 $i(x,y)$ 的变化范围，削弱 $I(u,v)$；增强反射函数 $r(x,y)$ 的对比度，提升 $R(u,v)$。也就是说，同态滤波的

传递函数一般在低频部分小于 1(低频增益 $\gamma_L<1$)，高频部分大于 1(高频增益 $\gamma_H>1$)。图中 $D(u,v)$ 表示距离。

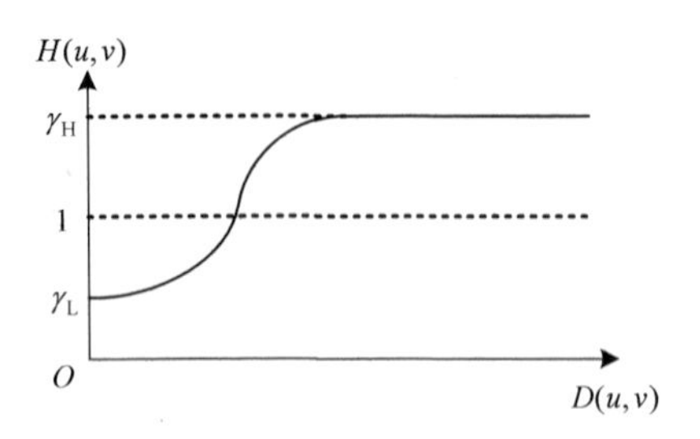

图 24-1　同态滤波传递函数的切面（$D(u,v)$）

如图 24-2 所示，假设用一个同态滤波函数 $H(u,v)$ 处理原图像 $f(x,y)$ 的对数傅里叶变换 $Z(u,v)$，则

$$S(u,v)=H(u,v)Z(u,v)=H(u,v)I(u,v)+H(u,v)R(u,v)$$

逆变换到空域，得

$$s(x,y)=F^{-1}\left[S(u,v)\right] \tag{24-3}$$

对式(24-3)取指数，得到最终处理结果为

$$f'(x,y)=\exp\left[s(x,y)\right]$$

同态滤波可以实现高通滤波。

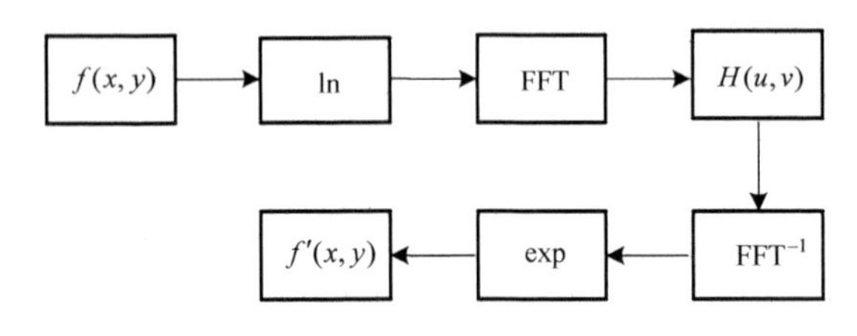

图 24-2　同态滤波的原理框图

二、仿真实验

在频率空间，图像可表示为不同频率分量的组合。一个尺寸为 $M\times N$ 的图像 $f(x,y)$ 的离散傅里叶变换为

$$F(u,v)=\frac{1}{MN}\sum_{x=0}^{M-1}\sum_{y=0}^{N-1}f(x,y)\mathrm{e}^{-\mathrm{j}2\pi\left(\frac{ux}{M}+\frac{vy}{N}\right)}$$

式中，$u=0,1,2,\cdots,M-1$；$v=0,1,2,\cdots,N-1$。

频谱为

$$|F(u,v)| = \left(\mathrm{Re}^2(u,v) + \mathrm{Im}^2(u,v)\right)^{\frac{1}{2}}$$

式中，$\mathrm{Re}(u,v)$ 和 $\mathrm{Im}(u,v)$ 分别为 $F(u,v)$ 的实部和虚部。

当光照绝对均匀时，变换后的频谱中只包含直流分量；当光照不均匀程度增加时，高次谐波分量所占比例也会增加。通过计算各次谐波分量占谐波总量的比例，可以得到所占比例较大的谐波频率范围，即为所求的滤波器的上限频率[2]。具体流程如下。

(1) 用 $(-1)^{x+y}$ 和输入图像相乘，将原点变换到频率坐标下的 $(M/2, N/2)$。

(2) 计算离散傅里叶变换，得到 $F(u,v)$。

(3) 计算点 (u,v) 到频率矩形原点的距离，即

$$D(u,v) = \sqrt{(u - M/2)^2 + (v - N/2)^2)}$$

(4) 由于图像由实部和虚部组成，计算不同 $D(u,v)$ 对应的频率谱 $|F(u,v)|$，它们位于以原点为中心、$D(u,v)$ 为半径的圆周上。

(5) 计算半径 r 的圆周包围的图像功率 P_r 占总图像功率 P_t 的比例 α_r。

$$\alpha_r = \frac{P_r}{P_\mathrm{t}} \times 100\%$$

式中，$P_\mathrm{t} = \sum_{u=0}^{M-1}\sum_{v=0}^{N-1} P(u,v)$，$P_r = \sum_{D(u,v)\leqslant r} P(u,v)$，单点功率 $P(u,v) = |F(u,v)|^2$。

(6) 从 0 开始逐渐增大 r 的值，当 $\alpha_r > 0.7$ 时停止计算，此时 r 对应的 $D(u,v)$ 即为所求的上限频率。

三、算法特点

同态滤波依据图像获取过程中的照明反射成像原理，在频域对图像灰度范围进行调整，消除图像上照明不均的问题。非线性滤波能够在很好地保护细节的同时，去除信号中的噪声，同态滤波是一种非线性滤波，是一种基于特征的对比度增强方法。

同态滤波依靠图像的照度/反射率模型，结合频率过滤和灰度变换，压缩亮度范围，增强对比度，改善图像质量，符合人眼对于亮度响应的非线性特性[3]。

在许多实际问题中，信号为两个或多个分量的乘积。对这类相乘信号，如用线性系统来分离信号各成分或单独地改善某个信号成分往往是无效的。但利用相乘信号的同态滤波，可以取得较好效果。在语音、图像、雷达、声呐、地震勘探和生物医学工程等领域中，同态信号处理获得广泛应用。

参 考 文 献

[1] Voicu L I, Harley R, Myler A R. Practical considerations on color image enhancement using homomorphic filtering. Journal of Electronic Image, 1997, 6(1):108-113.

[2] 武英. 利用同态滤波改善光照不足图像. 南京晓庄学院学报, 2007, 6:70-71.

[3] 罗海霞，刘斌，龙永红，等. 同态滤波在光照补偿中的应用. 湖南工业大学学报，2008, 22(5):23-27.

第 25 讲 双 边 滤 波

双边滤波(bilateral filtering)由美国斯坦福大学的 Tomasi 和苹果电脑公司的 Manduchi 于 1998 年在 ICCV 上提出[1]，是一种非迭代的简单策略，用于边缘保持滤波。

一、基本原理

1. 双边滤波的思想

在处理图像灰度或彩色信息时，双边滤波不仅考虑相邻像素在空间上的邻近关系，也考虑其在亮度上的相似性[2]。通过对二者进行非线性组合，和自适应滤波得到平滑图像。

双边滤波由两个函数构成，一个空域滤波函数由几何空间距离决定滤波器系数，并针对空间临近性，对空间邻近点进行加权平均，加权系数随距离增加而减少；另一个值域滤波函数针对亮度相似性，对亮度相近点进行加权平均，加权系数随着亮度相近点间的值差增大而减少[3]。

2. 双边滤波的计算

设 $f(x)$ 为输入图像，$h(x)$ 为输出图像。

(1) 空域滤波为

$$h(x)=k_d^{-1}(x)\int_{-\infty}^{\infty}\int_{-\infty}^{\infty}f(\xi)c(\xi,x)\mathrm{d}\xi$$

$$k_d(x)=\int_{-\infty}^{\infty}\int_{-\infty}^{\infty}c(\xi,x)\mathrm{d}\xi$$

式中，$c(\xi,x)$ 为中心点 x 与邻近点 ξ 之间的几何相似性函数；k_d 为与图像内容无关的归一化参数。

(2) 值域滤波为

$$h(x)=k_\tau^{-1}(x)\int_{-\infty}^{\infty}\int_{-\infty}^{\infty}f(\xi)s(f(\xi),f(x))\mathrm{d}\xi$$

$$k_\tau(x)=\int_{-\infty}^{\infty}\int_{-\infty}^{\infty}s[f(\xi),f(x)]\mathrm{d}\xi$$

式中，$s(f(\xi),f(x))$ 为中心点 x 与邻近点 ξ 之间的亮度相似性函数；k_τ 为归一化参数，其值与图像 $f(x)$ 有关。

单纯使用值域滤波只改变图像的颜色映射，实际意义不大，恰当的做法是将空

域滤波与值域滤波相结合，同时考虑像素点的空间临近性和亮度相似性，二者结合后的结果即为双边滤波器，其表达式为

$$h(x)=k^{-1}(x)\int_{-\infty}^{\infty}\int_{-\infty}^{\infty}f(\xi)c(\xi,x)s(f(\xi),f(x))\mathrm{d}\xi$$

$$k(x)=\int_{-\infty}^{\infty}\int_{-\infty}^{\infty}c(\xi,x)s(f(\xi),f(x))\mathrm{d}\xi$$

式中，k 为归一化参数。

双边滤波器用与 x 点空间邻近且亮度相似点的像素平均值作为 x 点的像素值。对于平滑区域，双边滤波器等同于标准的均值滤波器。

在图 25-1(a)中，一条锐利的分界线将图像分为暗和明两个区域，当双边滤波器被定位在明区域上的一个像素时，亮度相似性函数 s 对同一侧的像素取近似于 1 的值，对暗区域的像素点取近似于 0 的值，如图 25-1(b)所示。由于空域要素的作用，滤波器用中心点周围的明区域像素的平均值来取代原来中心点的值，而忽略与其邻近的暗区域像素点，过滤后的图像达到良好的平滑效果；同时由于值域要素的作用，明暗区域的分界线被很好地保留，如图 25-1(c)所示。

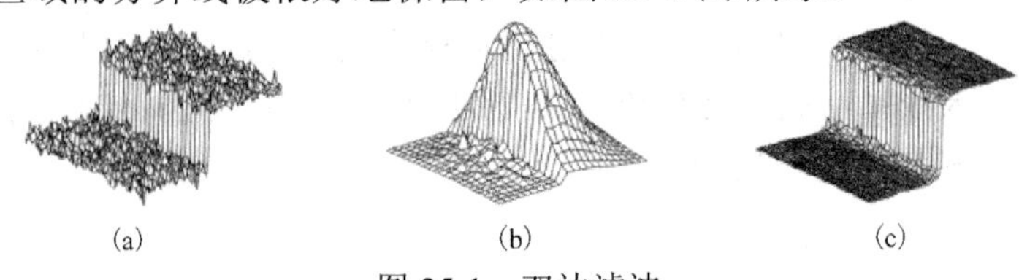

(a)　(b)　(c)

图 25-1　双边滤波

双边滤波能够在保持强边缘的同时，有效地对细小的图像变化进行平滑，在噪声去除、高动态范围图像(High-Dynamic Range，HDR)压缩、细节分解和图像抽象领域用处很大。

3. 联合双边滤波

Petschnigg 和 Agrawala 等在双边滤波的基础上提出联合双边滤波(joint bilateral filter)，基于导向图像计算掩模权重，适用于输入图像无法提供准确边缘信息的情况，如闪光/无闪光条件下的图像去噪、图像上采样和去卷积等。

二、仿真实验

在双边滤波器中，输出像素的值依赖于邻域像素值的加权组合，即

$$g(i,j)=\frac{\sum_{k,l}f(k,l)w(i,j,k,l)}{\sum_{k,l}w(i,j,k,l)}$$

式中，权重系数 $w(i,j,k,l)$ 取决于定义域核 $d(i,j,k,l)$ 和值域核 $r(i,j,k,l)$ 的乘积，其表达式分别为

$$d(i,j,k,l)=\exp\left(-\frac{(i-k)^2+(j-l)^2}{2\sigma_d^2}\right)$$

$$r(i,j,k,l)=\exp\left(-\frac{\|f(i,j)-f(k,l)\|^2}{2\sigma_r^2}\right)$$

则 $w(i,j,k,l)$ 表达式为

$$w(i,j,k,l)=\exp\left(-\frac{(i-k)^2+(j-l)^2}{2\sigma_d^2}-\frac{\|f(i,j)-f(k,l)\|^2}{2\sigma_r^2}\right)$$

图 25-2 为双边滤波的实例。

(a) 输入图像

(b) 双边滤波结果

图 25-2 双边滤波的实例

三、算法特点

双边滤波器的加权系数是两部分因子的非线性组合，在图像变化平缓的区域，邻域内像素亮度值相差不大，双边滤波转化为高斯低通滤波；在图像变化剧烈的区域，滤波器利用边缘点附近亮度值相近的像素的亮度平均值代替原亮度值。因此，双边滤波器既平滑图像，又保持图像边缘。

双边滤波器受 3 个参数的控制：滤波器半宽 N 、参数 k_d 和 k_τ 。N 越大，平滑作用越强；k_d 控制着空间邻近度因子的衰减程度，k_τ 控制着亮度相似度因子的衰减程度。

当双边滤波用于细节分解和 HDR 压缩时，容易引起梯度反转，导致形如光晕的人造物出现。其原因在于当一个像素点周围的相似像素很少时，其高斯加权平均得不到稳定结果。

双边滤波的效率偏低，时间复杂度一般为 $O(N,r^2)$ ，如果掩模半径 r 过大，则计算时间会令人难以接受[4]。

参 考 文 献

[1] Tomasi C, Manduchi R. Bilateral filtering for gray and color images// ICCV, Bombay, 1998: 839-846.

[2] Barash D. A fundamental relationship between bilateral filtering, adaptive smoothing and the nonlinear diffusion equation. TPAMI, 2002, 24(6): 844.

[3] 戚晓伟, 陈秀宏. 改进的 Otsu 方法的双边滤波边缘检测算法. 计算机工程与应用, 2012, 48(31): 150-155.

[4] 姜昊. 基于图像滤波器的多尺度图像分解[硕士学位论文]. 上海: 复旦大学, 2012.

第 26 讲　Guided 滤波

Guided 滤波(guided filter)是香港中文大学(The Chinese University of Hong Kong)的He、微软亚洲研究院(Microsoft Research Asia)的Sun和中国科学院(Chinese Academy of Sciences)的 Tang 在 2010 年的 ECCV 上提出的一种滤波方法[1]。利用图像 I 的局部信息滤波图像 p，使得输出图像 q 保持图像 I 所具有的局部信息，将空域滤波推广到基于图像信息的滤波。

一、基本原理

Guided 滤波执行时需要输入一幅指导图像，通过衡量指导图像与待处理图像间的运算关系，求取最终滤波结果。如果两幅图像在某区域存在相同的线特征，则该线特征在滤波后被增强；如果两幅图像在某区域线特征不同，则该区域滤波后被有效地平滑。

Guided 滤波过程包含引导图像 I 、输入图像 p 、输出图像 q ，每个像素的滤波输出可以表示成一个加权平均形式，即

$$q_i = \sum_j W_{ij}(I) p_j \tag{26-1}$$

式中，i、j 为像素索引；W_{ij} 为滤波核，该滤波核的一个具体实例是联合双边滤波(joint bilateral filter)，表达式为

$$W_{ij}^{\mathrm{bf}}(I) = \frac{1}{K_i} \exp\left(-\frac{\left|x_i - x_j\right|^2}{\sigma_s^2}\right) \exp\left(-\frac{\left|I_i - I_j\right|^2}{\sigma_r^2}\right) \tag{26-2}$$

式中，K_i 为确保 $\sum_j W_{ij}^{\mathrm{bf}} = 1$ 的归一化因子，σ_s 和 σ_r 分别为调整空间相似性和类别(灰度/彩色)相似性的因子。

Guided 滤波的关键假设就是指导图像 I 与输出图像 q 之间的局部线性模型，即

$$q_i = a_k I_i + b_k, \quad \forall i \in \omega_k \tag{26-3}$$

式中，a 、b 为线性系数，在局部窗口 ω_k 中 k 为常数。为确定上述线性系数，并使得 q 与 p 的差别最小，可转化为最优化问题，即

$$E\left(a_k, b_k\right) = \sum_{i \in \omega_k} \left(\left(a_k I_i + b_k - p_i\right)^2 + \varepsilon a_k^2\right) \tag{26-4}$$

式中，ε 为防止 a_k 过大的规范化参数。

式(26-4)的解可以利用线性回归求得，即

$$a_k = \frac{\frac{1}{|\omega|}\sum_{i\in\omega_k} I_i p_i - \mu_k \bar{p}_k}{\sigma_k^2 + \varepsilon}, \qquad b_k = \bar{p}_k - a_k \mu_k \tag{26-5}$$

式中，μ_k 和 σ_k^2 表示 I 在局部窗口 ω_k 中的均值和方差；$|\omega|$ 是窗口内的像素数；$\bar{p}_k$ 表示 p 在窗口 ω_k 中的均值。

当求得 a_k 和 b_k 后，可通过式(26-6)得到所需的局部线性模型：

$$q_i = \frac{1}{|\omega|}\sum_{k:i\in\omega_k}\left(a_k I_i + b_k\right) = \bar{a}_i I_i + \bar{b}_i \tag{26-6}$$

式中，$\bar{a}_i = \frac{1}{|\omega|}\sum_{k\in\omega_i} a_k$；$\bar{b}_i = \frac{1}{|\omega|}\sum_{k\in\omega_i} b_k$。

二、仿真实验

Guided 滤波是一种局部线性平移可变的滤波过程，通过分析指导图像 I 和输入图像 p，得到输出图像 q。其中 I 和 p 可以相同，也可以不同。输出图像 q 的计算步骤为：

(1) 将 I 划分为若干个子区域(局部窗口) $\{\omega_k\}$；

(2) 在每一个局部窗口 ω_k 内按式(26-5)计算所需的 a_k 和 b_k；

(3) 按照式(26-6)计算 ω_k 内每一个输出像素点 q_i 的值；

(4) 遍历所有的局部窗口，得到最终的滤波输出。

三、算法特点

Guided 滤波使用邻域内的均值和方差作为局部估计参数，能够根据图像内容自适应地调整输出的权重值，具有良好的边缘保持和细节增强能力，能够很好地保持图像边缘[2]。

Guided 滤波能够对细节进行增强，只要图像中强度突变的位置附近能够提供足够的梯度信息，就能够较好地实现图像跟随。

参考文献

[1] He K M, Sun J, Tang X O. Guided image filtering// 11th ECCV, Heraklion, 2010:1-14.

[2] 李丽华. 3D 掌纹特征提取和快速匹配算法研究[硕士学位论文]. 保定：河北大学, 2013.

第4篇　变　　换

本篇重点介绍K-L变换、DCT、Gabor变换、小波变换、Haar变换、LPT、Hough变换等常用变换方法。

K-L变换是均方误差最小意义下的最佳变换，变换后的矢量信号分量互不相关，最大方差集中在前 *m* 个低次分量中；需要事先知道信源的协方差矩阵并求出特征值，且变换矩阵随不同的信号样值集合而不同。

DCT只将信号能量集中，减少像素块内的相关性，并未压缩数据。

Gabor变换可以实现时频局部化，提供时域和频域局部化的信息；与人眼的生物作用相仿，常用于纹理分析。

小波变换支持多分辨率分析，核函数不唯一，最优小波基的选取是难题。

Haar变换适用于非平稳信号分析和处理，具有尺度和位移两个特性，没有乘法，只有加减；可以分析信号的局部特征；运算速度极快；维度小，使用存储空间少。

LPT变换将图像在笛卡儿坐标系下的尺度和旋转变化转换为沿对数极坐标系的平移运动，具有较好的尺度和旋转不变性，而尺度、旋转不变性与图像中心相关。

Hough变换通过投票方法检测具有特定形状的物体，具有很强的抗干扰能力；计算量非常大，需要大量的存储资源；在进行参数空间极大值的搜索时，由于合适的阈值难以确定，往往出现虚峰和漏检问题。

第27讲　K-L变换

K-L 变换(Karhunen-Loeve transform)由芬兰赫尔辛基大学(University of Helsinki)的 Karhunen 在 1947 年的博士论文中提出，是建立在统计特性基础上的一种变换[1]。

一、基本原理

正交矩阵 $\boldsymbol{Q}$ 由矢量信号 $\boldsymbol{X}$ 的协方差矩阵$\boldsymbol{\Phi}$的归一化正交特征矢量 $\boldsymbol{q}$ 构成，$\boldsymbol{Y}=\boldsymbol{QX}$ 为 $\boldsymbol{X}$ 的 K-L 变换。

设n维随机向量

$$\boldsymbol{x}=\left(\boldsymbol{x}_1,\boldsymbol{x}_2,\cdots,\boldsymbol{x}_n\right)^{\mathrm{T}}$$

其均值向量为

$$\boldsymbol{u}=E\boldsymbol{x}$$

相关矩阵为

$$\boldsymbol{R}_x=E\boldsymbol{x}\boldsymbol{x}^{\mathrm{T}}$$

协方差矩阵为

$$\boldsymbol{C}_x=E(\boldsymbol{x}-\boldsymbol{u})(\boldsymbol{x}-\boldsymbol{u})^{\mathrm{T}}$$

$\boldsymbol{x}$经正交变换后产生向量

$$\boldsymbol{y}=\left(\boldsymbol{y}_1,\boldsymbol{y}_2,\cdots,\boldsymbol{y}_n\right)^{\mathrm{T}}$$

设有标准正交变换矩阵$\boldsymbol{T}$，即$\boldsymbol{T}'\boldsymbol{T}=\boldsymbol{I}$，则

$$\boldsymbol{y}=\boldsymbol{T}'\boldsymbol{x}=(\boldsymbol{t}_1,\boldsymbol{t}_2,\cdots,\boldsymbol{t}_n)'\,\boldsymbol{x}=(\boldsymbol{y}_1,\boldsymbol{y}_2,\cdots,\boldsymbol{y}_n)'$$

$$\boldsymbol{y}_i=\boldsymbol{t}_i'\boldsymbol{x},\quad i=1,2,\cdots,n$$

$$\boldsymbol{x}=(\boldsymbol{T}')^{-1}\,\boldsymbol{y}=\boldsymbol{T}\boldsymbol{y}=\sum_{i=1}^{n}\boldsymbol{y}_i\,\boldsymbol{t}_i$$

取前m项为$\boldsymbol{x}$的估计值，则

$$\hat{\boldsymbol{x}}=\sum_{i=1}^{m}\boldsymbol{y}_i\boldsymbol{t}_i\ ,\ 1\leqslant m<n$$

其均方误差为

$$\varepsilon^2(m)=E(\boldsymbol{x}-\hat{\boldsymbol{x}})^{\mathrm{T}}(\boldsymbol{x}-\hat{\boldsymbol{x}})=\sum_{i=m+1}^{n}E\boldsymbol{y}_i^2=\sum_{i=m+1}^{n}E\boldsymbol{y}_i\boldsymbol{y}_i'=\sum_{i=m+1}^{n}\boldsymbol{t}_i'E(\boldsymbol{x}\boldsymbol{x}')\boldsymbol{t}_i=\sum_{i=m+1}^{n}\boldsymbol{t}_i'\boldsymbol{R}_x\boldsymbol{t}_i \tag{27-1}$$

在 $\boldsymbol{T}'\boldsymbol{T}=\boldsymbol{I}$ 的约束条件下，要使式(27-1)所示的均方误差最小，即

$$\sum_{i=m+1}^{n}\boldsymbol{t}_i'\boldsymbol{R}_x\boldsymbol{t}_i\to\min$$

设定准则函数

$$J=\sum_{i=m+1}^{n}\boldsymbol{t}_i'\boldsymbol{R}_x\boldsymbol{t}_i-\sum_{i=m+1}^{n}\lambda_i(\boldsymbol{t}_i'\boldsymbol{t}_i-1)$$

由 $\dfrac{\partial J}{\partial \boldsymbol{t}_i}=0$ 可得

$$(\boldsymbol{R}_x-\lambda_i\boldsymbol{I})\boldsymbol{t}_i=0,\quad i=m+1,\cdots,n$$

即

$$\boldsymbol{R}_x\boldsymbol{t}_i=\lambda_i\boldsymbol{t}_i,\quad i=m+1,\cdots,n \tag{27-2}$$

表明 λ_i 是 $\boldsymbol{R}_x$ 的特征值，而 $\boldsymbol{t}_i$ 是相应的特征向量。把式(27-2)代入式(27-1)，可得

$$\varepsilon^2(m)=\sum_{i=m+1}^{n}\boldsymbol{t}_i'\boldsymbol{R}_x\boldsymbol{t}_i=\sum_{i=m+1}^{n}\boldsymbol{t}_i'\lambda_i\boldsymbol{t}_i=\sum_{i=m+1}^{n}\lambda_i$$

采用截断方式产生 $\boldsymbol{x}$ 的估计时，使均方误差最小的正交变换矩阵是由其相关矩阵 $\boldsymbol{R}_x$ 的前 m 个特征值对应的特征向量构成的。

二、仿真实验

对于静态随机序列，如果其元素的条件概率只依赖于前一个元素，则称该序列为一阶 Markov 序列。一个 $N\times1$ 的 Markov 序列的协方差矩阵表达式为

$$\boldsymbol{C}_x=\begin{bmatrix}1&\rho&\rho^2&\cdots&\rho^{N-1}\\ \rho&1&\rho&\cdots&\rho^{N-2}\\ \rho^2&\rho&1&\cdots&\rho^{N-3}\\ \vdots&\vdots&\vdots&&\vdots\\ \rho^{N-1}&\rho^{N-2}&\rho^{N-3}&\cdots&1\end{bmatrix},\quad 0\leqslant\rho\leqslant1$$

式中，相邻元素间的相关系数为

$$[c_x]_{ij}=\rho^{|i-j|},\quad i,j=0,1,\cdots,N-1$$

该协方差矩阵的特征值和特征向量为

$$\begin{cases}\lambda_i=\dfrac{1-\rho^2}{1-2\rho\cos(\omega_j)+\rho^2}\\ v_{ij}=\sqrt{\dfrac{2}{N+\lambda_i}}\sin\left\{\omega_j\left[(i+1)-\dfrac{(N+1)}{2}\right]+(j+1)\dfrac{\pi}{2}\right\}\end{cases}\qquad i,j=0,1,\cdots,N-1$$

式中，ω_j 为超载方程

$$\tan(N\omega) = -\frac{(1-\rho^2)\sin(\omega)}{\cos(\omega) - 2\rho + \rho^2\cos(\omega)}$$

的根。

在 ρ 趋近于 1 时，有

$$v_{i,0} = \frac{1}{N}, \qquad v_{i,j} = \sqrt{\frac{2}{N}}\sin\left(\frac{\left(i+\frac{1}{2}\right)j\pi}{N} + \frac{\pi}{2}\right) = \sqrt{\frac{2}{N}}\cos\frac{\pi(2i+1)j}{2N}$$

与离散余弦变换(Discrete Cosine Transform，DCT)变换系数相同。

自然景物的 $\rho \approx 1$，这时 DCT 的基向量可以很好地近似 K-L 变换的基向量，因此在视频图像压缩算法中常用 DCT 来代替 K-L 变换。与 K-L 变换相比，DCT 在降低谱的相关性方面性能较低，但是其基函数是固定的，在实际应用中更加便利[2]。

三、算法特点

K-L 变换是均方误差最小意义下的最佳变换，其他变换将其作为性能比较的参考标准[3]。

K-L 变换后的矢量信号分量互不相关，最大的方差集中在前 m 个低次分量中。

K-L 变换需要事先知道信源的协方差矩阵并求出特征值，且变换矩阵因信号样值集合的不同而不同。

参 考 文 献

[1] Karhunen K. Über lineare methoden in der wahrscheinlichkeitsrechnung. Ann Acad Sci Fenn, Ser A1: Math-Phys, 1947, 37: 1-79.

[2] Jones I F, Levy S. Signal-to-noise ratio enhancement in multichannel seismic data via the Karhunen-Loeve transform. Geophysical Prospecting,1987,35: 12-32.

[3] Jian Y, Jing Y. Generalized K-L transform based combined feature extraction. Pattern Recognition, 2002, 35: 295-297.

第 28 讲　DCT

离散余弦变换(DCT)是美国堪萨斯州立大学(Kansas State University)的 Ahmed 等在 1974 年提出的正交变换[1]，是对语音、图像和视频信号进行变换的最佳方法，是 H.261、H.263、JPEG、MPEG 等国际编码标准的重要环节。

一、基本原理

1. 正交变换

在一般有限长正交变换中，其正、逆变换式可写为

$$X(k)=\sum_{n=0}^{N-1}x(n)\psi_k^*(n),\qquad k=0,1,\cdots,N-1$$

$$x(n)=\frac{1}{N}\sum_{k=0}^{N-1}X(k)\psi_n(k),\qquad n=0,1,\cdots,N-1$$

式中，序列 $\psi_k(n)$ 称为基序列。各基序列作为 N 维空间坐标，两两正交，即

$$\frac{1}{N}\sum_{n=0}^{N-1}\psi_k(n)\psi_m^*(n)=\begin{cases}1, & m=k\\0, & m\neq k\end{cases}$$

1966 年，快速傅里叶变换问世后，离散傅里叶变换的应用得到迅速推广。但是，在离散傅里叶变换中，变换核是复指数周期序列 $e^{j2\pi kn/N}$，若 $x(n)$ 是实序列，则 $X(k)$ 是复共轭对称序列。离散傅里叶变换应用涉及复数运算。

有多种变换可以实现实值变换。如哈尔(Harr)变换、沃尔什(Walsh)变换、阿达马(Hadamard)变换、哈特莱(Hartley)变换、K-L 变换、DCT 等。**K-L 变换是在最小均方误差准则下进行数据压缩的最佳变换，但没有快速算法。与 K-L 变换性能最接近的是 DCT，数据压缩效果好，不涉及复数运算，有快速算法**[2]。

2. 一维 DCT

用 $x(n)$ 表示 N 点一维实值序列，$n=0,1,\cdots,N-1$，则一维 DCT 可表示为

$$X(k)=\sqrt{\frac{2}{N}}C(k)\sum_{n=0}^{N-1}x(n)\cos\frac{(2n+1)\pi k}{2N},\quad n=0,1,\cdots,N-1$$

式中

$$C(k)=\begin{cases}1/\sqrt{2}, & k=0\\ 1, & k=1,2,\cdots,N-1\end{cases}$$

一维 DCT 逆变换(Inverse Discrete Cosine Transform，IDCT)表达式为

$$x(n)=\sqrt{\frac{2}{N}}C(k)\sum_{k=0}^{N-1}X(k)\cos\frac{(2n+1)\pi k}{2N},\quad n=0,1,\cdots,N-1$$

写成矩阵形式

$$\boldsymbol{X}=\boldsymbol{A}\boldsymbol{x}$$

式中，$\boldsymbol{A}$ 为 DCT 矩阵，即

$$\boldsymbol{A}=\sqrt{\frac{2}{N}}\left[C(k)\cos\frac{(2n+1)\pi k}{2N}\right]_{N\times N},\quad k(\text{行}),n(\text{列})=0,1,\cdots,N-1$$

矩阵 $\boldsymbol{A}$ 是正交矩阵，但不是对称矩阵。

$N=8$ 时 DCT 矩阵为

$$\text{DCT}_{8\times 8}=\boldsymbol{A}=\sqrt{\frac{2}{8}}\times\begin{bmatrix}1/\sqrt{2} & 1/\sqrt{2} & 1/\sqrt{2} & \cdots & 1/\sqrt{2} & 1/\sqrt{2}\\ \cos\frac{\pi}{16} & \cos\frac{3\pi}{16} & \cos\frac{5\pi}{16} & \cdots & \cos\frac{13\pi}{16} & \cos\frac{15\pi}{16}\\ \cos\frac{2\pi}{16} & \cos\frac{6\pi}{16} & \cos\frac{10\pi}{16} & \cdots & \cos\frac{26\pi}{16} & \cos\frac{30\pi}{16}\\ \cos\frac{3\pi}{16} & \cos\frac{9\pi}{16} & \cos\frac{15\pi}{16} & \cdots & \cos\frac{39\pi}{16} & \cos\frac{45\pi}{16}\\ \cos\frac{4\pi}{16} & \cos\frac{12\pi}{16} & \cos\frac{20\pi}{16} & \cdots & \cos\frac{52\pi}{16} & \cos\frac{60\pi}{16}\\ \cos\frac{5\pi}{16} & \cos\frac{15\pi}{16} & \cos\frac{20\pi}{16} & \cdots & \cos\frac{65\pi}{16} & \cos\frac{75\pi}{16}\\ \cos\frac{6\pi}{16} & \cos\frac{18\pi}{16} & \cos\frac{30\pi}{16} & \cdots & \cos\frac{78\pi}{16} & \cos\frac{90\pi}{16}\\ \cos\frac{7\pi}{16} & \cos\frac{21\pi}{16} & \cos\frac{35\pi}{16} & \cdots & \cos\frac{91\pi}{16} & \cos\frac{105\pi}{16}\end{bmatrix}$$

根据正交性，IDCT 矩阵为

$$\boldsymbol{A}^{-1}=\boldsymbol{A}^{\mathrm{T}}=\sqrt{\frac{2}{N}}\left[C(k)\cos\frac{(2n+1)\pi k}{2N}\right]_{N\times N},\quad n(\text{行}),k(\text{列})=0,1,\cdots,N-1$$

用矩阵形式表示逆变换

$$\boldsymbol{x}=\boldsymbol{A}^{\mathrm{T}}\boldsymbol{X}$$

3. 二维 DCT

用 $x(i,j)$ 表示 $N \times N$ 点二维实值序列像素，$i,j = 0,1,\cdots,N-1$，则二维 DCT 表达式为

$$X(u,v) = \frac{2}{N}C(u)C(v)\sum_{i=0}^{N-1}\sum_{j=0}^{N-1}x(i,j)\cos\frac{(2i+1)u\pi}{2N}\cos\frac{(2j+1)v\pi}{2N}$$

式中，$u,v = 0,1,\cdots,N-1$，$C(u),C(v) = \begin{cases} \dfrac{1}{\sqrt{2}}, & u,v = 0 \\ 1, & u,v = 1,2,\cdots,N-1 \end{cases}$

二维 DCT 的逆变换(IDCT)为

$$x(i,j) = \frac{2}{N}\sum_{u=0}^{N-1}\sum_{v=0}^{N-1}C(u)C(v)X(u,v)\cos\frac{(2i+1)u\pi}{2N}\cos\frac{(2j+1)v\pi}{2N}$$

式中，$i,j = 1,2,\cdots,N-1$。

4. 二维 DCT 的快速计算

变换核可以分离，二维 DCT 变换可以分解成级联的两次一维变换，即

$$X(u,v) = \sqrt{\frac{2}{N}}C(v)\sum_{j=0}^{N-1}\left[\sqrt{\frac{2}{N}}C(u)\sum_{i=0}^{N-1}x(i,j)\cos\frac{(2i+1)u\pi}{2N}\right]\cos\frac{(2j+1)v\pi}{2N}$$

可先以 i (或 j) 为变量对 $x(i,j)$ 逐行(或列)进行一维 DCT，得到一个中间结果，即

$$w(u,j) = \sqrt{\frac{2}{N}}C(u)\sum_{i=0}^{N-1}x(i,j)\cos\frac{(2i+1)u\pi}{2N}$$

再对中间结果以 j (或 i) 为变量逐列(或行)进行下一次一维 DCT，得

$$X(u,v) = \sqrt{\frac{2}{N}}C(v)\sum_{j=0}^{N-1}w(u,j)\cos\frac{(2j+1)v\pi}{2N}$$

二维 IDCT 的变换核也是可分的。二维 DCT、IDCT 的计算可先逐行(或列)，再逐列(或行)直接用一维 DCT、IDCT 进行变换，即行列分离算法。这种算法结构简单，可直接利用一维 DCT 快速运算程序或硬件结构[3]。

二、仿真实验

DCT 的正交性可以通过实例看出。当 $N = 4$ 时，有

$$A=\begin{bmatrix}0.500 & 0.500 & 0.500 & 0.500\\ 0.653 & 0.271 & -0.271 & -0.653\\ 0.500 & -0.500 & -0.500 & 0.500\\ 0.271 & -0.653 & 0.653 & -0.271\end{bmatrix}$$

$$A^{\mathrm{T}}=\begin{bmatrix}0.500 & 0.653 & 0.500 & 0.271\\ 0.500 & 0.271 & -0.500 & -0.653\\ 0.500 & -0.271 & -0.500 & 0.653\\ 0.500 & -0.653 & 0.500 & -0.271\end{bmatrix}$$

显然

$$A\cdot A^{\mathrm{T}}=I$$

所以，DCT 是正交变换。

设信号序列 $x(i)=1,\ i=0,1,\cdots,N-1$，该序列的 8 点 DCT 序列为

$$X(k)=\sqrt{\frac{2}{8}}C(k)\sum_{n=0}^{7}x(n)\cos\frac{(2n+1)\pi k}{16}$$
$$=\frac{1}{2\sqrt{2}}\begin{bmatrix}8\cdot\frac{1}{\sqrt{2}} & 0 & 0 & 0 & 0 & 0 & 0 & 0\end{bmatrix}^{\mathrm{T}}$$
$$=\begin{bmatrix}2 & 0 & 0 & 0 & 0 & 0 & 0 & 0\end{bmatrix}^{\mathrm{T}},\qquad k=0,1,\cdots,7$$

对完全相关的序列 $x(n)$ 进行 DCT 后，得到的序列 $X(k)$ 完全不相关，除了直流系数，其余系数都为 0。这些 0 系数不需要都传送，只传送一个为 0 的结束码即可，因此能够有效压缩码率。

如图 28-1 所示，图 28-1(a)和图 28-1(b)分别是有用信号 $s(n)$ 及其 DCT 谱 $X_{\mathrm{s}}(k)$，其中 $s(n)$ 包含 181 个采样点。图 28-1(c)和图 28-1(d)分别是噪声信号 noise(n) 及其 DCT 谱 $X_n(k)$。由图可知有用信号中相邻各点有相关性，其 DCT 谱向低频聚拢；但噪声信号则相反，相邻各点理论上没有相关性，DCT 谱散布于所有谱点之上。图 28-1(e)和图 28-1(f)分别是由 $s(n)$ 和 noise(n) 合成的信号 $s\_n(n)$ 及其 DCT 谱 $X_{\mathrm{sn}}(k)$。比较图 28-1(f)和图 28-1(g)，$X_{\mathrm{sn}}(k)$ 的低频部分主要是有用信号的 DCT 谱，高频部分主要是 noise(n) 的 DCT 谱。

为了压缩 DCT 谱 $X_{\mathrm{sn}}(k)$，现将 $k\geqslant 40$ 的谱点强行置零，得到图 28-1(g)所示的 DCT 谱 $X'_{\mathrm{sn}}(k)$，既可除去噪声所产生的大部分 DCT 谱，又进行数据压缩。对 $X'_{\mathrm{sn}}(k)$ 进行逆变换，得到图 28-1(h)所示的重建信号 $s'(n)$。$s\_n(n)$ 的 DCT 谱点数目为 181。在逆变换时，仅利用 39 点，其余均被置零，压缩比为 $181/39=4.64$。**DCT 和 IDCT 二者配合，既有数据压缩效果，又有滤波效果。**

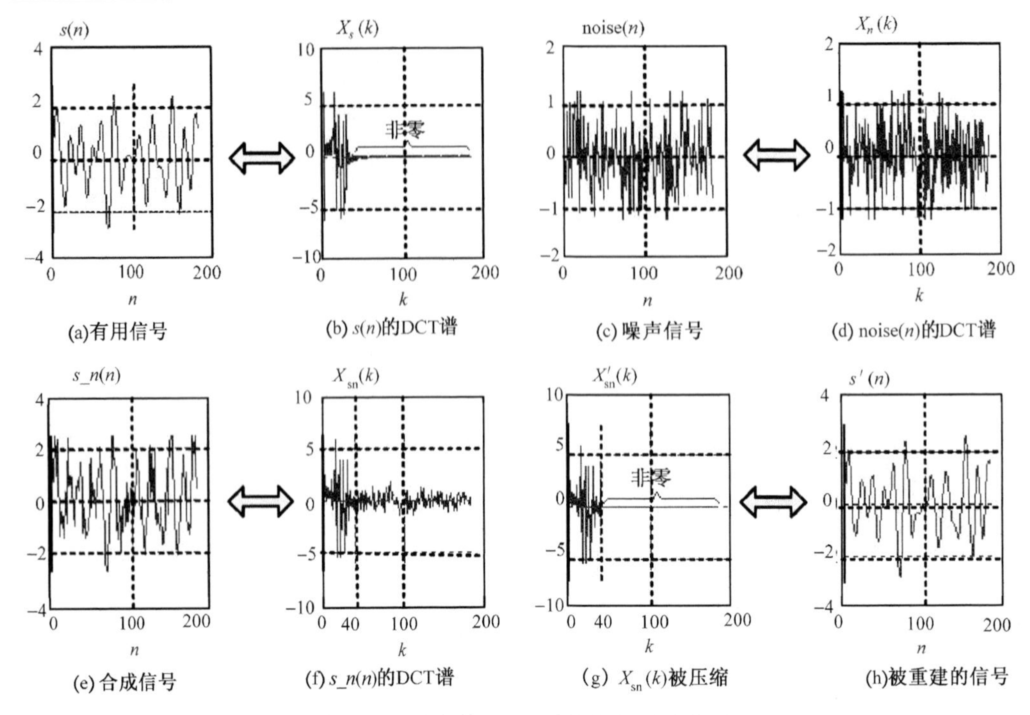

(a)有用信号　(b) s(n)的DCT谱　(c) 噪声信号　(d) noise(n)的DCT谱

(e) 合成信号　(f) s_n(n)的DCT谱　(g) $X_{sn}(k)$被压缩　(h)被重建的信号

图 28-1　用少数 DCT 系数恢复重建信号

如图 28-2 所示，采用二维 DCT 和 IDCT 可分别进行图像压缩和重构。处理前后的图像分别见图 28-2(a)和图 28-2(c)，图 28-2(b)是 DCT 结果。原图是蓝天下的茫茫沙海，像素信号相关性很强。图像能量高度集中于空域频率的低频处(图 28-2(b)的左上角)，可以从图 28-2(d)清楚得看出。经过二维 DCT 运算后，将所得数组中凡绝对值小于某门限值的点强行置零，用所余的少数非零变换点进行逆变换就能比较好地重建图像。误差与门限值有关，门限值越高，误差越大，图像质量越差。

与傅里叶变换相同，DCT 可以由定义式出发进行计算，但计算量太大。DCT 有类似于离散傅里叶变换(Discrete Fourier Transform，DFT)的快速算法，其原理和计算流程与快速傅里叶变换(Fast Fourier Transformation，FFT)相似。

(a) 原始图像

(b) DCT结果

(c) 重构图像

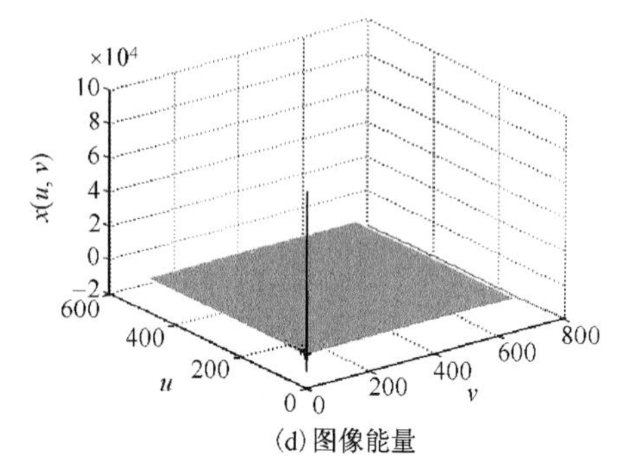

(d) 图像能量

图 28-2 用 DCT 和 IDCT 进行图像处理

三、算法特点

视频图像由为数极多的像素组成，没有必要传送所有像素的原始信息。如果将图像沿水平和垂直方向按像素划分为许多小块，那么每个小块内各像素的色度、亮度等信号值变化不大，即块内各像素的信号具有很强的相关性，只需要传送表征每个小块的少量信息。

对每个小块进行 DCT 处理，就将空间像素的几何分布变换为空间频率域中的分布，变换后的系数，左上角是直流项；在水平方向上，从左向右表示水平方向空间频率增加的方向；在垂直方向上，从上向下表示垂直方向空间频率增加的方向。对于绝大多数图像小块，DCT 后绝大部分的能量集中在直流分量和少数低频分量上，大致以左上角为圆心，在相同半径的圆弧上的频率，其能量基本相等，离圆心越远的频率分量，其能量越小。通常将图像划分为 8×8 或 16×16 的许多块。

DCT 只将信号能量集中，减少像素块内的相关性，但并未压缩数据。在数字电视应用中，为了减少数据量，必须与量化、编码相结合，才能减少数据量。

参 考 文 献

[1] Ahmed N, Natarajan T, Rao K R. Discrete cosine transform. IEEE Transactions on Computers, 1974, 100(1): 90-93.

[2] Khayam S A. The discrete cosine transform (DCT): theory and application, technical report. Michigan State University, 2003.

[3] 丛爽，蒲亚坤，王军南. DCT 图像压缩方法的改进及其应用. 计算机工程与应用，2010, 46(18): 160-163.

第 29 讲　Gabor 变换

Gabor 变换由英国汤姆森休斯敦公司的 Gabor(1971 年诺贝尔物理学奖得主)于 1946 年提出[1]。Gabor 变换属于加窗傅里叶变换，可以在频域内不同尺度、不同方向上提取相关特征。

一、基本原理

经典傅里叶变换只能反映信号的整体特性(时域、频域)，要求信号满足平稳条件。由式 $F(\omega)=\int_{-\infty}^{\infty} f(x)\mathrm{e}^{-\mathrm{j}\omega x}\mathrm{d}x$ 可知，要用傅里叶变换研究时域信号频谱特性，必须获得时域中的全部信息。

如果信号在某时刻的一个小的邻域内发生变化，那么信号的整个频谱都要受到影响，而频谱的变化无法标定发生变化的时间位置和剧烈程度。傅里叶变换对信号的齐性不敏感，不能给出在各个局部时间范围内频谱上的谱信息描述，如局部化时间分析、图像边缘检测、地震勘探反射波的位置等。而 Gabor 变换可以解决上述问题。

信号 $f(t)$ 的 Gabor 变换定义为

$$G_f(a,b,\omega)=\int_{-\infty}^{\infty} f(t)g_a(t-b)\mathrm{e}^{-\mathrm{j}\omega t}\mathrm{d}t$$

式中，$a>0$，$b>0$，$g_a(t)=\dfrac{1}{2\sqrt{\pi a}}\exp\left(-\dfrac{t^2}{4a}\right)$。

高斯函数 $g_a(t-b)$ 是一个时间局部化的“窗函数”，又称为 Gabor 变换核函数。参数 a 为窗口的宽度，参数 b 用于平行移动窗口，以便于覆盖整个时域。**Gabor 取 $g(t)$ 为高斯函数的原因有两个：①高斯函数的傅里叶变换仍为高斯函数，可体现频域的局部化；②Gabor 变换是最优的窗口傅里叶变换[2]。**

对参数 b 积分，则

$$\int_{-\infty}^{\infty} G_f(a,b,\omega)\mathrm{d}b=F(\omega),\quad \omega\in\mathbf{R}$$

依据傅里叶逆变换，信号 $f(t)$ 的重构表达式为

$$f(t)=\frac{1}{2\pi}\int_{-\infty}^{\infty}\int_{-\infty}^{\infty} G_f(a,b,\omega)g_a(t-b)\mathrm{e}^{\mathrm{j}\omega t}\mathrm{d}\omega\mathrm{d}b$$

在上述处理过程中，高斯窗函数的窗口宽度与高度的积为一个固定值，这意味

着时间频率的宽度对所有频率是固定不变的，而实际信号的频率窗口宽度并不固定，这一点是 Gabor 变换的局限性所在。

信号 $f(t)$ 的离散 Gabor 变换如下所示，即

$$G_{mn}=\int_{-\infty}^{\infty}f(t)g(t-mT)\mathrm{e}^{-\mathrm{j}n\omega t}\mathrm{d}t=\int_{-\infty}^{\infty}f(t)g_{mn}(t)\mathrm{d}t$$

$$f(t)=\sum_{m=-\infty}^{\infty}\sum_{n=-\infty}^{\infty}G_{mn}\gamma(t-mT)\mathrm{e}^{\mathrm{j}n\omega t}=\sum_{m=-\infty}^{\infty}\sum_{n=-\infty}^{\infty}G_{mn}\gamma_{mn}(t)$$

式中，$g_{mn}(t)=g(t-mT)\mathrm{e}^{\mathrm{j}n\omega t}$ 为 Gabor 变换核函数，$\gamma(t)$ 是 $g(t)$ 的对偶函数，二者之间有如下双正交关系：

$$\int_{-\infty}^{\infty}\gamma(t)g^{*}(t-mT)\mathrm{e}^{-\mathrm{j}n\omega t}\mathrm{d}t=\delta_m\delta_n$$

二、仿真实验

如果对信号波形有一定的先验知识，且可以据此选取合适的基函数，那么可以用 Gabor 变换对信号进行精确检测和统计[3]。

二维 Gabor 函数可以表示为

$$g_{uv}(x,y)=\frac{k^2}{\sigma^2}\exp\left(-\frac{k^2(x^2+y^2)}{2\sigma^2}\right)\cdot\left[\exp\left(\mathrm{j}k\cdot\begin{pmatrix}x\\y\end{pmatrix}\right)-\exp\left(-\frac{\sigma^2}{2}\right)\right]$$

式中

$$k=\begin{pmatrix}k_x\\k_y\end{pmatrix}=\begin{pmatrix}k_v\cos\varphi_u\\k_v\sin\varphi_u\end{pmatrix},\quad k_v=2^{-\frac{v+2}{2}}\pi,\quad \varphi_u=u\frac{\pi}{k}$$

其中，v 的取值决定 Gabor 滤波的波长，u 的取值表示 Gabor 核函数的方向，k 表示总的方向数，上述参数决定高斯窗口的大小。实际应用中常取 4 个频率(v=0, 1, 2, 3)，8 个方向(即 $k=8$，$u=0,1,\cdots,7$)，一共可得到 32 个 Gabor 核函数。常见二维 Gabor 函数如图 29-1 所示。

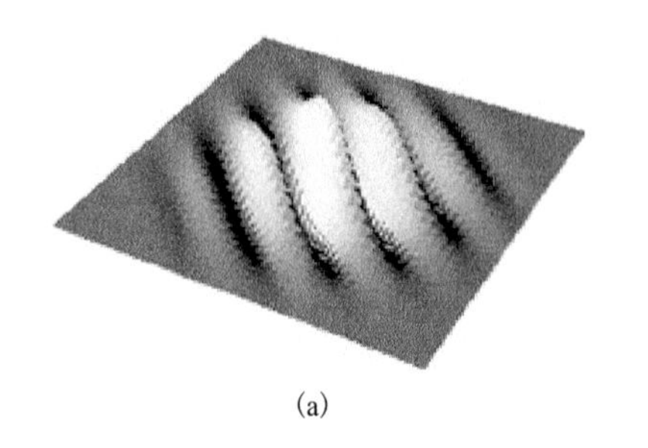

(a)

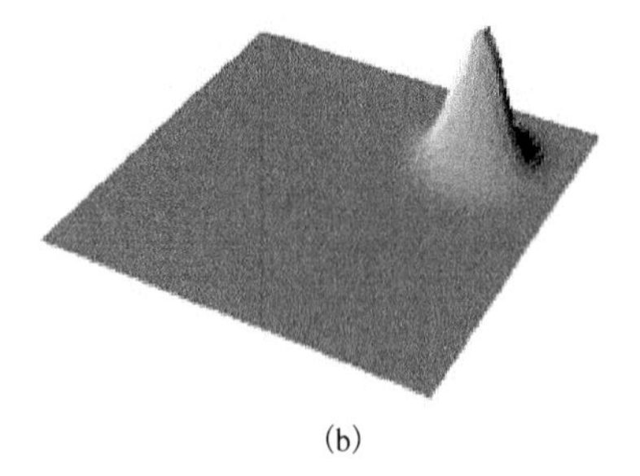

(b)

图 29-1　二维 Gabor 函数

由于 Gabor 变换具有良好的空间局部性和方向选择性，可以很好地描述纹理信息，对光照、姿态具有一定的鲁棒性，所以 Gabor 变换广泛应用于人脸识别领域，成为主流的人脸特征提取方法。

EGM 是最早将 Gabor 变换应用到人脸识别的算法之一，该算法求取人脸图像中部分特征点的 Gabor 变换结果，并用特征点的空间位置和对应的 Gabor 变换系数生成描述人脸特征的属性图，将人脸识别问题转化为属性图匹配问题[4]。既利用人脸图像的亮度分布特征，又利用面部结构信息。

三、算法特点

Gabor 变换在整体上提供信号的全部信息，同时也可以提供在任意局部时间内信号变化剧烈程度的信息，实现时频局部化。

Gabor 变换与人眼的生物作用相仿，常用于纹理分析[5]。

Gabor 变换中时间频率的宽度是固定不变的，因此在实际应用中，高频信号 Gabor 变换结果的分辨率要低于低频信号的结果[6]。

参 考 文 献

[1] Gabor D. Theory of communication. Journal of the Institute of Electrical Engineers, 1946: 429-457.

[2] Qian S, Chen D. Discrete Gabor transform. IEEE Transactions on Signal Processing, 1993, 41(7): 2429-2438.

[3] Redding N J, Newsam G N. Efficient calculation of finite Gabor transforms. IEEE Transactions on Signal Processing, 1996, 44(2): 190-200.

[4] Bonmassar G. The stochastic Gabor function enhances bandwidth in finite-difference-time domain s-parameter estimation. IEEE Transactions on Microwave Theory and Techniques, 2007, 55(4): 601-606.

[5] 李东. 复杂条件下人脸识别技术研究[硕士学位论文]. 天津: 天津大学, 2009.

[6] 陈芬芬. 基于二值化纹理提取算法的人脸检测研究[硕士学位论文]. 广州: 华南理工大学, 2012.

第30讲　小 波 变 换

小波变换(Wavelet Transform，WT)的思想最早可追溯到Haar于1910年发表的相关论文[1]，而后由Dennis Gabor(1946)、Zweig(1975)进行发展。Pierre Goupillaud、Grossmann和Morlet在1982年的工作被认为是连续小波变换(Continuous Wavelet Transform，CWT)，即现代小波研究的开端。小波变换兼顾信号全貌和细节，继承傅里叶分析，采用简谐函数作为基函数逼近任意信号的思想。基函数是一系列尺度可变函数，具有良好的时频定位特性，能对各种时变信号进行有效分解，适合探测正常信号中夹带的瞬态反常成分。

一、基本原理

设$\psi(t)$平方可积，即$\psi(t)\in L^2(\mathbf{R})$，若傅里叶变换$\Psi(\omega)$满足

$$c_\psi=\int_{\mathbf{R}}\frac{|\Psi(\omega)|^2}{|\omega|}\mathrm{d}\omega<\infty \tag{30-1}$$

则$\psi(t)$为基本小波，通过平移和缩放，得到小波基函数

$$\psi_{a,b}(t)=\frac{1}{\sqrt{a}}\psi\left(\frac{t-b}{a}\right) \tag{30-2}$$

将$L^2(\mathbf{R})$空间中的任意函数$x(t)$在小波基下展开

$$\mathrm{WT}_x(a,b)=\frac{1}{\sqrt{a}}\int x(t)\psi^*\left(\frac{t-b}{a}\right)\mathrm{d}t=\int x(t)\psi^*_{a,b}(t)\mathrm{d}t=\langle x(t),\psi_{a,b}(t)\rangle \tag{30-3}$$

小波是一种小区域、平均值为0的波形。信号$x(t)$的小波变换是一系列不同尺度的带通滤波器的输出。$\mathrm{WT}_x(a,b)$中的伸缩因子a反映带通滤波器的带宽和中心频率，a越小，带宽越大，中心频率越大；平移因子b为滤波后输出的时间参数，确定对$x(t)$分析的时间位置，即时间中心[2]。

小波基可以是实函数或复函数，若$x(t)$是实信号，$\psi(t)$也是实函数，则$\mathrm{WT}_x(a,b)$是实函数；反之，$\mathrm{WT}_x(a,b)$为复函数。

因子$\frac{1}{\sqrt{a}}$是为了保证在不同尺度a时，$\psi_{a,b}(t)$能和母函数$\psi(t)$有相同能量，即

$$\int\left|\psi_{a,b}(t)\right|^2\mathrm{d}t=\frac{1}{a}\int\left|\psi\left(\frac{t-b}{a}\right)\right|^2\mathrm{d}t \tag{30-4}$$

令 $\frac{t-b}{a}=t'$，则 $\mathrm{d}t=a\mathrm{d}t'$，式(30-4)的积分等于 $\int|\psi(t)|^2\mathrm{d}t$。

令 $x(t)$ 的傅里叶变换为 $X(\omega)$，$\psi(t)$ 的傅里叶变换为 $\Psi(\omega)$，则 $\psi_{a,b}(t)$ 的傅里叶变换为

$$\Psi_{a,b}(\omega)=\sqrt{a}\Psi(a\omega)\mathrm{e}^{-\mathrm{j}\omega b}$$

由帕斯维尔(Parseval)定理，可得小波变换的频域表达式为

$$\mathrm{WT}_x(a,b)=\frac{1}{2\pi}\left\langle X(\omega),\Psi_{a,b}(\omega)\right\rangle=\frac{\sqrt{a}}{2\pi}\int_{-\infty}^{+\infty}X(\omega)\Psi^*(a\omega)\mathrm{e}^{\mathrm{j}\omega b}\mathrm{d}\omega$$

1. 时移性质

若 $x(t)$ 的 WT 是 $\mathrm{WT}_x(a,b)$，令

$$y(t)=x(t-\tau)$$

则

$$\begin{aligned}\mathrm{WT}_y(a,b)&=\frac{1}{\sqrt{a}}\int x(t-\tau)\psi^*\left(\frac{t-b}{a}\right)\mathrm{d}t=\frac{1}{\sqrt{a}}\int x(t')\psi^*\left(\frac{t'-(b-\tau)}{a}\right)\mathrm{d}t'\\&=\mathrm{WT}_x(a,b-\tau)\end{aligned}$$

2. 尺度转换性质

如果 $x(t)$ 的 WT 是 $\mathrm{WT}_x(a,b)$，令

$$y(t)=x(\lambda t)$$

则

$$\mathrm{WT}_y(a,b)=\frac{1}{\sqrt{a}}\int x(\lambda t)\psi^*\left(\frac{t-b}{a}\right)\mathrm{d}t$$

令

$$t'=\lambda t$$

则

$$\begin{aligned}\mathrm{WT}_y(a,b)&=\frac{1}{\sqrt{a}}\int x(t')\psi^*\left(\frac{t'/\lambda-b}{a}\right)\frac{1}{\lambda}\mathrm{d}t'=\frac{1}{\sqrt{\lambda}}\frac{1}{\sqrt{\lambda a}}\int x(t)\psi^*\left(\frac{t-\lambda b}{\lambda a}\right)\mathrm{d}t\\&=\frac{1}{\sqrt{\lambda}}\mathrm{WT}_x(\lambda a,\lambda b)\end{aligned}$$

当信号的时间轴按 λ 进行伸缩时，小波变换在 a 和 b 两个轴上同时要进行相同比例的伸缩，而小波变换的波形不变。

3．微分性质

如果 $x(t)$ 的 WT 是 $\mathrm{WT}_x(a,b)$，令

$$y(t)=\frac{\mathrm{d}x(t)}{\mathrm{d}t}=x'(t)$$

则

$$\begin{aligned}\mathrm{WT}_y(a,b)&=\frac{1}{\sqrt{a}}\int\frac{\mathrm{d}x(t)}{\mathrm{d}t}\psi^*\left(\frac{t-b}{a}\right)\mathrm{d}t\\&=\lim_{\Delta t\to 0}\frac{1}{\sqrt{a}}\int\frac{x(t+\Delta t)-x(t)}{\Delta t}\psi^*\left(\frac{t-b}{a}\right)\mathrm{d}t\\&=\lim_{\Delta t\to 0}\frac{1}{\Delta t}\left[\frac{1}{\sqrt{a}}\int x(t+\Delta t)\psi^*\left(\frac{t-b}{a}\right)\mathrm{d}t-\frac{1}{\sqrt{a}}\int x(t)\psi^*\left(\frac{t-b}{a}\right)\mathrm{d}t\right]\end{aligned}$$

由移位性质可知

$$\mathrm{WT}_y(a,b)=\mathop{\mathrm{Lim}}_{\Delta t\to 0}\frac{\mathrm{WT}_x(a,b+\Delta t)-\mathrm{WT}_x(a,b)}{\Delta t}$$

即

$$\mathrm{WT}_y(a,b)=\frac{\partial}{\partial b}\mathrm{WT}_x(a,b)$$

二、仿真实验

1．Haar 小波

Haar 小波来自于数学家 Haar 于 1910 年提出的 Haar 正交函数集，可定义为

$$\psi(t)=\begin{cases}1, & 0\leqslant t<1/2\\-1, & 1/2\leqslant t<1\\0, & \text{其他}\end{cases}$$

$$\varPsi(\omega)=\mathrm{j}\frac{4}{\omega}\sin^2\left(\frac{\omega}{a}\right)\mathrm{e}^{-\mathrm{j}\omega/2}$$

如图 30-1 所示，Haar 小波具有对称性，是有限支撑的正交小波，是不连续小波，在实际信号分析与处理中受到限制。

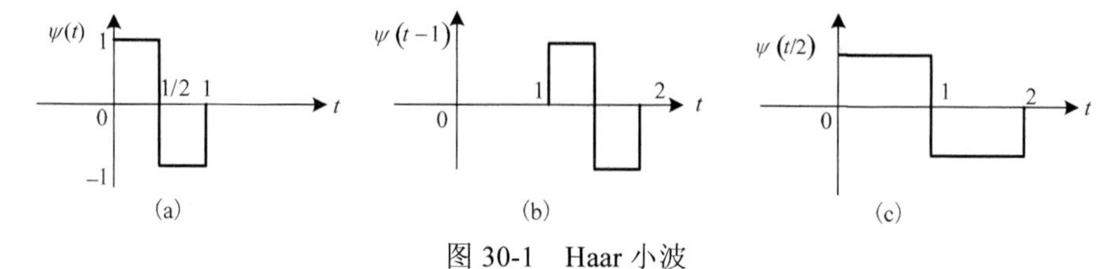

图 30-1　Haar 小波

2. Morlet 小波

Morlet 小波定义为

$$\psi(t) = \mathrm{e}^{-t^2/2}\mathrm{e}^{\mathrm{j}\omega t}$$

$$\Psi(\omega) = \sqrt{2\pi}\mathrm{e}^{-(\omega-\omega_0)^2/2}$$

如图 30-2 所示，Morlet 小波是一个具有高斯包络的单频率复正弦函数，考虑到待分析的信号一般是实信号，所以改写为

$$\psi(t) = \mathrm{e}^{-t^2/2}\cos\omega_0 t$$

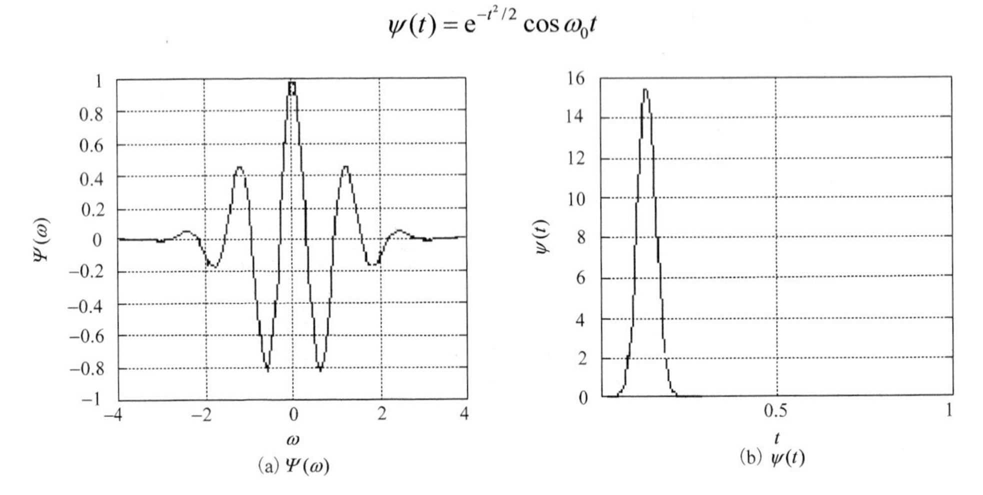

(a) $\Psi(\omega)$　　(b) $\psi(t)$

图 30-2　Morlet 小波

当 $\omega_0 = 5$ 或更大时，$\psi(t)$ 和 $\Psi(\omega)$ 在时频域都有很好的集中。

3. Mexican hat 小波

墨西哥草帽（Mexican hat）小波，又称为 Marr 小波，定义为

$$\psi(t) = c(1-t^2)\mathrm{e}^{-t^2/2}$$

$$\Psi(\omega) = \sqrt{2\pi}c\omega^2\mathrm{e}^{-\omega^2/2}$$

式中，$c = \dfrac{2}{\sqrt{3}}\pi^{1/4}$

如图 30-3 所示，Mexican hat 小波由高斯函数的二阶导数得到，沿着中心轴旋转一周所得到的三维图形犹如一顶草帽。

Mexican hat 小波不是紧支撑的、正交的，但它是对称的，可用于连续小波变换。该小波在 $\omega = 0$ 处有二阶零点，比较接近人眼视觉的空间响应特征，可用于图像边缘检测。

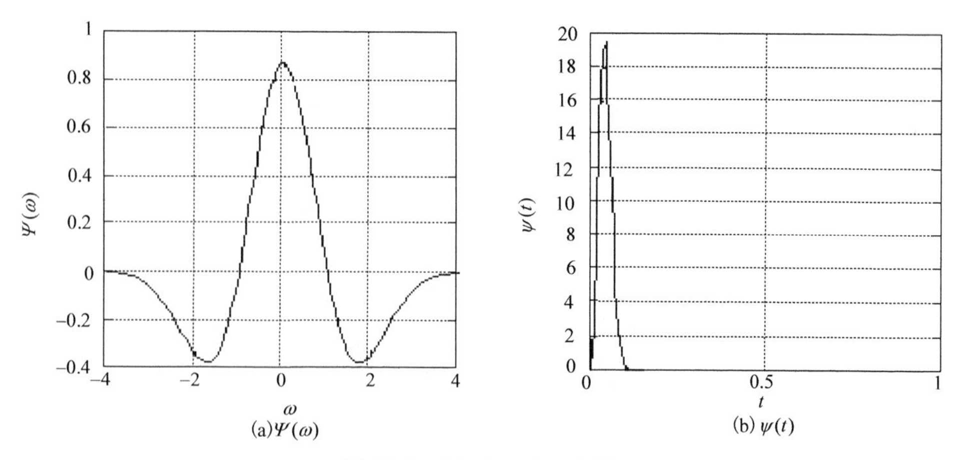

(a)$\Psi(\omega)$　　　　　　(b) $\psi(t)$

图 30-3　Mexican hat 小波

4. Gaussian 小波

Gaussian 小波由基本高斯函数分别求导得到，定义为

$$\psi(t)=c\frac{\mathrm{d}^k}{\mathrm{d}t^k}\mathrm{e}^{-t^2/2},\qquad k=1,2,\cdots,8$$

式中，归一化常数 c 保证 $\|\psi(t)\|_2=1$。

如图 30-4 所示，Gaussian 小波不是正交的、紧支撑的。当 k 取偶数时，$\psi(t)$ 正对称；当 k 取奇数时，$\psi(t)$ 反对称。

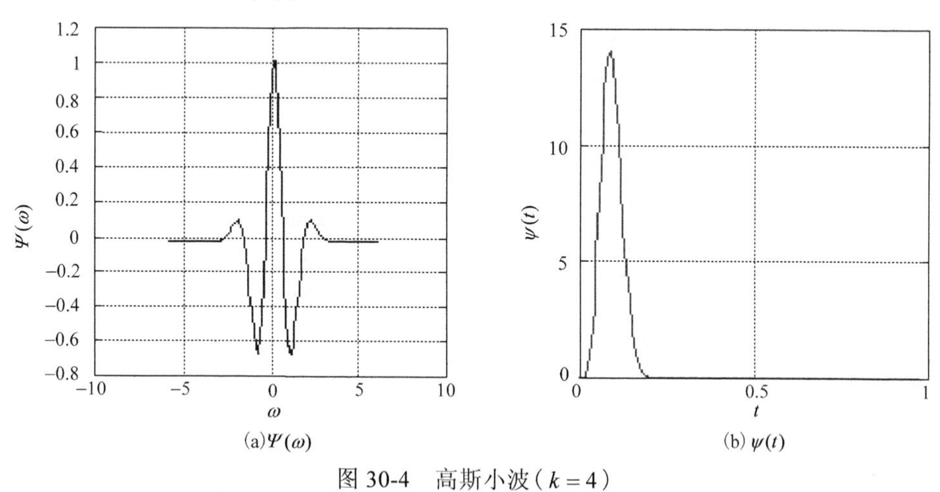

(a)$\Psi(\omega)$　　　　　　(b) $\psi(t)$

图 30-4　高斯小波（$k=4$）

5. Meyer 小波

Meyer 小波由 Meyer 于 1986 年提出，无时域表达式，由一对共轭正交镜像滤波器组的频谱来定义。

如图 30-5 所示，Meyer 小波是正交、双正交、对称的，但不是有限支撑的，有效支撑范围为[−8, 8]。

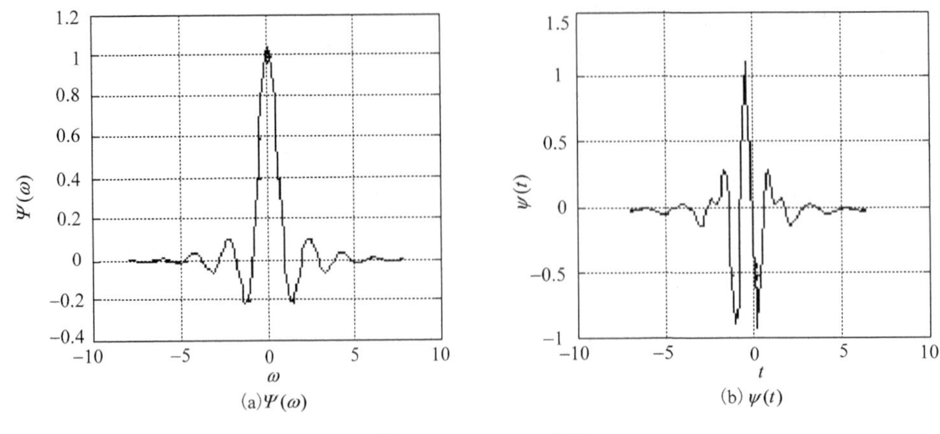

图 30-5　Meyer 小波

三、算法特点

傅里叶变换是信号在整个时域内的积分，傅里叶频谱只是信号频率的统计特性，没有局部化分析功能，无法处理非平稳信号。

Gabor 变换克服傅里叶变换不具有局部化分析问题的能力，但时频窗口形状不可改变，不能根据信号频率变化而改变分辨率。

小波变换具有时频两域局部化分析能力，支持多分辨率分析，当 a 值较小时，时轴上观察范围小，在频域上用高频小波进行细致观察；当 a 值较大时，时轴上观察范围大，在频域上用低频小波进行概貌观察[3]。

小波变换的核函数不唯一，最优小波基的选取是大难题。

参 考 文 献

[1] Haar A. Zur theorie der orthogonalen funktionensysteme. Mathematische Annalen, 1910, 71(1): 38-53.

[2] Tham J Y, Shen L X, Lee S L, et al. A general approach for analysis and application of discrete multiwavelet transforms. IEEE Trans on Signal Processing, 2000, 48(2):457-464.

[3] Zuppa M, Distante C, Persaud K C, et al. Recovery of drifting sensor responses by means of DWT analysis. Sensors and Actuators, 2007: 411-416.

第 31 讲　Haar 变换

Haar 变换是最简单、最古老的小波变换，是一种正交归一化函数，收敛均匀且迅速，在图像压缩和特征编码等方面均有应用。变换核是 Haar 函数，由匈牙利数学家 Haar(University of Göttingen，博士生导师为 Hilbert)于 1910 年提出[1]，由周期方波构成一组完备、归一化的正交函数集，该周期方波的幅度、尺度和位置均有变化。

一、基本原理

Haar 函数的定义区间为[0,1]，图 31-1 所示为前 5 个 Haar 函数的波形。

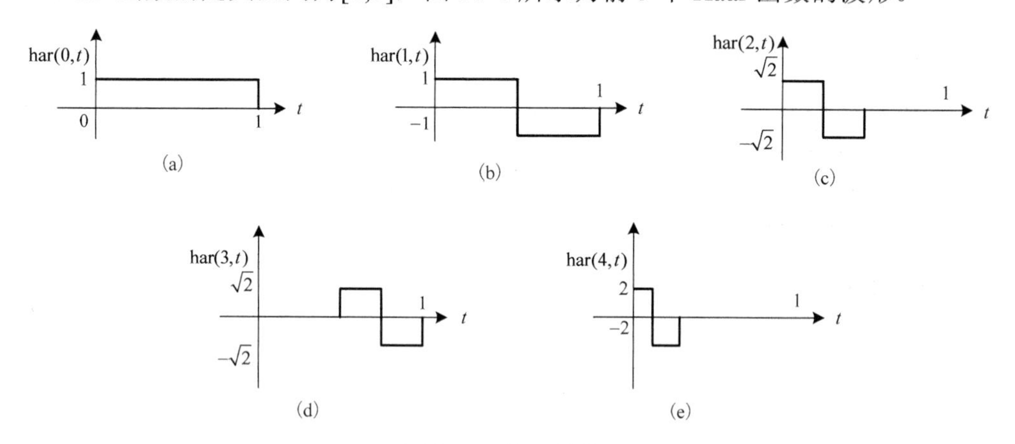

图 31-1　Haar 函数

$$\mathrm{har}(0,t)=1,\qquad 0\leqslant t<1$$

$$\mathrm{har}(1,t)=\begin{cases}1, & 0\leqslant t<\dfrac{1}{2}\\ -1, & \dfrac{1}{2}\leqslant t<1\end{cases}$$

$$\mathrm{har}\Bigg(\underbrace{\overset{2}{\downarrow}}_{n=0,\,p=1},t\Bigg)=\begin{cases}\sqrt{2}, & 0\leqslant t<\dfrac{1}{4}\\ -\sqrt{2}, & \dfrac{1}{4}\leqslant t<\dfrac{1}{2}\\ 0, & \dfrac{1}{2}\leqslant t<1\end{cases}$$

$$\mathrm{har}\left(\underbrace{3}_{n=1,p=1},t\right)=\begin{cases}0, & 0\leqslant t<\dfrac{1}{2}\\ \sqrt{2}, & \dfrac{1}{2}\leqslant t<\dfrac{3}{4}\\ -\sqrt{2}, & \dfrac{3}{4}\leqslant t<1\end{cases}$$

$$\mathrm{har}(2^p+n,t)=\begin{cases}\sqrt{2^p}, & \dfrac{n}{2^p}\leqslant t<\dfrac{\left(n+\dfrac{1}{2}\right)}{2^p}\\ -\sqrt{2^p}, & \dfrac{\left(n+\dfrac{1}{2}\right)}{2^p}\leqslant t<\dfrac{(n+1)}{2^p}\\ 0, & \text{其他}\end{cases}$$

式中，$p=1,2,\cdots$，$n=0,1,2,\cdots,2^p-1$。

$\mathrm{har}(0,t)$ 与 $\mathrm{har}(1,t)$ 为全域函数，在整个正交区间都有值；其余的 Haar 函数只在部分区间有值，称为局域函数。

对于 $i=0,1,\cdots,N-1$，如果令 $x=i/N$，那么可产生一组基函数。

Haar 基函数的特性如下。

(1) 除了 $k=0$ 是常数 $\dfrac{1}{\sqrt{N}}$，每个基函数都是一个矩形脉冲对。幅值取“0 和 ±1 乘以 $\sqrt{2}$ 的幂”，即

$$0,\pm 1,\pm\sqrt{2},\pm 2,\pm 2\sqrt{2},\pm 4,\cdots$$

(2) 尺度和位置均变化。

(3) 阶数 p 决定脉冲宽度与幅值，在区间内具有相同的过零点数。

(4) 正交归一性。

$$\int_0^1 \mathrm{har}(m,t)\mathrm{har}(l,t)\mathrm{d}t=\begin{cases}1, & m=l\\ 0, & m\neq l\end{cases}$$

(5) Haar 级数。周期为 1 的连续函数可展成 Haar 级数。

$$f(t)=\sum_{m=0}^{+\infty}c(m)\mathrm{har}(m,t)$$

$$c(m)=\int_0^1 f(t)\mathrm{har}(m,t)\mathrm{d}t$$

(6)帕斯维尔定理成立。Haar 函数是完备的正交函数。

$$\int_0^1 f^2(t)\,\mathrm{d}t = \sum_{m=0}^{+\infty} c^2(m)$$

(7)Haar 小波变换运算量比 Walsh 变换少。前 8 个 Haar 函数组成的 Haar 矩阵为

$$\mathbf{har}_8 = \begin{bmatrix} 1 & 1 & 1 & 1 & 1 & 1 & 1 & 1 \\ 1 & 1 & 1 & 1 & -1 & -1 & -1 & -1 \\ \sqrt{2} & \sqrt{2} & \sqrt{2} & \sqrt{2} & 0 & 0 & 0 & 0 \\ 0 & 0 & 0 & 0 & \sqrt{2} & \sqrt{2} & \sqrt{2} & \sqrt{2} \\ 2 & -2 & 0 & 0 & 0 & 0 & 0 & 0 \\ 0 & 0 & 2 & -2 & 0 & 0 & 0 & 0 \\ 0 & 0 & 0 & 0 & 2 & -2 & 0 & 0 \\ 0 & 0 & 0 & 0 & 0 & 0 & 2 & -2 \end{bmatrix}$$

Haar 正交变换为

$$\begin{bmatrix} \mathrm{Ha}(0) \\ \mathrm{Ha}(1) \\ \vdots \\ \mathrm{Ha}(N-1) \end{bmatrix} = \frac{1}{N}\mathbf{har}_{2^p} \begin{bmatrix} f(0) \\ f(1) \\ \vdots \\ f(N-1) \end{bmatrix}$$

$$\begin{bmatrix} f(0) \\ f(1) \\ \vdots \\ f(N-1) \end{bmatrix} = \mathbf{har}_{2^p}^{-1} \begin{bmatrix} \mathrm{Ha}(0) \\ \mathrm{Ha}(1) \\ \vdots \\ \mathrm{Ha}(N-1) \end{bmatrix}$$

Haar 矩阵不是对称矩阵，逆矩阵 $\mathbf{har}_{2^p}^{-1}$ 与 $\mathbf{har}_{2^p}$ 不相等。

2D Haar 变换的矩阵式定义为

$$\boldsymbol{H}_a(u,v) = \frac{1}{N^2}\mathbf{har}_{2^p}\boldsymbol{f}(x,y)\mathbf{har}_{2^p}^{-1}$$

$$\boldsymbol{f}(x,y) = \mathbf{har}_{2^p}^{-1}\boldsymbol{H}_a(u,v)\mathbf{har}_{2^p}$$

式中，$\boldsymbol{f}(x,y)$ 是空间域的数据矩阵；$\boldsymbol{H}_a(u,v)$ 是变换系数矩阵；$\mathbf{har}_{2^p}$、$\mathbf{har}_{2^p}^{-1}$ 是离散 Haar 矩阵及其逆矩阵。

二、仿真实验

设原始数据为

$$
\boldsymbol{A}=\begin{bmatrix}
576 & 704 & 1152 & 1280 & 1344 & 1472 & 1536 & 1536\\
704 & 640 & 1156 & 1088 & 1344 & 1408 & 1536 & 1600\\
768 & 832 & 1216 & 1472 & 1472 & 1536 & 1600 & 1600\\
832 & 832 & 960 & 1344 & 1536 & 1536 & 1600 & 1536\\
832 & 832 & 960 & 1216 & 1536 & 1600 & 1536 & 1536\\
960 & 896 & 896 & 1088 & 1600 & 1600 & 1600 & 1536\\
768 & 768 & 832 & 832 & 1280 & 1472 & 1600 & 1600\\
448 & 768 & 704 & 640 & 1280 & 1408 & 1600 & 1600
\end{bmatrix}
$$

$\boldsymbol{A}$ 的列 Haar 小波变换为

$$
\boldsymbol{L}=\boldsymbol{AH}=\begin{bmatrix}
1200 & -272 & -288 & -64 & -64 & -64 & -64 & 0\\
1185 & -288 & -225 & -96 & 32 & 34 & -32 & -32\\
1312 & -240 & -272 & -48 & -32 & -128 & -32 & 0\\
1272 & -280 & -160 & -16 & 0 & -192 & 0 & 32\\
1256 & -296 & -128 & 16 & 0 & -128 & -32 & 0\\
1272 & -312 & -32 & 16 & 32 & -96 & 0 & 32\\
1144 & -344 & -32 & -112 & 0 & 0 & -96 & 0\\
1056 & -416 & -32 & -128 & 160 & 32 & -64 & 0
\end{bmatrix}
$$

$\boldsymbol{L}$ 的行 Haar 小波变换为

$$
\boldsymbol{S}=\boldsymbol{H}^{\mathrm{T}}\boldsymbol{L}=\begin{bmatrix}
1212 & -306 & -146 & -54 & -24 & -68 & -40 & 4\\
30 & 36 & -90 & -2 & 8 & -20 & 8 & -4\\
-50 & -10 & -20 & -24 & 0 & 72 & -16 & -16\\
82 & 38 & -24 & 68 & 48 & -64 & 32 & 8\\
8 & 8 & -32 & 16 & -48 & -48 & -16 & 16\\
20 & 20 & -56 & -16 & -16 & 32 & -16 & -16\\
-8 & 8 & -48 & 0 & -16 & -16 & -16 & -16\\
44 & 36 & 0 & -8 & 80 & -16 & -16 & 0
\end{bmatrix}
$$

矩阵中变化量不大的元素经过变换后趋近零，再配合适当量化便可以达到压缩效果。

若矩阵完成 **Haar** 小波变换后所含的零元素非常多，则此矩阵称为稀疏矩阵，矩阵越稀疏压缩效果越好[2]。

三、算法特点

Haar 函数是一种既反映整体又反映局部的函数，是小波变换中的典型小波；**Haar** 变换适用于非平稳信号的分析与处理[3]。

Haar变换具有尺度和位移两个特性，变换范围窄，其变换特性与图像中的边界或线条的特性十分接近。图像中的边缘和线条经Haar变换后，会产生较大的变换系数，而其他区域的变换系数小。

Haar变换没有乘法，只有加减；输入与输出个数相同；频率只分为直流低频与高频(1 和−1)部分；可以分析信号的局部特征；运算速度极快；维度小，使用存储空间少。

参 考 文 献

[1] Haar A. On the theory of orthogonal function systems. Math Ann, 1910, 69: 331-371.

[2] Mulcahy C. Image compression using the Haar wavelet transform. Spelman Science and Math Journal, 1997, 1: 22-31.

[3] Capilla C. Application of the Haar wavelet transform to detect microseismic signal arrivals. Journal of Applied Geophysics, 2006: 36-46.

第32讲　LPT

对数极坐标变换(Log Polar Transform， LPT)由美国波士顿大学的 Schwartz 于1977年提出[1]，Weiman 和 Juday、Tistarelli 和 Sandini、Ferrai 和 Sandini 等学者进一步研究 LPT 在立体视觉、运动目标跟踪等领域的应用。

一、基本原理

LPT 源于对视网膜皮层映射关系的模拟研究，又称为图像凹视变换(foveal transform)，表达一种图像描述的变化，以笛卡儿坐标代表视网膜(场景平面)的坐标位置，对数极坐标对应视皮层(变换图平面)的坐标位置，充分融入了生物视觉的优点。

LPT 是指将笛卡儿坐标系下的图像 $A(x,y)$ 转换到极坐标系下的图像 $A(\rho,\theta)$ 。

笛卡儿坐标平面为

$$Z = x + \mathrm{j}y$$

极坐标平面为

$$\xi = \sqrt{(x - x_\mathrm{c})^2 + (y - y_\mathrm{c})^2}$$

$$\varphi = \arctan\left|\frac{y - y_\mathrm{c}}{x - x_\mathrm{c}}\right|$$

式中， $(x_\mathrm{c}, y_\mathrm{c})$ 为旋转的中心点。

对数极坐标平面为

$$\rho = \lg\xi$$

$$\theta = \varphi$$

式中， ρ 为对数极坐标系的极径； θ 为对数极坐标系的极角。其变换关系如图32-1所示。

如图32-2所示，某目标以变换点为中心放大 L 倍，则

$$\rho' = \lg(L \times \xi) = \lg L + \lg\xi = \rho + \lg L$$

即当图像放大 L 倍时，其对应的变换结果向上移动 L 个单位。

在旋转角度方面，当图像绕中心点旋转 R 弧度时，有

$$\theta' = \varphi + R = \theta + R$$

其对应的变换结果右移 R 个单位。

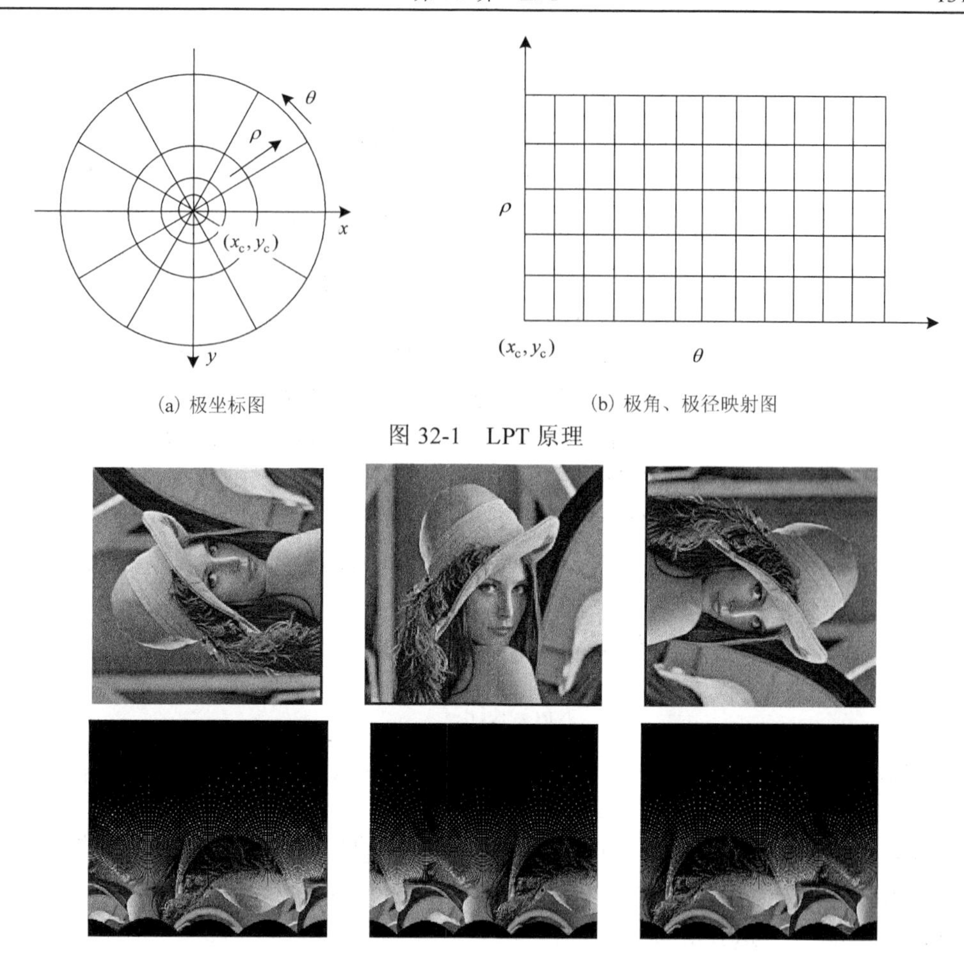

(a) 极坐标图　　　　(b) 极角、极径映射图

图 32-1　LPT 原理

图 32-2　LPT 旋转不变性

通过 **LPT** 变换，笛卡儿坐标系中的尺度变化对应在对数极坐标系中沿极径 ρ 方向的平移，笛卡儿坐标系中的旋转变化对应在对数极坐标系中沿极角 θ 方向的平移[2]，这两个性质称为尺度不变性与旋转不变性。

LPT 的尺度不变性与旋转不变性建立在两次变换的图像中心相同的前提下，如果变换中心发生变化，即使是同一幅图像，则变换结果也会大不相同，如图 32-3 所示。

  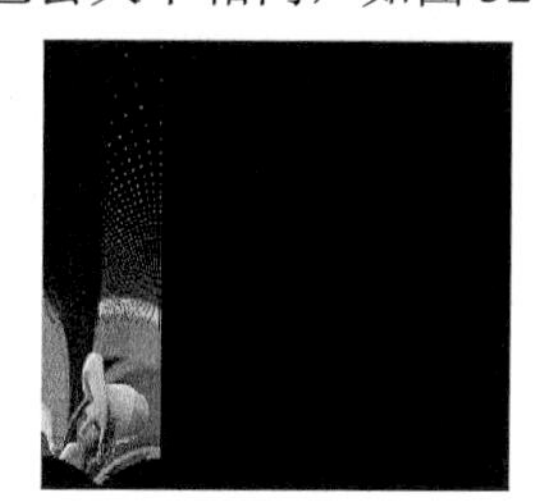

图 32-3　不同变换中心的变换结果

二、仿真实验

设有两幅待匹配的图像，先提取图像中的边缘特征点。对于待匹配图像上任一边缘特征点 $a_i(i=1,2,\cdots,n)$，欲找到参考图上与之最匹配的边缘特征点 $b_j(j=1,2,\cdots,m)$，可将待匹配图以 a_i 和 a_i 的其他 4 个邻域点（图 32-4）为中心，求取其余 $n-1$ 个点的 LPT 变换结果，形成 5 组数据，并根据这 5 组数据来匹配参考图上的对应点。

	P_2	
P_3	a_i	P_1
	P_4	

图 32-4　a_i 的四邻域

LPT 把目标尺度变化与旋转变化映射为极坐标系中的上下、左右平移，检测这种平移较为容易。通常采用的方法是距离轴向投影算法。在得到 5 组映射数据后，将它们向极径轴投影累加，得到 5 组抗旋转的数据，形成一个映射数组，来搜索参考图上对应的点 b_j。以 $\boldsymbol{N}$ 代表 LPT 矩阵，BH 表示目标区域变换矩阵在距离轴的投影统计量，则

$$\mathrm{BH}(\rho)=\sum_{\theta=1}^{n}\boldsymbol{N}(\rho,\theta),\qquad \rho\in[1,2,\cdots,m]$$

$$m=\lg(r_{\max})$$

式中，$r_{\max}$ 为目标区域半径，随着目标尺度的变化，$r_{\max}$ 随着线性变化；θ 代表横轴；ρ 代表纵轴。

设 $\rho\in[1,2,\cdots,k]$，令待匹配图极坐标变换得到的映射数组为 BH_1，参考图的映射数组为 BH_2，为了度量两个数组之间的相似程度，可使用常用的相关系数 R_c 和平均绝对值 R_m，其表达式分别为

$$R_c=\frac{\sum_{i=1}^{k}\mathrm{BH}_1(i)\mathrm{BH}_2(i)}{\left(\sum_{i=1}^{k}\mathrm{BH}_1^{\ 2}(i)\right)^{\frac{1}{2}}\left(\sum_{i=1}^{k}\mathrm{BH}_2^{\ 2}(i)\right)^{\frac{1}{2}}}$$

$$R_m=\frac{1}{k}\sum_{i=1}^{k}\left|\mathrm{BH}_1(i)-\mathrm{BH}_2(i)\right|$$

当 R_c 达到最大值所对应的点和 R_m 达到最小值所对应的点一致时，此点就是参考图上与待匹配图 a_i 最匹配的点。

三、算法特点

经 LPT 处理后的图像是一种中心分辨率较高，沿径向呈指数级递减的图像，不仅更加突出中心目标特征，而且大大减小图像处理负担。

LPT 将笛卡儿坐标系下图像的尺度和旋转变化转换为沿对数极坐标系的平移运动，具有较好的尺度和旋转不变性。

LPT 的尺度不变性、旋转不变性与变换中心相关[3]，如果变换中心发生变化，那么 LPT 将失去这些优良特性。

参 考 文 献

[1] Schwartz E L. Spatial mapping in the primate sensory projection: analytic structure and relevance to perception. Biological Cybernetics, 1977, 25(4): 181-194.

[2] 冷雪飞. 基于图像特征的景象匹配辅助导航系统中的关键技术研究[博士学位论文]. 南京:南京航空航天大学, 2007.

[3] 雷蕾, 李向阳, 齐浩程. 采用循环相位相关的 LPT 景像匹配算法. 电光与控制, 2010,17(1): 93-96.

第 33 讲　Hough 变换

Hough(霍夫)变换于 1959 年由 Hough 在 International Conference on High-Energy Accelerators 上提出[1]，于 1972 年由美国圣何赛州立大学(San Jose State University)的 Duda 和 Hart 推广应用[2]。

一、基本原理

1. Hough 变换的定义

在图像空间中，所有共线的点 (x, y) 用直线方程描述为

$$y = mx + c \tag{33-1}$$

式中，m 为直线斜率，c 为截距。式(33-1)可改写为

$$c = -xm + y \tag{33-2}$$

则式(33-2)所示为参数空间中的一条直线，斜率为 x，截距为 y。

图像空间中的一点 (x, y) 对应参数空间中的一条直线，而图像空间中的一条直线由参数空间中的一个点 (m, c) 决定。Hough 变换的基本思想就是将上述表述作为图像空间中的点和参数空间中的点的共同约束条件，定义从图像空间到参数空间的一对映射。

图 33-1 体现点线之间的对偶关系。图 33-2(a)所示为图像空间中位于同一直线的点，图 33-2(b)所示为图像空间中直线上的点经过映射到参数空间中的一簇直线，图像空间中的一条直线上的点经过 Hough 变换后，对应的参数空间中的直线相交于一点，确定该点在参数空间中的位置就知道图像空间中直线的参数。

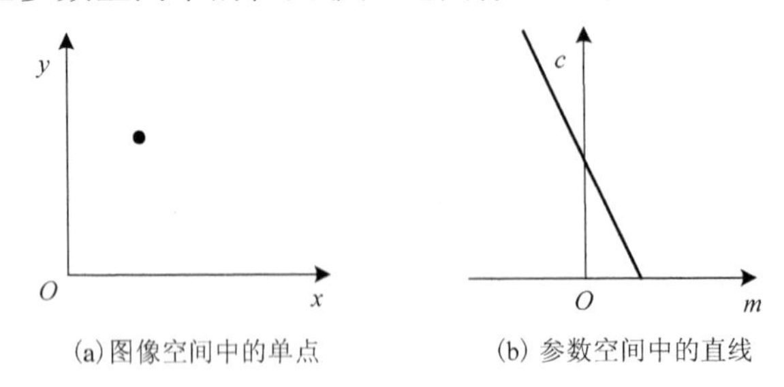

(a) 图像空间中的单点　　(b) 参数空间中的直线

图 33-1　图像空间中的点与参数空间中的直线对偶示意图

Hough 变换把在图像空间的直线检测问题转换到参数空间的点的检测问题，通过在参数空间里进行简单的累加统计，即可完成检测任务。

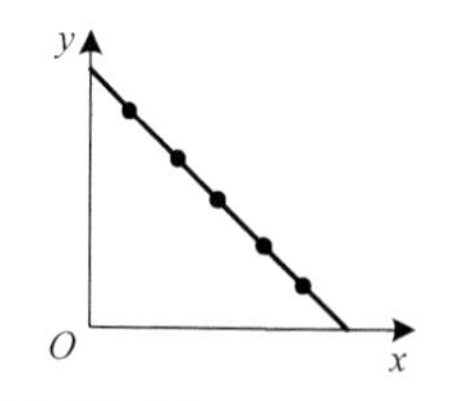

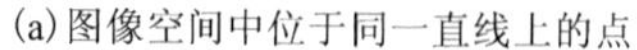
(a)图像空间中位于同一直线上的点

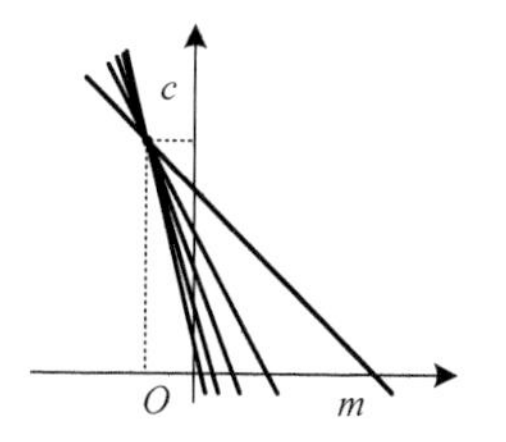

(b)参数空间中的直线

图 33-2　图像空间中的直线与参数空间中的点对偶示意图

2. Hough 变换的计算

在具体计算 Hough 变换时，需要将参数空间离散化为二维累加数组。设这个数组为(m,c)，如图 33-3 所示，设$[m_{\min},m_{\max}]$和$[c_{\min},c_{\max}]$分别为斜率和截距的取值范围。开始时置数组 A 全为零，然后对图像空间中的每一个给定边缘点，让 m 取遍$[m_{\min},m_{\max}]$内所有可能值，根据式(33-2)算出对应的 c 。通过检测数组中局部峰值点的位置确定参数 m 和 c 的值。

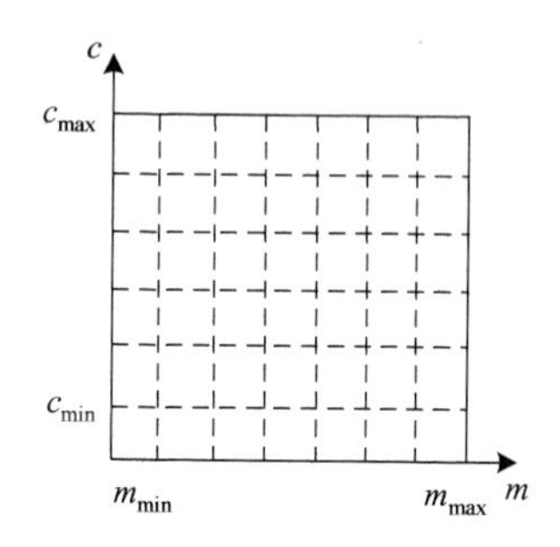

图 33-3　参数空间中的累加数组

当直线斜率为∞，如直线 $x=a$，为了得到正确的检测结果，可以采用 Duda 和 Hart 提出的直线极坐标方程，即

$$\rho = x\cos\theta + y\sin\theta$$

如图 33-4(a)所示，l 是图像空间中的一条直线，θ 为 l 过坐标原点的垂线与 x 轴正方向的夹角，ρ 为坐标原点到 l 的垂直距离。这时，参数空间就转换为 ρ-θ 空间，x-y 空间中的任意一条直线均对应 ρ-θ 空间内的一个点，x-y 空间内的一点均对应 ρ-θ 空间中的一条正弦曲线。如果有一组位于由参数 ρ 和 θ 决定的直线上的点，则每个点在参数空间中对应的正弦曲线必交于点(ρ,θ)如图 33-4(b)所示。

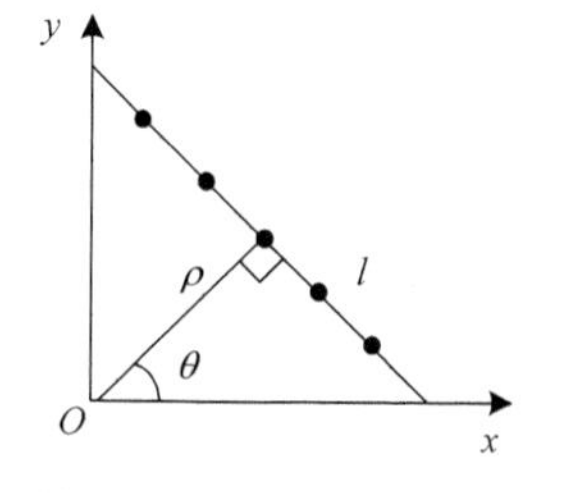

(a)图像中位于同一直线上的点

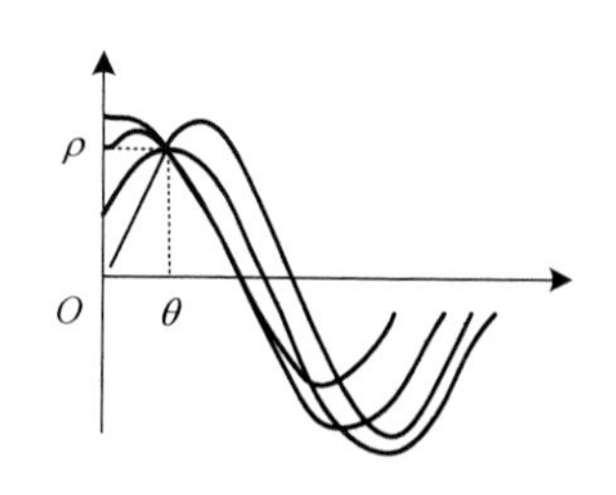

(b)参数空间中交于一点的正弦曲线

图 33-4　极坐标方程下的点-线对偶示意图

对参数空间进行离散化，每个单元的中心点坐标为

$$\begin{cases} \theta_n = \left(n - \dfrac{1}{2}\right)\Delta\theta, & n = 1, 2, \cdots, N_\theta \\ \rho_n = \left(n - \dfrac{1}{2}\right)\Delta\rho, & n = 1, 2, \cdots, N_\rho \end{cases}$$

式中，$\Delta\theta = \pi/N_\theta$，$N_\theta$ 为参数 θ 分割段数；$\Delta\rho = \pi/N_\rho$，N_ρ 是参数 ρ 的分割段数。

Hough 变换实质上是一种投票机制，对参数空间中的离散点进行投票，若投票值超过给定的门限值，则认为有足够多的图像点位于由该参数点所决定的直线上。这种直线检测方法受噪声和直线断裂的影响较小[3]。

3. Hough 变换的异常处理

标准 Hough 变换广泛用于直线检测，在具有多条直线和噪声干扰的情况下，正确识别这些直线需要注意以下几点[4]。

(1) 只有当参数空间中计数器的值为局部峰值时，参数空间中该点的坐标才有可能作为直线参数，其他各点的坐标不能作为直线参数。

(2) 参数 θ 的离散间隔决定识别精度，步长过小会引起参数空间的峰值扩散，增大计算量。

(3) 正确识别宽度大于 1 个像素的直线，不仅需要限制 ρ 的取值，而且需要限制 θ 的取值。

如图 33-5 所示，共有 6 条直线，每条直线都有间断。直线 1、2 是图中较长的两条直线，直线 a、b、c、d 可以看成是图像中矩形的四条边。图 33-5(b) 是图 33-5(a) 加入 5%的椒盐噪声。图 33-5(c) 和图 33-5(d) 分别是图 33-5(a) 和图 33-5(b) 经 Hough 变换后参数空间中累加单元的累加值，图 33-5(c) 中的标号与图 33-5(a) 中的标号一一对应，图像中直线段的长度决定对应累加值大小，孤立点噪声会增大参数单元中的累加值，但不会改变局部峰值点的位置。图 33-5(e) 和图 33-5(f) 分别是图 33-5(a) 和图 33-5(b) 的 Hough 变换检测结果，表明 Hough 变换对图像中的直线出现间断或是噪声具有很强的抵抗能力。如果将图 33-5(a) 看成是由多条线段组成的图，而且需要检测到这些线段，则标准 Hough 变换无法完成，因为参数空间单元的信息只包括线段所处直线的参数和共线点的个数，无法确定线段起始点的位置。

在图 33-5(c) 中，a、b、c、d 四个峰值点分别对应图像中矩形的四条边，这四个峰值点满足下面的关系。

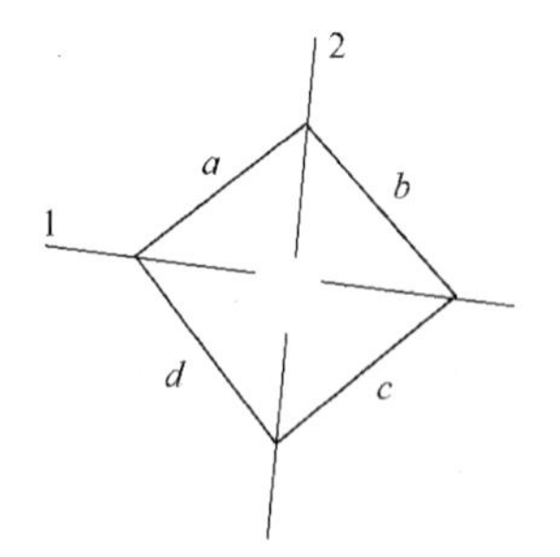

(a) 无噪声图像

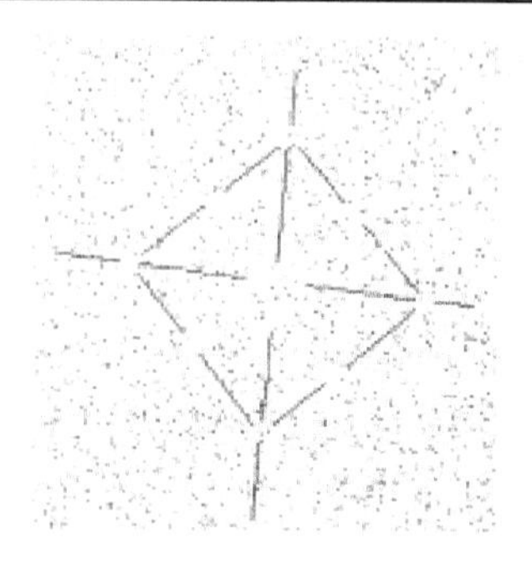

(b) 加噪后图像

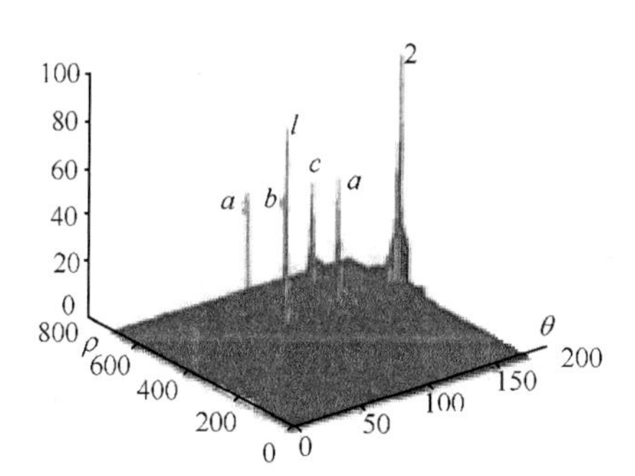

(c) 图33-5(a)经Hough变换后的参数空间

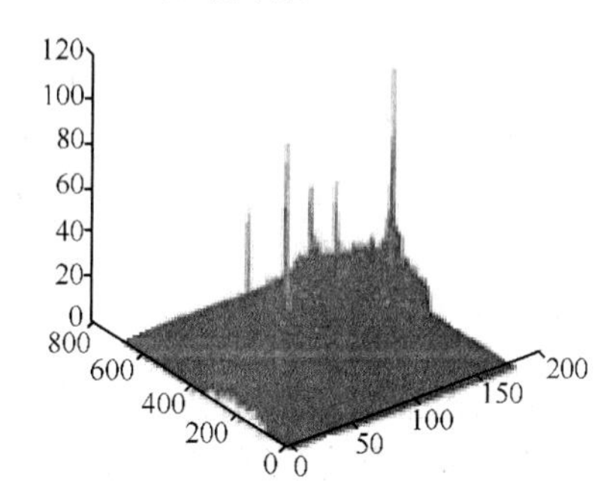

(d) 图33-5(b)经Hough变换后的参数空间

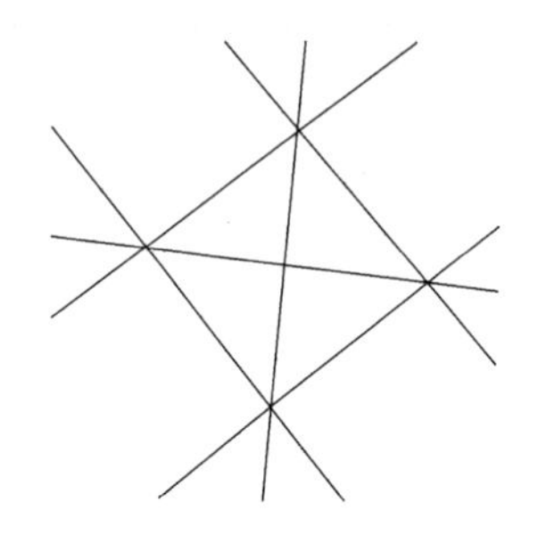

(e) 图33-5(a)的Hough变换检测结果

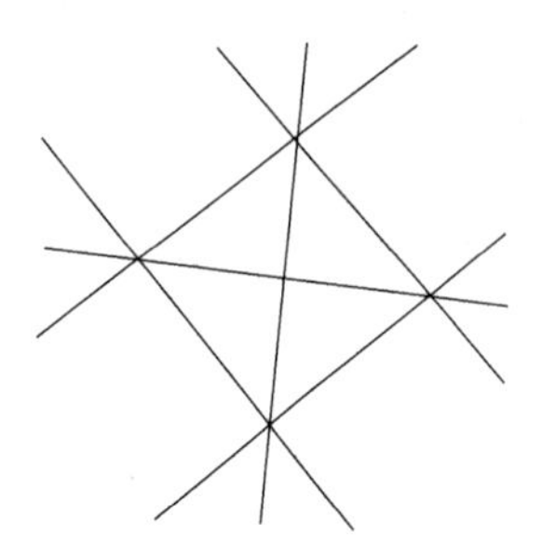

(f) 图33-5(b)的Hough变换检测结果

图 33-5　Hough 变换检测直线

(1) 它们成对出现。

(2) 两对峰值点在 x 轴上间隔 90°。

(3) 如果矩形对边的长度相等，则同一对的两个峰值的累加值相同，即

$$H(a)=H(c)=|a|$$

$$H(b)=H(d)=|b|$$

式中，$H(\cdot)$ 为参数单元中累加值；$|\cdot|$ 代表边的长度。

(4) 同一峰值对的两点在 ρ 轴上的距离值等于矩形边长，即

$$|\rho_a - \rho_c| = |b|$$

$$|\rho_b - \rho_d| = |a|$$

可以在参数空间中寻找符合上述 4 个关系的峰值点，从而实现形轮廓的检测。

传统 Hough 变换依据图像的全局统计特性检测直线，对所有符合条件的参数单元等值投票累加，容易检测出虚假直线。图 33-6 表示图像空间中的四个特征点 A、B、C、D，其中 A 是待分析的参考点，通过参考点 A 的直线只有两条 AB 或 CAD。由于 B 点距 A 点的距离较 C、D 点小，在图像空间中 AB 作为经过 A 点直线的可能性比 CAD 要大。但依据图像的全局统计特性检测得到的是本来不应在一条直线上的三点 A、C、D 所连接的直线。对于 C、D 两点，无法区分它们是图像点还是噪声点。因此经 Hough 变换后，把符合条件的所有 $[0, \pi)$ 上的离散参数单元都等值投票累加是不合理的。

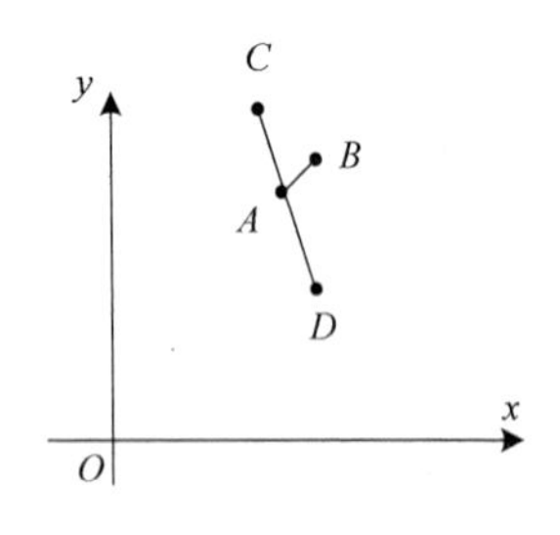

图 33-6　B 是图像点，C、D 是噪声点

图 33-7 含有一条线段和 5 个孤立的噪声点，图 33-7(b) 为图 33-7(a) 经 Hough 变换后参数空间累加值图，其中 Q 所指峰值点代表图像中的直线段。由于受到噪声干扰，在 Q 峰值点附近出现一个伪峰值点 P。在二值累加方式下，各投票点的贡献值相同，此时噪声的存在容易使参数空间出现峰值扩散现象。为了保证提取有效峰值，应当对投票点的贡献有所区分，即对代表通过该特征点的可能直线的参数单元给予较大投票值，以突出局部峰值。

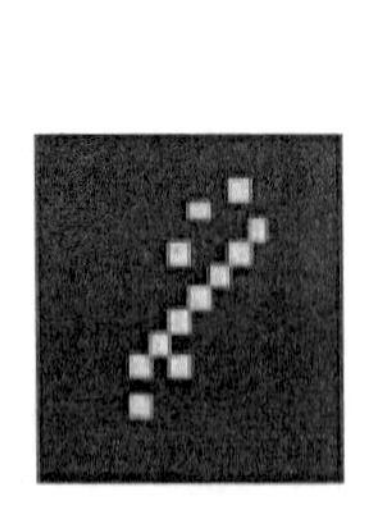

(a) 原图

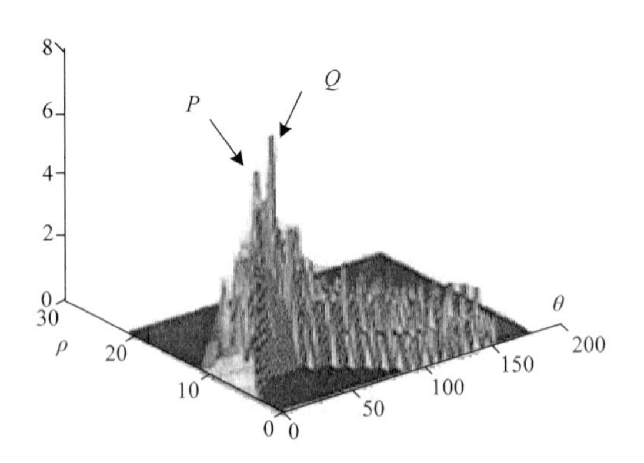

(b) 图 33-7(a) 经 Hough 变换后的参数空间

图 33-7　图像噪声引起的伪峰值示意图

4. Hough变换的改进

众多学者通过改进常规Hough变换，提出许多有价值的方法[5]。

(1)扩展应用范围。通过引入斜率倾角参数、双空间参数、圆心坐标和半径参数、基于模板的多维关键点参数，将常规Hough变换的直线检测扩展到圆弧检测、二次曲线检测和任意曲线检测。

(2)提高算法速度。提出基于四分树结构的Hough变换、以梯度信息为引导的Hough变换、分层Hough变换、自适应和快速自适应Hough变换、随机Hough变换等方法，结合降维处理和动态量化空间等技术，有效降低Hough变换计算量。

(3)提高检测精度。Kiryati、Buckstein提出采用最佳Kaider窗函数对参数域进行平滑滤波，减少混叠误差；Hunt、Nolte等应用信号检测理论改善Hough变换抗干扰性能。

(4)多种峰值检测方法。Hough变换中参数空间的峰值检测是一个聚类检测问题，阈值的选取是成功与否的关键所在。常用方法包括直接在参数空间中进行极大值搜索，以及对图像空间进行加权，改变参数空间的峰值分布。

5. Hough变换的应用

Hough变换已经成功应用于基于人工智能的专家诊断系统，如对X射线人体照片和CT图像进行判断，对光学显微镜和电子显微镜中的细胞核进行自动分析；从超声波诊断结果中提取三维动脉特征等。

Hough变换也可用于工业自动化的自动监视、缺陷诊断、生产过程的自动监控等，如机械零件检测和定位。

Hough变换在军事上常用于运动目标轨迹的检测与识别，高空侦察机、间谍卫星和军事雷达等目标自动识别系统的特征提取。

Hough变换是提取边缘线条特征的有力工具，采用Hough变换进行英文字符特征提取与识别，对印刷体字符识别率高，对手写体字符的平均识别率可满足一般应用需求。

二、仿真实验

1. 已知半径的圆

Hough变换可以检测已知表达形式的任意曲线，检测的关键是选取合适的参数空间。当检测半径已知的圆时，可以将与原图像空间一致的空间作为参数空间，这样原图像空间中的圆对应参数空间中的点，参数空间中的点对应图像空间中的圆。原图像空间中同一个圆上的点具有相同的参数变换到参数空间后会经过同一个点。

因此将原图像空间中的所有点变换到参数空间后，根据参数空间中点的聚集程度就可以判断出原图像空间中是否存在圆，并求取存在圆的参数。

2. 未知半径的圆

对于圆半径未知的情况，可以将其看成检测由三个参数确定的圆(圆心坐标 x、y 和半径 r)。检测原理与上面所述相同，差异之处在于参数空间维数升高，图像空间中的点对应参数空间中的一簇圆曲线，整体计算量增大。

三、算法特点

SIFT/SURF 特征具有强烈的方向性和亮度性，适用于刚性形变、稍有透视形变的场合；Haar 特征具有人工智能，适用于具有明显、稳定结构特征的人脸等物体，只要结构相对固定，即使发生扭曲等非线性形变依然可识别；Hough 变换是精确匹配，可得到物体的位置方向等参数。

Hough 变换通过一种投票方法检测具有特定形状的物体。在一个参数空间中通过计算累计结果的局部最大值，得到一个符合该特定形状的集合作为 Hough 变换结果。

Hough 变换作为目标检测的有效方法，受目标曲线上小的扰动或间断，以及图像中存在背景噪声的影响小，抗干扰能力很强。但 Hough 变换需要将图像中的每一个边缘点映射为参数空间中的一条曲线，计算量非常大，且需要大量的存储资源。

当图像受到外界噪声干扰导致信噪比较低时，常规 Hough 变换的性能将急剧下降。在进行参数空间极大值的搜索时，由于合适的阈值难以确定，往往出现虚峰和漏检问题[6]。

参 考 文 献

[1] Hough P V C. Machine analysis of bubble chamber pictures// International Conference on High-Energy Accelerators, 1959: 73.

[2] Duda R O, Hart P E. Use of the Hough transformation to detect lines and curves in pictures. Communications of the ACM, 1972, 15(1): 11-15.

[3] 杨全银. 基于 Hough 变换的图像形状特征检测[硕士学位论文]. 济南：山东大学,2009.

[4] 陈静. 旋转不变的圆形图像匹配方法研究[硕士学位论文]. 沈阳：沈阳工业大学, 2010.

[5] 李海波. 视频监控中基于人的检测与跟踪[硕士学位论文]. 北京：北京邮电大学, 2010.

[6] 喻俊. 双向运动型视觉导引 AGV 关键技术研究及实现[博士学位论文]. 南京：南京航空航天大学, 2012.

第5篇　方　　法

本篇重点介绍相似性度量方法、直方图双峰法、分水岭方法、区域分裂合并方法、OTSU 方法、最大二维熵方法、二维交叉熵方法、PCNN 方法、侧抑制网络、背景减除法、时间差分法、数学形态学、光流法、Mean Shift 方法、Camshift 方法、梯度下降法、牛顿迭代法、共轭梯度法、禁忌搜索方法、罚函数方法、模拟退火方法、贝叶斯方法、K 均值聚类方法、AdaBoost 方法、SVM 方法、PCA 方法、2D PCA 方法、LDA 方法、2D LDA 方法等常用方法。

第 34 讲　相似性度量方法

面向分类的不同样本之间的相似性度量有以下几种[1]。

1. 欧几里得距离

空间两点 $a(x_1, y_1, z_1)$ 与 $b(x_2, y_2, z_2)$ 的欧几里得距离(Euclidean distance)定义为

$$d_{ab} = \sqrt{(x_1 - x_2)^2 + (y_1 - y_2)^2 + (z_1 - z_2)^2}$$

n 维向量 $\boldsymbol{a}(x_{11}, x_{12}, \cdots, x_{1n})$ 与 $\boldsymbol{b}(x_{21}, x_{22}, \cdots, x_{2n})$ 的欧几里得距离定义为

$$d_{\boldsymbol{ab}} = \sqrt{(\boldsymbol{a} - \boldsymbol{b})(\boldsymbol{a} - \boldsymbol{b})^{\mathrm{T}}} = \sqrt{\sum_{k=1}^{n} \left(x_{1k} - x_{2k}\right)^2}$$

2. 曼哈顿距离

从十字路口 A 开车到十字路口 B，驾驶距离不是 A、B 两点间的直线距离，而是曼哈顿(Manhattan distance)距离，即城市街区距离。

二维平面两点 $a(x_1, y_1)$ 与 $b(x_2, y_2)$ 的曼哈顿距离定义为

$$d_{ab} = |x_1 - x_2| + |y_1 - y_2|$$

n 维向量 $\boldsymbol{a}(x_{11}, x_{12}, \cdots, x_{1n})$ 与 $\boldsymbol{b}(x_{21}, x_{22}, \cdots, x_{2n})$ 的曼哈顿距离定义为

$$d_{\boldsymbol{ab}} = \sum_{k=1}^{n} |x_{1k} - x_{2k}|$$

3. 切比雪夫距离

在国际象棋中，国王每次可移动到相邻的 8 个方格中的某一个。国王从格子 (x_1, y_1) 走到格子 (x_2, y_2) 最少需要 $\max\left(|x_1 - x_2|, |y_1 - y_2|\right)$ 步，称为切比雪夫距离(Chebyshev distance)。

二维平面两点 $a(x_1, y_1)$ 与 $b(x_2, y_2)$ 的切比雪夫距离定义为

$$d_{ab} = \max\left(|x_1 - x_2|, |y_1 - y_2|\right)$$

n 维向量 $\boldsymbol{a}(x_{11}, x_{12}, \cdots, x_{1n})$ 与 $\boldsymbol{b}(x_{21}, x_{22}, \cdots, x_{2n})$ 的切比雪夫距离定义为

$$d_{\boldsymbol{ab}} = \max_{i}\left(|x_{1i} - x_{2i}|\right) = \lim_{k \to \infty}\left(\sum_{i=1}^{n} |x_{1i} - x_{2i}|^k\right)^{1/k}$$

4. 闵可夫斯基距离

n 维向量 $\boldsymbol{a}(x_{11},x_{12},\cdots,x_{1n})$ 与 $\boldsymbol{b}(x_{21},x_{22},\cdots,x_{2n})$ 的闵可夫斯基距离(Minkowski distance)定义为

$$d_{\boldsymbol{ab}}=\left(\sum_{k=1}^{n}\left|x_{1k}-x_{2k}\right|^{p}\right)^{\frac{1}{p}}$$

式中，p 是一个变参数。$p=1$ 时为曼哈顿距离，$p=2$ 时为欧几里得距离，$p\to\infty$ 时为切比雪夫距离。

闵可夫斯基距离将各分量的量纲相同看待，没有考虑其分布参数(期望、方差等)可能是不同的。

5. 标准化欧几里得距离

标准化欧几里得距离(standardized Euclidean distance)改进简单欧几里得距离，将各个分量都标准化到均值、方差相等。假设样本集 X 的均值为 m，标准差为 s，X 的标准化变量的数学期望为 0，方差为 1。因此样本集的标准化过程为

$$X^{*}=\frac{X-m}{s}$$

n 维向量 $\boldsymbol{a}(x_{11},x_{12},\cdots,x_{1n})$ 与 $\boldsymbol{b}(x_{21},x_{22},\cdots,x_{2n})$ 的标准化欧几里得距离定义为

$$d_{\boldsymbol{ab}}=\sqrt{\sum_{k=1}^{n}\left(\frac{x_{1k}-x_{2k}}{s_{k}}\right)^{2}}$$

如果将方差的倒数看成一个权重，那么标准化欧几里得距离等价为一种加权欧几里得距离。

6. 马氏距离

有 M 个样本向量 $\boldsymbol{X}_1\sim\boldsymbol{X}_M$，协方差矩阵为 $\boldsymbol{S}$，均值为向量 $\boldsymbol{\mu}$，则样本向量 $\boldsymbol{X}$ 到 $\boldsymbol{\mu}$ 的马氏距离(Mahalanobis distance)定义为

$$D(\boldsymbol{X})=\sqrt{(\boldsymbol{X}-\boldsymbol{\mu})^{\mathrm{T}}\boldsymbol{S}^{-1}(\boldsymbol{X}-\boldsymbol{\mu})}$$

其中，向量 $\boldsymbol{X}_i$ 与 $\boldsymbol{X}_j$ 之间的马氏距离定义为

$$D(\boldsymbol{X}_i,\boldsymbol{X}_j)=\sqrt{(\boldsymbol{X}_i-\boldsymbol{X}_j)^{\mathrm{T}}\boldsymbol{S}^{-1}(\boldsymbol{X}_i-\boldsymbol{X}_j)}$$

若协方差矩阵是单位矩阵，即各样本向量之间独立同分布，则

$$D(\boldsymbol{X}_i,\boldsymbol{X}_j)=\sqrt{(\boldsymbol{X}_i-\boldsymbol{X}_j)^{\mathrm{T}}(\boldsymbol{X}_i-\boldsymbol{X}_j)}$$

若协方差矩阵是对角矩阵，则马氏距离变成标准化欧几里得距离。

马氏距离与量纲无关，可排除变量之间的相关性干扰。

7. 夹角余弦

夹角余弦(cosine)可用来衡量两个向量方向的差异。

向量 $\boldsymbol{a}(x_1, y_1)$ 与 $\boldsymbol{b}(x_2, y_2)$ 的夹角余弦公式为

$$\cos\theta = \frac{x_1x_2 + y_1y_2}{\sqrt{{x_1}^2 + {y_1}^2}\sqrt{{x_2}^2 + {y_2}^2}}$$

n 维样本点 $\boldsymbol{a}(x_{11}, x_{12}, \cdots, x_{1n})$ 与 $\boldsymbol{b}(x_{21}, x_{22}, \cdots, x_{2n})$ 的夹角余弦公式为

$$\cos(\theta) = \frac{\boldsymbol{a} \cdot \boldsymbol{b}}{|\boldsymbol{a}||\boldsymbol{b}|} = \frac{\sum_{k=1}^{n} x_{1k}x_{2k}}{\sqrt{\sum_{k=1}^{n} x_{1k}^2}\sqrt{\sum_{k=1}^{n} x_{2k}^2}}$$

夹角余弦越大，则两个向量的夹角越小。当两个向量的方向相同时，夹角余弦最大，为 1；当两个向量的方向相反时，夹角余弦最小，为 –1 。

8. 汉明距离

对于两个等长字符串 S_1 与 S_2，将 S_1 变换为 S_2 时，需要替换的最小次数即为汉明距离(Hamming distance)。例如，1101 与 1010 之间的汉明距离为 3。

编码间的汉明距离越大，编码的容错性越强。

2 个向量之间的汉明距离为 2 个向量不同分量所占的百分比。

9. 杰卡德相似系数

集合 A 和 B 的交集元素在 A 、B 的并集中所占的比例，即集合 A 、B 的杰卡德相似系数(Jaccard similarity coefficient) $J(A,B)$，其表达式为

$$J(A,B) = \frac{|A \cap B|}{|A \cup B|}$$

杰卡德相似系数度量集合之间的相似度。

相对于杰卡德相似系数，杰卡德距离(Jaccard distance)为

$$J_\delta(A,B) = 1 - J(A,B) = \frac{|A \cup B| - |A \cap B|}{|A \cup B|}$$

杰卡德距离采用两个集合之间不同元素所占比例来度量集合的区分度。

10. 相关系数与相关距离

相关系数的定义为

$$\rho_{XY} = \frac{\mathrm{Cov}(X,Y)}{\sqrt{D(X)}\sqrt{D(Y)}} = \frac{E[(X - E(X))(Y - E(Y))]}{\sqrt{D(X)}\sqrt{D(Y)}}$$

相关系数衡量随机变量 X 与 Y 的相关程度，取值为 $[-1,1]$。相关系数的绝对值越大，则 X 与 Y 相关度越高。当 X 与 Y 线性相关时，相关系数为 1(正线性相关)或 -1(负线性相关)。

相关距离的定义为

$$D_{xy} = 1 - \rho_{XY}$$

11. 信息熵

信息熵(information entropy)衡量分布的混乱或分散程度。分布越分散或平均，信息熵越大。分布越有序或集中，信息熵越小。

计算给定样本集 X 的信息熵

$$\mathrm{entropy}(X) = \sum_{i=1}^{n} -p_i \log_2 p_i$$

式中，n 为样本集 X 的分类数；p_i 为 X 中第 i 类元素出现的概率。

当 n 个分类的概率相同时，信息熵取最大值为 $\log_2 n$。当 X 只有一个分类时，信息熵取最小值 0。

参 考 文 献

[1] 苍梧. 机器学习中的相似性度量. http://blog.sina.com.cn/s/blog_4d3a41f40101anip.html.

第 35 讲　直方图双峰法

直方图双峰法(histogram two-peak method)由美国宾夕法尼亚大学的 Prewitt 于 1970 年提出，如果灰度级直方图呈明显的双峰状，则选取两峰之间的谷底所对应的灰度级作为阈值[1]。

一、基本原理

1. 图像分割的依据

图像分割的基本依据有以下四个方面。

(1) 分割图像区域具有同质性，如灰度级相近、纹理相似。

(2) 区域内部平整，不存在很小的小空洞。

(3) 相邻区域之间对于选定的某种判据存在差异性。

(4) 每个分割区域边界具有齐整性和空间位置的准确性。

直方图双峰法采用一个阈值将图像的直方图分成两类，其过程是决定一个灰度值，用于区分不同的类，这个灰度值称为阈值。

2. 二值化双峰分割

如图 35-1 所示，对于目标与背景的灰度级有明显差别的图像，灰度直方图的分布呈双峰状，两个波峰分别对应图像的目标和背景，波谷对应图像边缘。当分割阈值 T 位于波谷时，图像分割可取得最好的效果。

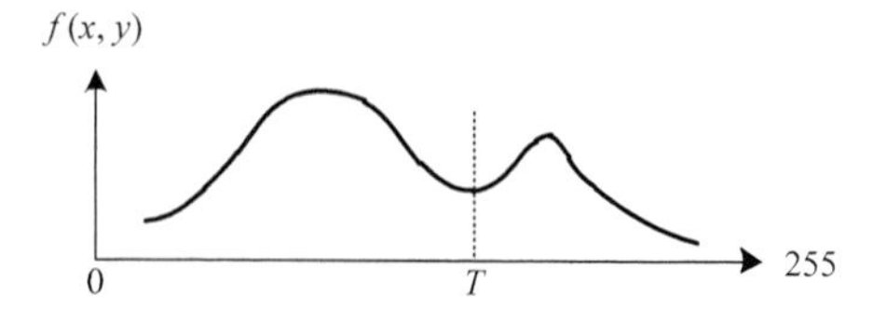

图 35-1　双峰法灰度直方图

如图 35-2 所示，当对象物的灰度分布较有规律时，背景和各个对象物在图像的直方图中各自形成一个波峰，即区域和波峰一一对应。由于每个波峰间形成一个波谷，选择双峰间的波谷处所对应的灰度值为阈值，可将两个区域分离。依次类推，可以在背景中分离出多类有意义的区域。

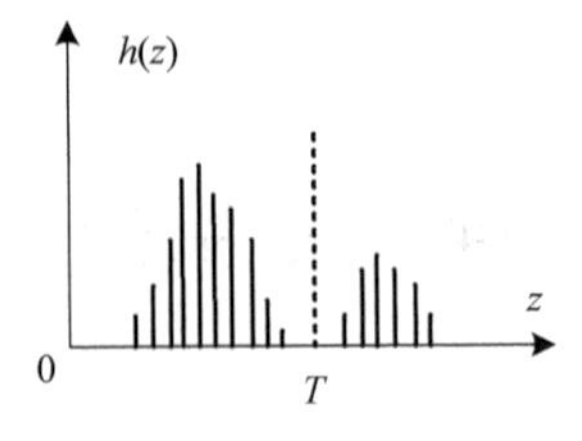

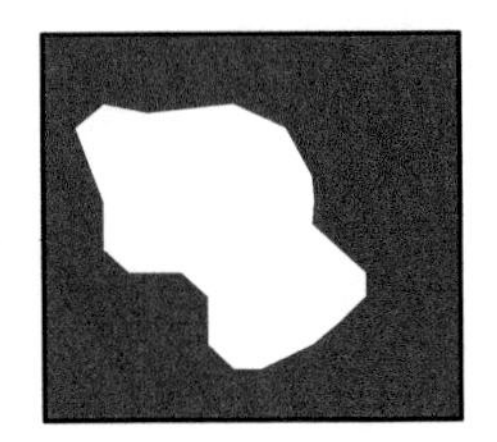

图 35-2　二值化双峰分割

对于灰度直方图中波峰不明显或波谷宽阔、平坦的图像，采用双峰法难以确定阈值。

二、仿真实验

1. 基本的直方图双峰法

如图 35-3 所示，首先通过数组记录直方图中的各像素值的个数；然后对逐个像素值进行扫描，记录能作为谷底的范围值；最后找出属于谷底范围的最大像素值作为阈值。

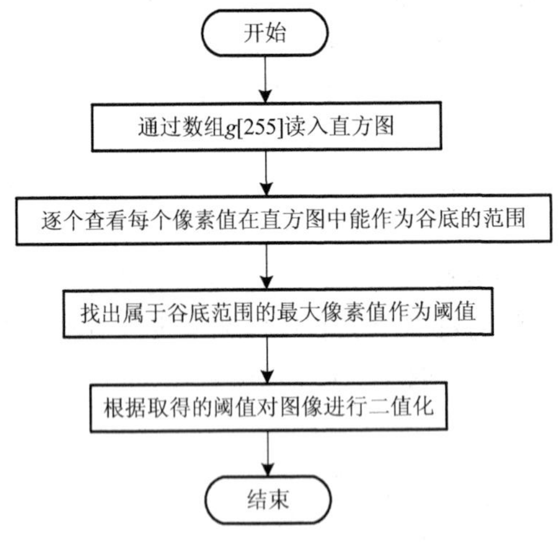

图 35-3　直方图双峰法实现流程

2. 迭代的直方图双峰法

基于逼近思想的迭代双峰法如下。

(1) 求出图像的最大灰度值和最小灰度值，分别记为 g_{Max} 和 g_{Min}，令初始阈值为

$$T_k = (g_{\text{Max}} + g_{\text{Min}}) / 2$$

(2) 根据阈值 T_k 将图像分割为前景和背景，分别求出两者的平均灰度值 Z_0 和 Z_b。

(3) 求出修正后的阈值为

$$T_{k+1} = (Z_0 + Z_b) / 2$$

(4) 如果 $T_k = T_{k+1}$，则所得即为阈值；否则转步骤 (2) 迭代计算。

迭代所得的阈值分割图像的效果良好，基于迭代的阈值能区分图像的前景和背景的主要区域，但是在图像的细微处还是没有很好的区分度。

3．特殊情况处理

如果原始图像分为几个小的子图像，那么对每个子图像分别求出最优分割阈值，即为局部阈值法。

当图像中有阴影、突发噪声、照度不均、对比度不均或背景灰度变化时，只用一个固定的阈值对整幅图像进行阈值化处理，则不能兼顾图像各处的情况而使分割效果受到影响[2]。此时，阈值的选取不是一个固定值，而是一个随图像位置缓慢变化的函数值。

自适应阈值就是对原始图像分块，对每一块区域根据一般方法选取局部阈值进行分割。由于各个子图的阈值化是独立进行的，所以在相邻子图像边界处的阈值会有突变，应采用适当的平滑技术消除这种不连续性，子图像之间的相互交叠有利于减小这种不连续性。

三、算法特点

直方图双峰法计算简单、速度快、易于实现，对于不同类的物体灰度值或其他特征值相差很大时，能有效分割图像。

直方图双峰法不适用于不存在明显的灰度差异、灰度值范围有较大重叠、直方图双峰差别很大、直方图双峰间的波谷宽阔而平坦、单峰的图像。该方法仅考虑图像的灰度信息而没有考虑空间信息，对噪声和灰度不均匀十分敏感。

参 考 文 献

[1] Prewitt J M S. Object enhancement and extraction. Picture Processing and Psychopictorics, 1970 , 10(1): 15-19.

[2] 王静. 焊缝 X 射线检测底片故障分类与图像识别方法研究[硕士学位论文]. 沈阳: 东北大学, 2008.

第 36 讲　分水岭方法

分水岭方法(watershed algorithm)由法国海洋气象学委会(Commission for Maritime Meteorology)的 Beucher 和 Lantuejoul 于 1979 年提出，将分水岭方法的模拟浸入过程应用于灰度图像分割[1]。

一、基本原理

分水岭方法基于数学形态学理论，采用区域模型，将图像映射为拓扑地貌[2]，图像像素的灰度值对应于该点的海拔高度，每个局部极小值和影响区域称为集水盆，其边界形成分水岭。

分水岭的形成可以通过浸入过程来模拟，在每个局部极小值表面，刺穿一个小孔，慢慢浸入水中，随着浸入的加深，影响区域向外扩展，在两个集水盆汇合处构筑大坝，形成分水岭。

分水岭计算分为排序和淹没两个步骤[3]，首先对所有像素的灰度级从低到高排序；然后在实现淹没过程中，对每个局部极小值，在 h 阶高度的影响区域内，采用先进先出(First In First Out，FIFO)结构进行判断和标注。

分水岭变换得到输入图像的集水盆图像，集水盆之间的边界点，即为分水岭。分水岭表示输入图像的极大值点。

为了得到图像的边缘信息，通常把梯度图像作为输入图像，即

$$g(x,y)=\mathrm{grad}(f(x,y))=\frac{[f(x,y)-f(x-1,y)]+[f(x,y)-f(x,y-1)]}{2}$$

式中，$f(x,y)$ 表示原始图像；$\mathrm{grad}(\cdot)$ 表示梯度运算。

分水岭算法得到封闭集水盆，可用于分析图像区域特征。

对梯度图像进行阈值处理，可以消除灰度的微小变化产生的过度分割，即

$$g(x,y)=\max(\mathrm{grad}(f(x,y)),g_\theta)$$

式中，g_θ 表示阈值。

二、仿真实验

如果图像中的目标物体是连在一起的，分割起来有困难，那么分水岭算法适合处理该问题。分水岭方法将图像看成地形图，亮度较强的地区像素值较大，较暗的地区像素值较小，通过寻找汇水盆地和分水岭界限，实现图像分割。

如图 36-1 所示，分水岭分割方法的步骤如下。

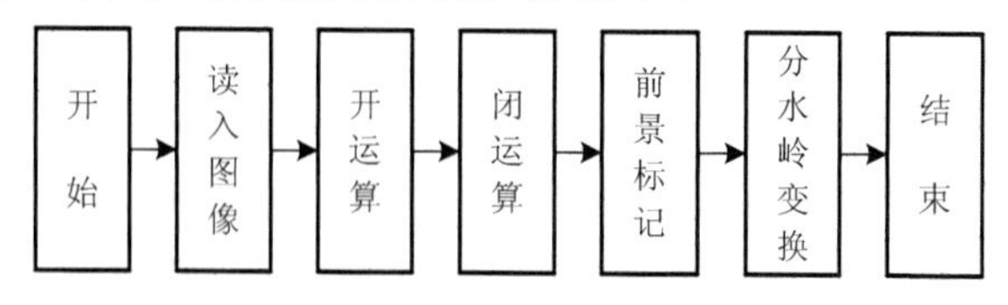

图 36-1　分水岭方法实现流程

(1) 读取图像。

(2) 图像预处理。首先对原图像进行形态学开操作或腐蚀后形态学重建，去除图中的毛刺和小物体；然后进行形态学关操作或膨胀后形态学重建，填洞补沟，合并小物体。

(3) 对图像的前景和背景进行标记。首先采用关操作和腐蚀来收缩边缘，计算局部最大值得到较好的前景标记；然后去噪并选取合适的阈值，得到二值图像。每个对象内部的前景像素都是相连的，背景里面的每个像素都不属于任何目标物体。

(4) 计算分割函数。为了不使背景标记太靠近目标对象边缘，通过骨骼化进行细化，对二值图像进行分水岭变换，得到最终结果。

分水岭算法是一个迭代标注过程，有时直接采用分水岭算法，分割效果并不好。如果先在图像中对前景或背景进行标注，再应用分水岭方法，则分割效果更好。

三、算法特点

分水岭方法直观、快速、支持并行计算，可产生完整边界，但也存在一些缺陷。

1. 过分割

分水岭算法对微弱边缘具有良好响应，图像噪声、物体表面细微的灰度变化，会产生过度分割现象。

为消除过度分割，可以利用先验知识去除无关边缘信息，或者修改梯度函数使集水盆只响应探测目标。具体方法如下。

(1) 预先标注图片，减少局部最小数量，即带标注的分水岭方法。

(2) 储水量和高度达到阈值才判定为边界，即基于门限的分水岭方法。

(3) 采用区域合并、C 均值聚类等方法，合并相似区域，即基于聚类的分水岭方法。

2. 对噪声敏感

图像的局部改变会引起分割结果的明显变化，可使用各向异性滤波器对图像进行预处理。

3. 难以准确检测出低对比度图像的边界

低对比度图像的信噪比低，分水岭方法无法很好工作。

参 考 文 献

[1] Beucher S, Lantuejoul C. Use of watersheds in contour detection// International Workshop on Image Processing, 1979, 09: 17-21.

[2] 马兆勉, 陶纯堪. 自然背景下人工目标的检测与分割. 中国激光, 2000, A27(3): 237-242.

[3] 张汉欣. 轮胎痕迹图像处理及识别算法研究[博士学位论文]. 吉林: 吉林大学, 2011.

第 37 讲　区域分裂合并方法

区域分裂合并方法(regional split-and-merge algorithm)由美国斯坦福研究院(Stanford Research Institute)的 Duda 和 Hart 于 1973 年提出[1]。

一、基本原理

区域分裂合并方法采用区域特征一致性测度准则[2]，当图像中某个区域的特征不一致时，将该区域分裂成 4 个相等子区域；当相邻子区域满足一致性特征时，则合成为一个大区域。

如图 37-1 所示，R 为整幅图像，选择一致性测度准则 P，对 R 进行反复四分割。如果 $P(R_i)=\text{FALSE}$，则将区域四分割，直到所有区域都有 $P(R_i)=\text{TRUE}$。**该过程采用四叉树表示，树根对应于整幅图像，每个节点对应于划分的子部分。分裂后的分区可能包含性质相同的相邻区域，通过区域合并进行矫正。当** $P(R_j \cup R_k)=\text{TRUE}$ **时，两个相邻区域** R_j **和** R_k **合并。**

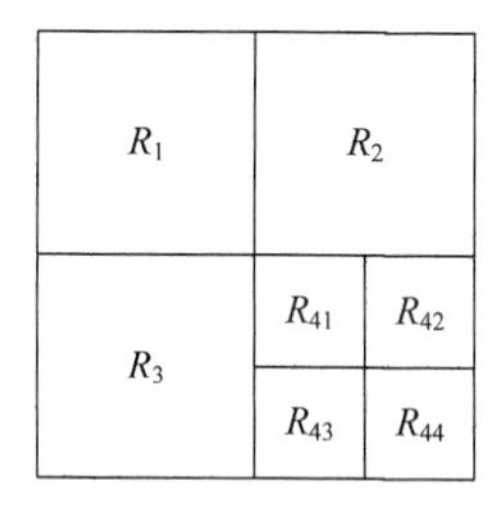

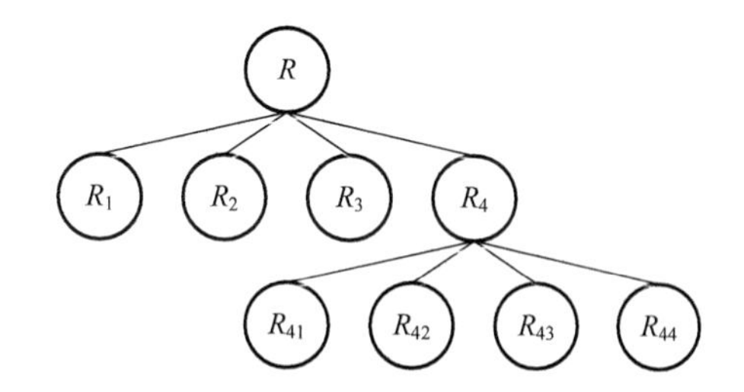

图 37-1　区域分裂合并方法的四叉树表示

一种可能的变化是开始时将图像拆分为一组图像块，然后对每个块进行上述拆分，但合并操作开始时只能将 4 个块合并为一组，这 4 个块是四叉树表示法中节点的后代，且都满足一致性测度准则 P。当不能再进行此类合并时，该过程终止。此时合并区域可能会大小不同。

二、仿真实验

区域分裂合并方法的流程如下。

(1) 按如下规则定义一致性测度准则 P。设 m_i 是区域 R_i 中所有像素的灰度均值，σ_i 是 R_i 中所有像素的灰度级标准差，z_j 是 R_i 内第 j 个像素的灰度值。如果在区域 R_i 内至少有 80%的像素满足 $z_j - m_i \leqslant 2\sigma_i$，则定义 $P(R_i) = \text{TRUE}$，否则定义 $P(R_i) = \text{FALSE}$。

(2) 对于区域 R_i，如果 $P(R_i) = \text{TRUE}$，则将该区域四分割。

(3) 将 $P(R_j \cup R_k) = \text{TRUE}$ 的相邻区域 R_j 和 R_k 合并。

(4) 当无法进行合并或拆分时，操作停止。

对于那些不需要分裂的子图像可以进行阈值切割，若某块图像的灰度均值大于某个值，则该块子图像变成 255，否则变为 0。

三、算法特点

区域分裂合并方法不依赖于种子点的选择与生长顺序，通过指定基于纹理内容的一致性测度准则，可以使用多种方法进行纹理分割。

选用合适的一致性测度准则 P，对于提高图像分割质量十分重要，选择不当容易引起方块效应。

参 考 文 献

[1] Duda R O, Hart P E. Pattern Classification and Scene Analysis. New York: Wiley Press, 1973.

[2] 尹平，王润生. 基于边缘信息的分开合并图像分割方法. 中国图象图形学报，1998，3(6)：450-454.

第38讲　OTSU方法

OTSU方法是日本学者大津展之(Nobuyuki Otsu)于1975年提出的自适应阈值分割方法[1]，即最大类间方差法，也称为大津方法。

一、基本原理

OTSU方法的基本思想就是选取合适的阈值，使得分割出的目标和背景之间的类间方差达到最大。

设视频图像中灰度值i出现的概率为

$$p(i) = n_i / N, \quad i = 0,1,\cdots,L-1$$

式中，N是图像像素总数；n_i是灰度值为i的像素个数；L为图像灰度级。

针对阈值x将整幅图像分为目标(M)和背景(B)两类。假定目标灰度值小于背景灰度值，则

$$w_M(x) = \sum_{i=0}^{x} n_i / N, \qquad w_B(x) = \sum_{i=x+1}^{L-1} n_i / N$$

$$\mu_M(x) = \left(\sum_{i=0}^{x} i \cdot p(i)\right) \Big/ w_M(x), \qquad \mu_B(x) = \left(\sum_{i=x+1}^{L-1} i \cdot p(i)\right) \Big/ w_B(x)$$

$$\sigma(x) = w_B(x) w_M(x) \left[\mu_B(x) - \mu_M(x)\right]^2$$

遍历所有灰度值，选取使$\sigma(x)$最大的阈值x，即

$$x = \arg \max_{0 \leqslant x \leqslant L-1} \{\sigma(x)\}$$

此阈值即为最佳阈值，由此阈值分割图像，大于x的判白(背景)，其他的判黑(目标)。

二、仿真实验

记

$$a = \sum_{i=0}^{x} n_i, \quad b = \sum_{i=0}^{x} i \cdot n_i, \quad C = \sum_{i=0}^{L-1} i \cdot n_i$$

则

$$w_M(x)=\frac{a}{N},\quad w_B(x)=\frac{1}{N}\sum_{i=0}^{L-1}n_i-\frac{1}{N}\sum_{i=0}^{x}n_i=(N-a)/N$$

$$\mu_M(x)=\frac{(b/N)}{w_M(x)}=\frac{b}{a},\quad \mu_B(x)=\frac{\sum_{i=0}^{L-1}\left(\frac{i\cdot n_i}{N}\right)-\sum_{i=0}^{x}\left(\frac{i\cdot n_i}{N}\right)}{w_B(x)}=\frac{C-b}{N-a}$$

$$\sigma(x)=\frac{1}{N^2}\cdot\frac{(b\cdot N-a\cdot C)^2}{a\cdot(N-a)}$$

令

$$\sigma'(x)=\frac{(b\cdot N-a\cdot C)^2}{a\cdot(N-a)}$$

则最佳阈值为

$$x=\arg\max_{0\leqslant x\leqslant L-1}\{\sigma'(x)\}$$

优化流程和传统流程的分割效果完全相同，但是 a、b、C 的求解更便于编程实现。另外，在编程实现时，a、b 可以递推求解，即

$$a(x+1)=\sum_{i=0}^{x+1}n_i=a(x)+n_{x+1}$$

$$b(x+1)=\sum_{i=0}^{x+1}i\cdot n_i=b(x)+(x+1)\cdot n_{x+1}$$

在整个阈值的求解过程中，a、b 的求解大约需要 $2L$ 次加法和 L 次乘法；C 是常数，只需求解一次，大约需要 L 次加法和 L 次乘法。

另外，优化后的流程中做除法的次数很少，而且只存在于每次求解 $\sigma'(x)$ 的最后一步，这样有效地减少求解过程中的浮点运算误差，使得求解速度更快，精确度更高。

三、算法特点

OTSU 方法按图像的灰度特性，将图像分成背景和前景两部分。背景和前景之间的类间方差越大，说明构成图像的两部分的差别越大。当部分前景错分为背景或部分背景错分为前景时，会导致两部分差别变小。因此，类间方差最大的分割意味着错分概率最小。

OTSU 方法不受图像亮度和对比度的影响，分割效果稳定，自适应性强，是阈值自动选取算法中的最优方法，已得到广泛应用[2]。

但是 OTSU 方法对直方图无明显双峰特性的图像会造成误分割。

参 考 文 献

[1] Otsu N. A threshold selection method from gray-level histograms. Automatica, 1975, 11: 23-27.

[2] Horng M H. A multilevel image thresholding using the honey bee mating optimization. Applied Mathematics and Computation, 2010: 3302-3310.

第 39 讲　最大二维熵方法

1985 年印度理工学院(India Institute of Technology)的 Kapur 提出最大一维熵图像分割方法[1]，当图像质量较好和背景稳定变化时，可以获得比较理想的分割阈值；当图像的信噪比较低或图像背景较为复杂时，效果不佳。

1988 年美国天普大学(Temple University)的 Abutaleb 等提出最大二维熵(maximum 2d entropy)图像分割方法[2]，采用像素点灰度和邻域平均灰度构成的二维直方图搜索分割阈值，充分利用图像像素的灰度分布信息和各像素之间的空间相关信息，分割效果好。

一、基本原理

1. 熵

熵是平均信息量的表征，定义为

$$H = -\int_{-\infty}^{+\infty} p(x) \lg p(x) \mathrm{d}x$$

式中，$p(x)$是随机变量 x 的概率密度函数。对于视频图像，x 可以是灰度、区域灰度、梯度等。

信息量越大，不确定性越大，熵越大。熵值可判断事件的随机性和无序程度、某个指标的离散程度。

2. 最大一维熵

设 L 为原始灰度图像的灰度级数，选取一个灰度阈值 t，使视频图像分割出的两部分的一阶灰度统计的信息量最大，即最大一维熵。

如图 39-1 所示，定义离散概率和一维熵为

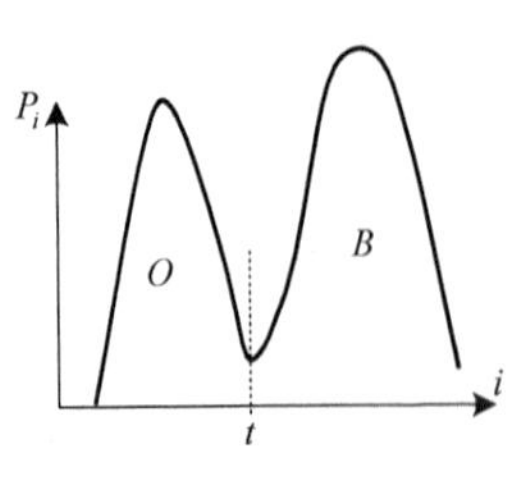

图 39-1　最大一维熵原理

$$p_t = \sum_{i=0}^{t-1} p_i$$

$$H_{\mathrm{O}}(t) = -\sum_{i=0}^{t-1} \frac{p_i}{p_t} \lg \frac{p_i}{p_t}$$

$$H_{\mathrm{B}}(t) = -\sum_{i=t}^{L-1} \frac{p_i}{1-p_t} \lg \frac{p_i}{1-p_t}$$

常用准则函数为目标熵和背景熵之和，即

$$\varphi(t)=H_{\mathrm{O}}+H_{\mathrm{B}}=\lg p_t(1-p_t)+\frac{H_t}{p_t}+\frac{H_L-H_t}{1-p_t}$$

式中，$H_t=-\sum_{i=0}^{t-1}p_i\lg p_i$；$H_L=-\sum_{i=0}^{L-1}p_i\lg p_i$。

选取的最佳阈值 t^* 满足

$$t^*=\arg\max_{0\leqslant t\leqslant L-1}\{\varphi(t)\}$$

与 OTSU 方法相比，最大一维熵方法涉及对数运算，速度非常慢，实时性较差。而且基于图像的原始直方图，仅利用点灰度信息，未充分利用图像的空间信息。当图像信噪比降低时，分割效果不理想。

3. 最大二维熵

原始图像中的每一个像素都对应于一个点灰度-邻域灰度均值对，设 k_{ij} 为图像中点灰度为 i 及其邻域灰度均值为 j 的像素数，p_{ij} 为点灰度-邻域灰度均值对发生的概率，即

$$p_{ij}=k_{ij}/(M\times N)$$

式中，$M\times N$ 为图像大小；$\{p_{ij}\mid i,j=1,2,\cdots,L\}$ 就是该图像的关于点灰度-邻域灰度均值的二维直方图。

如图 39-2 所示，在强噪声干扰下，一维直方图是单峰的，二维直方图利用了图像邻域的相关信息，目标和背景的双峰仍然明显。

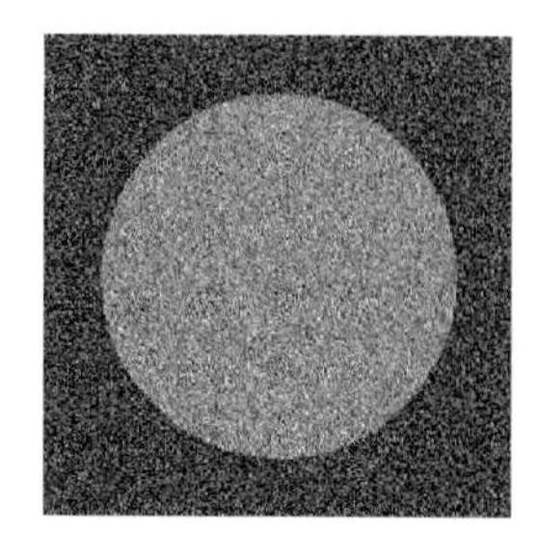

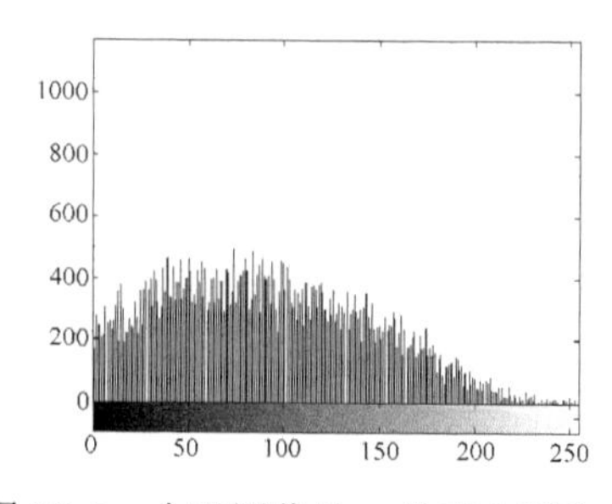

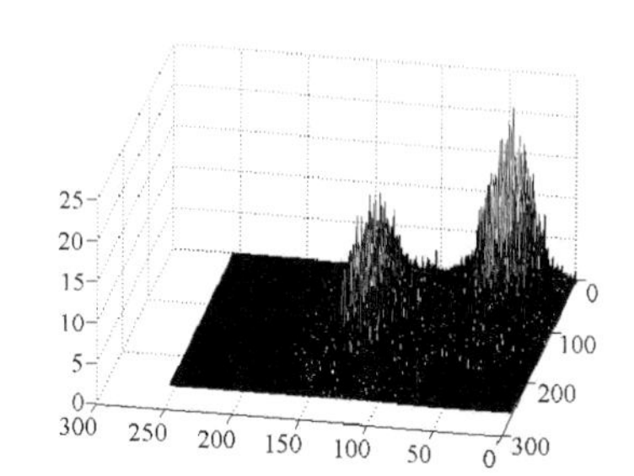

图 39-2 含噪图像的一维直方图和二维直方图

最大二维熵方法利用图像中各个像素的点灰度值和邻域灰度均值生成二维直方图，以此为依据选取最佳阈值[3]。

定义离散二维熵为

$$H=-\sum_i\sum_j p_{ij}\lg p_{ij}$$

如图 39-3 所示，L_f 和 L_g 分别代表点灰度和邻域灰度均值的灰度级。假设阈值在 (s,t) 处，目标灰度值较低，背景灰度值较高，则点灰度-邻域灰度均值矩阵可划分为 A、B、C、D 四个区域。沿对角线分布的 A 区和 B 区分别代表目标和背景，远离对角线的 C 区和 D 区分别代表边界和噪声。

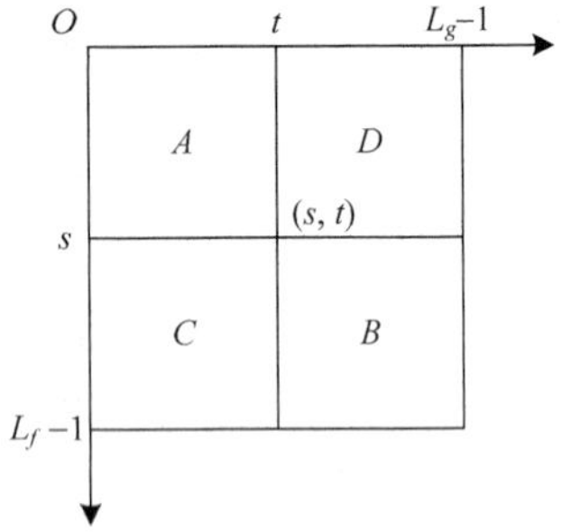

设 A 区和 B 区的像素总数分别记为 P_A、P_B，概率分布分别记为 p_{ij}^A、p_{ij}^B，则

$$P_A=\sum_{i=0}^{s-1}\sum_{j=0}^{t-1}k_{ij}\,,\qquad P_B=\sum_{i=s}^{L_f-1}\sum_{j=t}^{L_g-1}k_{ij}$$

$$p_{ij}^A=k_{ij}/P_A,\quad i=0,\cdots,s-1,j=0,\cdots,t-1$$

$$p_{ij}^B=k_{ij}/P_B,\quad i=s,\cdots,L_f-1,j=t,\cdots,L_g-1$$

图 39-3　点灰度-邻域灰度均值平面

A 区和 B 区的二维熵分别为

$$H(A)=-\sum_{i=0}^{s-1}\sum_{j=0}^{t-1}\frac{k_{ij}}{P_A}\lg\frac{k_{ij}}{P_A}=\lg P_A+\frac{H_A}{P_A}$$

$$H(B)=-\sum_{i=s}^{L-1}\sum_{j=t}^{L-1}\frac{k_{ij}}{P_A}\lg\frac{k_{ij}}{P_A}=\lg P_B+\frac{H_B}{P_B}$$

式中，$H_A=-\sum_{i=0}^{s-1}\sum_{j=0}^{t-1}k_{ij}\lg k_{ij}$，$H_B=-\sum_{i=s}^{L-1}\sum_{j=t}^{L-1}k_{ij}\lg k_{ij}$。

由于 C 区和 D 区包含的是关于噪声和边缘的信息，所以忽略不计，即假设 C 区和 D 区的 $k_{ij}\approx 0$。C 区：$i=s+1,s+2,\cdots,L-1$，$j=1,2,\cdots,t$。D 区：$i=1,2,\cdots,s$，$j=t+1,t+2,\cdots,L-1$，则

$$P_B=1-P_A\,,\qquad H_B=H_L-H_A$$

$$H_L=-\sum_{i=0}^{L-1}\sum_{j=0}^{L-1}k_{ij}\lg k_{ij}\,,\qquad H(B)=\lg(1-P_A)+\frac{H_L-H_A}{1-P_A}$$

熵的判别函数定义为

$$\phi(s,t)=H(A)+H(B)=\lg\left[P_A(1-P_A)\right]+\frac{H_A}{P_A}+\frac{H_L-H_A}{1-P_A}$$

选取的最佳阈值向量 (s^*,t^*) 满足

$$\phi(s^*,t^*)=\max\{\phi(s,t)\}$$

使用最佳阈值向量 (s^*,t^*) 对点灰度-邻域平均灰度构成的二维灰度直方图进行分割，可使代表目标类和背景类的后验熵最大[4]。

二、仿真实验

1. 递推计算

寻求最佳阈值 (s^*,t^*) 需要遍历 (s,t) 的定义域，求出使 $H(s,t)$ 为最小的 (s,t)。在此过程中，P_A、P_B 的求解耗时很多。

P_A、P_B 是 (s,t) 的函数，其表达式为

$$P_A(s,t+1)=\sum_{i=0}^{s-1}\sum_{j=0}^{t}k_{ij}=\sum_{i=0}^{s-1}\sum_{j=0}^{t-1}k_{ij}+\sum_{i=0}^{s-1}k_{it}=P_A(s,t)+P_A(s)$$

$$P_B(s,t+1)=\sum_{i=s}^{L_f-1}\sum_{j=t+1}^{L_g-1}k_{ij}=\sum_{i=s}^{L_f-1}\sum_{j=t}^{L_g-1}k_{ij}-\sum_{i=s}^{L_f-1}k_{it}=P_B(s,t)-P_B(s)$$

因此 P_A、P_B 可以递推计算，具体流程如下。

(1) 求出起始点 (s_0,t_0) 的 P_A、P_B 值 $P_A(s_0,t_0)$、$P_B(s_0,t_0)$。

(2) 递推计算本行其他点的 P_A、P_B 值，同时记录各列初始增量 $P_A(s)$、$P_B(s)$。

(3) 在计算下一行的 P_A、P_B 值时，先依据式(39-1)递推计算该行初始 P_A、P_B 值，同时更新行初始值。

$$\begin{aligned}
P_A(s+1,t)&=\sum_{i=0}^{s}\sum_{j=0}^{t-1}k_{ij}=\sum_{i=0}^{s-1}\sum_{j=0}^{t-1}k_{ij}+\sum_{j=0}^{t-1}k_{sj}=P_A(s,t)+\sum_{j=0}^{t-1}k_{sj}\\
P_B(s+1,t)&=\sum_{i=s+1}^{L_f-1}\sum_{j=t}^{L_g-1}k_{ij}=\sum_{i=s}^{L_f-1}\sum_{j=t}^{L_g-1}k_{ij}-\sum_{j=t}^{L_g-1}k_{sj}=P_B(s,t)-\sum_{j=t}^{L_g-1}k_{sj}
\end{aligned}\tag{39-1}$$

(4) 本行各列增量由式(39-2)递推计算，同时更新各列增量。

$$\begin{aligned}
P_A(s+1)&=\sum_{i=0}^{s}k_{it}=\sum_{i=0}^{s-1}k_{it}+k_{st}=P_A(s)+k_{st}\\
P_B(s+1)&=\sum_{i=s+1}^{L_f-1}k_{it}=\sum_{i=s}^{L_f-1}k_{it}-k_{st}=P_B(s)-k_{st}
\end{aligned}\tag{39-2}$$

(5) 在对角线上，有

$$P_A(s+1,t+1)=\sum_{i=0}^{s}\sum_{j=0}^{t}k_{ij}=\sum_{i=0}^{s-1}\sum_{j=0}^{t-1}k_{ij}+\sum_{j=0}^{t-1}k_{sj}+\sum_{i=0}^{s}k_{it}=P_A(s,t)+P_A'(t)+P_A'(s)$$

$$P_A'(t+1)=\sum_{j=0}^{t}k_{sj}=\sum_{i=0}^{t-1}k_{it}+k_{st}=P_A'(t)+k_{st}$$

$$P'_A(s+1)=\sum_{i=0}^{s+1}k_{it}=\sum_{i=0}^{s}k_{it}+k_{(s+1)t}=P'_A(s)+k_{(s+1)t}$$

$$P_B(s+1,t+1)=\sum_{i=s+1}^{L_f-1}\sum_{j=t+1}^{L_g-1}k_{ij}=\sum_{i=s}^{L_f-1}\sum_{j=t}^{L_g-1}k_{ij}-\sum_{j=t}^{L_g-1}k_{sj}-\sum_{i=s+1}^{L_f-1}k_{it}=P_B(s,t)-P'_B(t)-P'_B(s)$$

$$P'_B(t+1)=\sum_{j=t+1}^{L_g-1}k_{sj}=\sum_{j=t}^{L_g-1}k_{sj}-k_{st}=P'_B(t)-k_{st}$$

$$P'_B(s+1)=\sum_{i=s+2}^{L_f-1}k_{it}=\sum_{i=s+1}^{L_f-1}k_{it}-k_{(s+1)t}=P'_B(s)-k_{(s+1)t}$$

由上述快速递推方法求解 P_A、P_B，可以进一步提高运算速度，不影响分割效果。

2. 优化搜索策略

最大二维熵阈值分割算法在搜索最佳阈值时需要采用穷举法遍历 (s,t) 的定义域。在图 39-3 所示的例子中，视频图像的目标区域和背景区域都集中在对角线附近，远离对角线的是边缘和噪声。因此，最佳阈值通常分布在图 39-4 所示对角线上某点周围的一个小区域中，优化的搜索策略可以减小搜索区域，进一步提高运算速度，而且分割效果好。

优化搜索策略在搜索最佳阈值时分两步进行：①在点灰度-邻域灰度均值平面的对角线上进行粗略搜索，寻找最佳阈值所在区域；②在第一次搜索确定的区域内进行精确搜索，寻找最佳阈值。

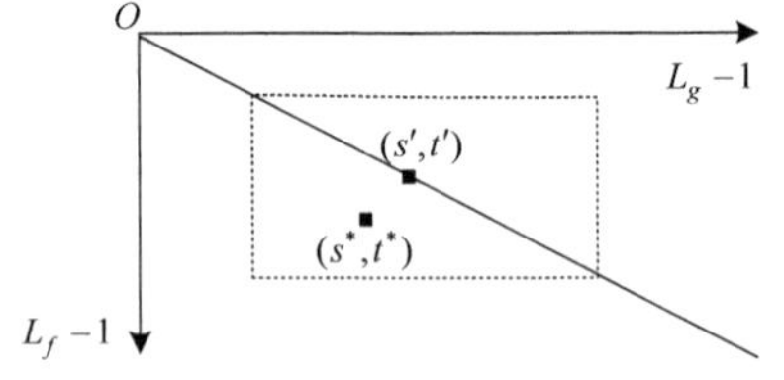

图 39-4　优化搜索策略

优化搜索策略的实现步骤如下。

(1) 读入图像 $f(x,y)$。

(2) 求图像 $f(x,y)$ 的 $k\times k$ 邻域灰度均值图像 $g(x,y)$。

(3) 求同时使 $f(x,y)=i$，$g(x,y)=j$ 的点灰度-邻域灰度均值点对 k_{ij}，其中，$i=0,\cdots,L_f-1$，$j=0,\cdots,L_g-1$。

(4) 粗略搜索，在对角线上搜索使 $H(s,t)$ 取最小值的阈值 (s',t')。

(5) 精确搜索，在 (s',t') 周围 $m\times n$ 邻域内搜索使 $H(s,t)$ 取最小值的阈值 (s^*,t^*)，即为最佳阈值。

(6) 按最佳阈值分割图像。

三、算法特点

最大二维熵图像分割算法充分利用图像像素的灰度分布信息和邻域像素之间

的空间相关信息，对不同目标大小和信噪比的图像均产生很好的分割效果；而且对噪声的抑制能力较强，在物体形状检测中，可以较好地克服系统噪声，是一种高精度的阈值选取方法。

最大二维熵图像分割算法本质上是在二维灰度空间上搜索参数使目标函数取得最大值的优化问题，计算量很大、耗时多。为了获得熵函数的全局最大值，必须遍历整个二维直方图，才能得到最佳阈值向量。由判别函数定义可知，P_A、P_B和$H(s,t)$的计算速度对整个算法的效率起决定作用，如果没有快速算法，则很难用于高速处理场合。

参 考 文 献

[1] Kapur J N. A new method for gray-level picture thresholding using the entropy of the histogram. Computer Vision, Graphics, and Image Processing, 1985, 29(3): 273-285.

[2] Abutaleb A, Eloteifi A. Automatic thresholding of gray-level pictures using 2-D entropy// 31st Annual Technical Symposium: International Society for Optics and Photonics, 1988: 29-35.

[3] Wu Y Q, Zhang J K. Thresholding based on improved 2D maximum entropy method and particle swarm optimization. Journal of Computer Aided Design & Computer Graphics, 2008, 20(10): 1338-1344.

[4] 谈国军, 戎皓. 基于二维最大熵阈值图像分割技术的改进方法. 软件导刊, 2008, 7(1): 3-4.

第 40 讲　二维交叉熵方法

二维交叉熵(2D cross-entropy)方法由美国哥伦比亚大学、哈佛大学、斯坦福大学、IBM和贝尔实验室的访问学者 Rubinstein 于 1997 年提出[1]，是一种非常有效的阈值分割方法。

一、基本原理

1. 交叉熵

在图像 $F=\{f_1,f_2,\cdots,f_{M\times N}\}$ 中，f_i 表示第 i 点灰度值，灰度为 g 的像素总数记为 $f(g)$，则图像中灰度值 g 出现的概率 $h(g)$ 为

$$h(g)=\frac{f(g)}{M\times N},\quad g=0,1,\cdots,L-1$$

设阈值 t 将图像分为目标和背景两类，分别记为 C_0 和 C_1，则这两类的先验概率分别为

$$P_0(t)=\sum_{g=0}^{t}h(g),\qquad P_1(t)=\sum_{g=t+1}^{L-1}h(g)$$

目标和背景对应的均值分别为

$$\mu_0(t)=\frac{\sum_{g=0}^{t}gh(g)}{P_0(t)},\qquad \mu_1(t)=\frac{\sum_{g=t+1}^{L-1}gh(g)}{P_1(t)}$$

用 $\overline{F}=\{\mu_0,\mu_1\}$ 表示分割后的二值图像，则 OTSU 方法通过衡量待分割图像 F 与二值化图像 $\overline{F}$ 之间的均方误差获取最佳阈值。建立的准则函数为

$$\theta(t)=\sum_{f_i<t}(f_i-\mu_0(t))^2+\sum_{f_i\geqslant t}(f_i-\mu_1(t))^2$$

改用灰度直方图表示，可简化为

$$\eta(t)=\sum_{g=0}^{t}h(g)(g-\mu_0(t))^2+\sum_{g=t+1}^{L-1}h(g)(g-\mu_1(t))^2$$

可将 $\eta(t)$ 改写为

$$\eta(t)=\sum_{g=0}^{L-1}h(g)g^2-P_0(t)(\mu_0(t))^2-P_1(t)(\mu_1(t))^2$$

于是最小化 $\eta(t)$ 等价于最大化 $\eta'(t)$，其表达式为

$$\eta'(t)=P_0(t)(\mu_0(t))^2+P_1(t)(\mu_1(t))^2$$

描述两个概率分布之间偏差的交叉熵定义为

$$\omega(t)=\sum_{f_i<t}f_i\lg\left(\frac{f_i}{\mu_0(t)}\right)+\sum_{f_i\geqslant t}f_i\lg\left(\frac{f_i}{\mu_1(t)}\right)$$

改用灰度直方图表示，可得简化表达式为

$$\xi(t)=\sum_{g=0}^{t}gh(g)\lg\left(\frac{g}{\mu_0(t)}\right)+\sum_{g=t+1}^{L-1}gh(g)\lg\left(\frac{g}{\mu_1(t)}\right)$$

可将 $\xi(t)$ 改写为

$$\xi(t)=\sum_{g=0}^{L-1}h(g)g\lg g-P_0(t)\mu_0(t)\lg\mu_0(t)-P_1(t)\mu_1(t)\lg\mu_1(t)$$

于是最小化 $\xi(t)$ 等价于最大化 $\xi'(t)$，其表达式为

$$\xi'(t)=P_0(t)\mu_0(t)\lg\mu_0(t)+P_1(t)\mu_1(t)\lg\mu_1(t)$$

2. 二维交叉熵

一维直方图阈值分割方法对含噪图像的分割效果较差，为此提出在二维灰度直方图上进行阈值选取[2]。

$f(x,y)$ 表示图像上坐标为 (x,y) 的像素的灰度值，$g(x,y)$ 表示图像上坐标为 (x,y) 的像素的 $K\times K$ 邻域的平均灰度值，$g(x,y)$ 的定义为

$$g(x,y)=\left\lfloor\frac{1}{K\times K}\sum_{m=-\frac{K-1}{2}}^{\frac{K-1}{2}}\sum_{n=-\frac{K-1}{2}}^{\frac{K-1}{2}}f(x+m,y+n)\right\rfloor$$

式中，$\lfloor\ \rfloor$ 表示向下取整运算；K 为邻域宽度，一般取奇数。

如果图像灰度级为 L，那么相应的像素邻域平均灰度的灰度级为 L，$f(x,y)$ 和 $g(x,y)$ 组成的二元组记为 (i,j)。

二维直方图定义在一个 $(L-1)\times(L-1)$ 大小的正方形区域上，横坐标表示像素的灰度值，纵坐标表示像素的邻域平均灰度值。直方图中任意一点的值定义为 P_{ij}，表示二元组 (i,j) 发生的频率，其计算公式为

$$P_{ij}=\frac{c_{ij}}{M\times N}$$

式中，c_{ij} 是 (i,j) 出现的频数，$0\leqslant i,j\leqslant L-1$，且

$$\sum_{i=0}^{L-1}\sum_{j=0}^{L-1}P_{ij}=1$$

假设在阈值 (s,t) 处将图像分割成四个区域，如图 40-1 所示。对角线上的两个区域 1 和 2 分别对应于目标和背景，远离对角线的区域 3 和 4 对应于边缘和噪声。一般认为在区域 3 和 4 上所有的 $P_{ij}\approx 0$。

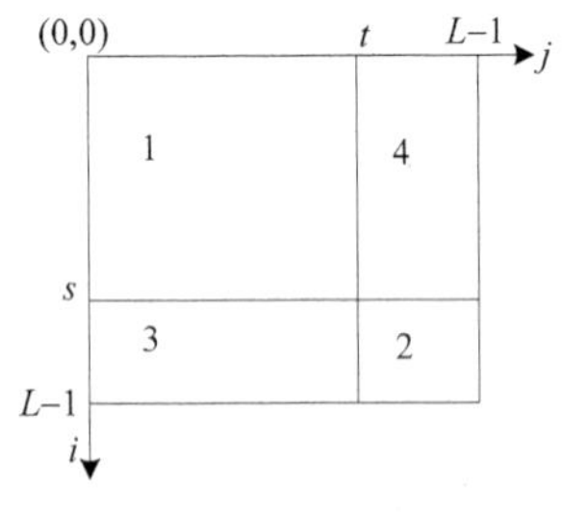

图 40-1　图像分割示意图

利用二维直方图中任意阈值矢量 (s,t) 对图像进行分割，可将图像分成目标和背景两类区域，分别记为 C_0 和 C_1，则两类的先验概率为

$$P_0(s,t)=\sum_{(i,j)\in C_0(s,t)}P_{ij}\,,\qquad P_1(s,t)=\sum_{(i,j)\in C_1(s,t)}P_{ij}$$

满足

$$P_0(s,t)+P_1(s,t)\approx 1$$

目标和背景对应的均值矢量分别为

$$\boldsymbol{\mu}_0=(\mu_{00},\mu_{01})'=\left(\frac{\sum_{i=0}^{s}\sum_{j=0}^{t}iP_{ij}}{P_0(s,t)},\frac{\sum_{i=0}^{s}\sum_{j=0}^{t}jP_{ij}}{P_0(s,t)}\right)'$$

$$\boldsymbol{\mu}_1=(\mu_{10},\mu_{11})'=\left(\frac{\sum_{i=s+1}^{L-1}\sum_{j=t+1}^{L-1}iP_{ij}}{P_1(s,t)},\frac{\sum_{i=s+1}^{L-1}\sum_{j=t+1}^{L-1}jP_{ij}}{P_1(s,t)}\right)'$$

二维直方图上总的均值矢量为

$$\boldsymbol{\mu}_{\mathrm{T}}=(\mu_{\mathrm{T}0},\mu_{\mathrm{T}1})'=\left(\sum_{i=0}^{L-1}\sum_{j=0}^{L-1}iP_{ij},\sum_{i=0}^{L-1}\sum_{j=0}^{L-1}jP_{ij}\right)'$$

若用 $p_{i.}$ 表示原图像在灰度值 i 处的概率，用 $p_{.j}$ 表示邻域平均图像在灰度值 j 处的概率，则

$$p_{i.}=\sum_{j=0}^{L-1}p_{ij}\approx\begin{cases}\sum_{j=0}^{t}p_{ij}, & i<s\\ \sum_{j=t+1}^{L-1}p_{ij}, & i\geqslant s\end{cases}$$

$$p_{.j}=\sum_{i=0}^{L-1}p_{ij}\approx\begin{cases}\sum_{i=0}^{s}p_{ij}, & j<t\\ \sum_{i=s+1}^{L-1}p_{ij}, & j\geqslant t\end{cases}$$

用 $P_{0(s)}$ 和 $P_{1(s)}$ 分别表示原图像在阈值为 s 时目标和背景的先验概率，$\mu_{0(s)}$ 和 $\mu_{1(s)}$ 分别表示原图像在阈值为 s 时目标和背景的均值，则

$$P_{0(s)}=\sum_{i=0}^{s}p_{i.}\approx\sum_{i=0}^{s}\sum_{j=0}^{t}p_{ij}=P_0(s,t),\qquad P_{1(s)}=\sum_{i=s+1}^{L-1}p_{i.}\approx\sum_{i=s+1}^{L-1}\sum_{j=t+1}^{L-1}p_{ij}=P_1(s,t)$$

$$\mu_{0(s)}=\frac{\sum_{i=0}^{s}ip_{i.}}{\sum_{i=0}^{s}p_{i.}}\approx\frac{\sum_{i=0}^{s}\sum_{j=0}^{t}ip_{ij}}{\sum_{i=0}^{s}\sum_{j=0}^{t}p_{ij}}=\mu_{00},\qquad \mu_{1(s)}=\frac{\sum_{i=s+1}^{L-1}ip_{i.}}{\sum_{i=s+1}^{L-1}p_{i.}}\approx\frac{\sum_{i=s+1}^{L-1}\sum_{j=t+1}^{L-1}ip_{ij}}{\sum_{i=s+1}^{L-1}\sum_{j=t+1}^{L-1}p_{ij}}=\mu_{01}$$

用 $P_{0(t)}$ 和 $P_{1(t)}$ 分别表示邻域平均图像在阈值为 t 时目标和背景的先验概率，$\mu_{0(t)}$ 和 $\mu_{1(t)}$ 分别表示邻域平均图像在阈值为 t 时目标和背景的均值，则

$$P_{0(t)}=\sum_{j=0}^{t}p_{.j}\approx\sum_{i=0}^{s}\sum_{j=0}^{t}p_{ij}=P_0(s,t),\qquad P_{1(t)}=\sum_{j=t+1}^{L-1}p_{.j}\approx\sum_{i=s+1}^{L-1}\sum_{j=t+1}^{L-1}p_{ij}=P_1(s,t)$$

$$\mu_{0(t)}=\frac{\sum_{j=0}^{t}jp_{.j}}{\sum_{j=0}^{t}p_{.j}}\approx\frac{\sum_{i=0}^{s}\sum_{j=0}^{t}jp_{ij}}{\sum_{i=0}^{s}\sum_{j=0}^{t}p_{ij}}=\mu_{10},\qquad \mu_{1(t)}=\frac{\sum_{j=t+1}^{L-1}jp_{.j}}{\sum_{j=t+1}^{L-1}p_{.j}}\approx\frac{\sum_{i=s+1}^{L-1}\sum_{j=t+1}^{L-1}jp_{ij}}{\sum_{i=s+1}^{L-1}\sum_{j=t+1}^{L-1}p_{ij}}=\mu_{11}$$

对于原图像，在阈值为 s 时的交叉熵分割方法的准则函数为

$$\xi'(s)=P_{0(s)}\mu_{0(s)}\lg\mu_{0(s)}+P_{1(s)}\mu_{1(s)}\lg\mu_{1(s)}$$

对于邻域平均图像，在阈值为 t 时的交叉熵分割方法的准则函数为

$$\xi'(t)=P_{0(t)}\mu_{0(t)}\lg\mu_{0(t)}+P_{1(t)}\mu_{1(t)}\lg\mu_{1(t)}$$

在二维直方图上建立的以 (s,t) 为阈值点的准则函数为

$$\begin{aligned}\xi'(s,t)&=\xi'(s)+\xi'(t)\\&=P_{0(s)}\mu_{0(s)}\lg\mu_{0(s)}+P_{1(s)}\mu_{1(s)}\lg\mu_{1(s)}\\&\quad+P_{0(t)}\mu_{0(t)}\lg\mu_{0(t)}+P_{1(t)}\mu_{1(t)}\lg\mu_{1(t)}\\&=P_0(s,t)(\mu_{00}\lg\mu_{00}+\mu_{01}\lg\mu_{01})\\&\quad+P_1(s,t)(\mu_{10}\lg\mu_{10}+\mu_{11}\lg\mu_{11})\end{aligned}$$

最佳阈值 (s^*,t^*) 取为

$$(s^*,t^*)=\arg\max_{\substack{0<i<L-1\\0<j<L-1}}(\xi'(s,t))$$

注意到 $P_0(s,t)+P_1(s,t)\approx 1$，由于

$$\begin{aligned}\eta(s,t)&=\sum_{i=0}^{s}\sum_{j=0}^{t}\left[ip_{ij}\lg\left(\frac{i}{\mu_{00}(s,t)}\right)+jp_{ij}\lg\left(\frac{j}{\mu_{01}(s,t)}\right)\right]\\&\quad+\sum_{i=s+1}^{L-1}\sum_{j=t+1}^{L-1}\left[ip_{ij}\lg\left(\frac{i}{\mu_{10}(s,t)}\right)+jp_{ij}\lg\left(\frac{j}{\mu_{11}(s,t)}\right)\right]\\&=\sum_{i=0}^{s}\sum_{j=0}^{t}ip_{ij}\lg i-\sum_{i=0}^{s}\sum_{j=0}^{t}ip_{ij}\lg\mu_{00}+\sum_{i=0}^{s}\sum_{j=0}^{t}jp_{ij}\lg j\\&\quad-\sum_{i=0}^{s}\sum_{j=0}^{t}jp_{ij}\lg\mu_{01}+\sum_{i=s+1}^{L-1}\sum_{j=t+1}^{L-1}ip_{ij}\lg i-\sum_{i=s+1}^{L-1}\sum_{j=t+1}^{L-1}ip_{ij}\lg\mu_{10}\\&\quad+\sum_{i=s+1}^{L-1}\sum_{j=t+1}^{L-1}jp_{ij}\lg j-\sum_{i=s+1}^{L-1}\sum_{j=t+1}^{L-1}jp_{ij}\lg\mu_{11}\\&\approx\sum_{i=0}^{L-1}\sum_{j=0}^{L-1}(ip_{ij}\lg i+jp_{ij}\lg j)-\xi'(s,t)\end{aligned}$$

鉴于 $\sum_{i=0}^{L-1}\sum_{j=0}^{L-1}(ip_{ij}\lg i+jp_{ij}\lg j)$ 是常数，所以最佳阈值 (s^*,t^*) 可选为

$$(s^*,t^*)=\arg\min_{\substack{0<i<L-1\\0<j<L-1}}(\eta(s,t))$$

二、仿真实验

与二维 OTSU 方法一样，用穷举搜索方法得到二维交叉熵阈值的计算量很大，不能满足快速运算的要求，实际应用中可通过递推的方式加快运算速度。

记

$$\overline{\mu}_{00}(s,t)=\sum_{i=0}^{s}\sum_{j=0}^{t}iP_{ij}\,,\qquad \overline{\mu}_{01}(s,t)=\sum_{i=0}^{s}\sum_{j=0}^{t}jP_{ij}$$

则

$$\mu_{00}(s,t)=\frac{\sum_{i=0}^{s}\sum_{j=0}^{t}iP_{ij}}{P_0(s,t)}=\frac{\overline{\mu}_{00}(s,t)}{P_0(s,t)}$$

$$\mu_{01}(s,t)=\frac{\sum_{i=0}^{s}\sum_{j=0}^{t} jP_{ij}}{P_0(s,t)}=\frac{\overline{\mu}_{01}(s,t)}{P_0(s,t)}$$

$$\mu_{10}(s,t)=\frac{\sum_{i=s+1}^{L-1}\sum_{j=t+1}^{L-1} iP_{ij}}{P_1(s,t)}\approx\frac{\mu_{T0}-\overline{\mu}_{00}(s,t)}{1-P_0(s,t)}$$

$$\mu_{11}(s,t)=\frac{\sum_{i=s+1}^{L-1}\sum_{j=t+1}^{L-1} jP_{ij}}{P_1(s,t)}\approx\frac{\mu_{T1}-\overline{\mu}_{01}(s,t)}{1-P_0(s,t)}$$

具体的递推过程为

$$P_0(0,0)=P_{00}$$
$$P_0(s,0)=P_0(s-1,0)+P_{s0}$$
$$P_0(0,t)=P_0(0,t-1)+P_{0t}$$
$$P_0(s,t)=P_0(s,t-1)+P_0(s-1,t)-P_0(s-1,t-1)+P_{st}$$
$$\overline{\mu}_{00}(0,0)=0$$
$$\overline{\mu}_{00}(s,0)=\overline{\mu}_{00}(s-1,0)+s\cdot P_{s0}$$
$$\overline{\mu}_{00}(0,t)=\overline{\mu}_{00}(0,t-1)+0\cdot P_{0t}$$
$$\overline{\mu}_{00}(s,t)=\overline{\mu}_{00}(s-1,t)+\overline{\mu}_{00}(s,t-1)-\overline{\mu}_{00}(s-1,t-1)+s\cdot P_{st}$$
$$\overline{\mu}_{01}(0,0)=0$$
$$\overline{\mu}_{01}(s,0)=\overline{\mu}_{01}(s-1,0)+0\cdot P_{s0}$$
$$\overline{\mu}_{01}(0,t)=\overline{\mu}_{01}(0,t-1)+tP_{0t}$$
$$\overline{\mu}_{01}(s,t)=\overline{\mu}_{01}(s-1,t)+\overline{\mu}_{01}(s,t-1)-\overline{\mu}_{01}(s-1,t-1)+t\cdot P_{st}$$

用以上快速递推公式,每次计算不必都从 $(0,0)$ 开始,从而将计算复杂度从 $O(L^4)$ 降低到 $O(L^2)$，大大节省计算时间。同时快速递推过程减少计算过程所需的存储空间，提高算法效率。如果不使用递推公式，则 $P_0(s,t)$、$\overline{\mu}_{00}(s,t)$、$\overline{\mu}_{01}(s,t)$ 的所有值一直需要保留在存储空间中，而使用快速算法则不需要保留中间结果。

三、算法特点

二维交叉熵方法适合于目标和背景的方差相差较大的应用场合[3]。

二维交叉熵方法是在点灰度–邻域灰度均值直方图的基础上导出的,阈值选取准则函数只考虑直方图四个矩形区域中沿对角线的 2 个，势必造成一定程度的错分；需要搜索全部解空间，运行速度较慢。

参 考 文 献

[1] Rubinstein R Y. Optimization of computer simulation models with rare events. European Journal of Operations Research, 1997, 99(1): 89-112.

[2] Yue F, Zuo W M, Wang K Q. Decomposition based two dimensional threshold algorithm for gray images. Acta Automatica Sinica, 2009, 35(7) : 1022-1027.

[3] Lei B, Fan J L. Two-dimensional cross entropy thresholding segmentation method for gray-level images. Acta Photonica Sinica, 2009, 38(6): 1572-1576.

第 41 讲　PCNN 方法

脉冲耦合神经网络(Pulse Coupled Neural Network，PCNN)是英国剑桥大学的Eckhorn 等于 1989 年在研究猫眼的视皮层神经元脉冲同步振荡现象过程中提出的[1]。

一、基本原理

视神经元细胞同步振荡模型如图 41-1 所示。

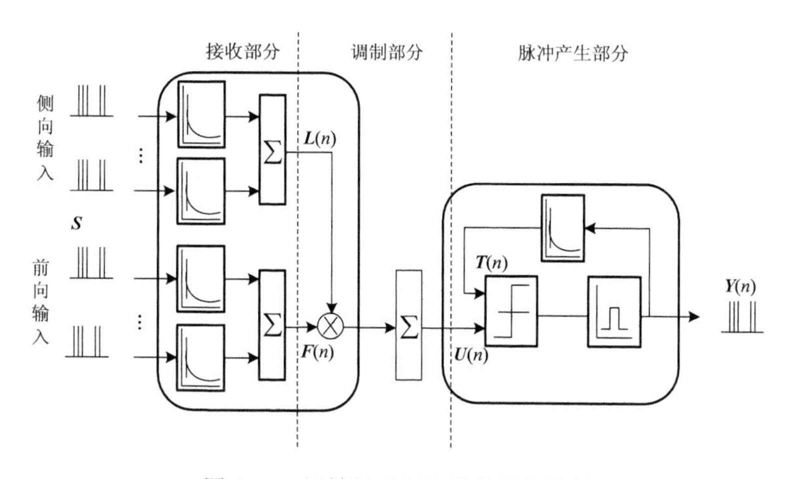

图 41-1　视神经元细胞同步振荡模型

PCNN 是对高级哺乳动物视觉的仿生，与传统的人工神经网络相比，有许多不同点。Izhikevich 通过数学证明实际的生物细胞模型与 PCNN 模型一致， PCNN 包括神经元脉冲同步振荡、变阈值的非线性动态神经元，具有动态和同步脉冲发放引起的振动特性。

在图 41-1 中，PCNN 神经元属于生物神经元，左边的实心框相当于树突，右边的实心框相当于神经元对输入的处理，判断自身是否被激活。PCNN 神经元模型的结构包括三部分：接收、调制和脉冲产生。

神经元的接收部分接收来自其他神经元与外部的输入，在接收输入信号之后，通过 $\boldsymbol{F}$ 通道和 $\boldsymbol{L}$ 通道传输，$\boldsymbol{F}$ 通道的脉冲响应函数随时间的变化比 $\boldsymbol{L}$ 通道慢。$\boldsymbol{Y}$ 为神经元的输出，也是其他神经元的输入，$\boldsymbol{S}$ 表示来自外界的输入。其迭代公式为

$$F_{ij}[n]=\mathrm{e}^{-\alpha_F}F_{ij}[n-1]+V_{\boldsymbol{F}}\sum_{kl}m_{ijkl}Y_{kl}[n-1]+\boldsymbol{S}_{ij}$$

$$L_{ij}[n]=\mathrm{e}^{-\alpha_L}L_{ij}[n-1]+V_{\boldsymbol{L}}\sum_{kl}w_{ijkl}Y_{kl}[n-1]$$

$$U_{ij}[n]=F_{ij}[n]\times(1+\beta L_{ij}[n])$$

$$T_{ij}[n]=\mathrm{e}^{-\alpha_T}T_{ij}[n-1]+V_{\boldsymbol{T}}\sum_{kl}Y_{kl}[n-1]$$

$$Y_{ij}[n]=\mathrm{step}(U_{ij}[n]-T_{ij}[n-1])=\begin{cases}1,U_{ij}[n]>T_{ij}[n-1]\\0,U_{ij}[n]\leqslant T_{ij}[n-1]\end{cases}$$

式中，$\boldsymbol{S}$ 为图像像素灰度值；$\boldsymbol{F}$ 为神经元树突反馈输入矩阵；$\boldsymbol{L}$ 为线性链接通道输入矩阵；$\boldsymbol{U}$ 为非线性调制矩阵；$\boldsymbol{T}$ 为神经元内部振荡阈值矩阵；$\boldsymbol{Y}$ 为神经元脉冲输出矩阵；w、m 为链接权值矩阵 $\boldsymbol{W}$ 、$\boldsymbol{N}$ 的元素；$V_{\boldsymbol{F}}$ 、$V_{\boldsymbol{L}}$、$V_{\boldsymbol{T}}$ 分别为 $\boldsymbol{F}$ 、$\boldsymbol{L}$ 、$\boldsymbol{T}$ 的固有电势；$\alpha_{\boldsymbol{F}}$ 、$\alpha_{\boldsymbol{L}}$ 、$\alpha_{\boldsymbol{T}}$ 分别为 $\boldsymbol{F}$ 、$\boldsymbol{L}$ 、$\boldsymbol{T}$ 的衰减时间常数；β 为神经元突触间的链接强度。

调制部分将来自 $\boldsymbol{L}$ 通道的信号 L_{ij} 加上一个正的偏移量后与来自 $\boldsymbol{F}$ 通道的信号 F_{ij} 进行调制，得到内部状态信号 U_{ij} 。由于信号 F_{ij} 的变化比信号 L_{ij} 慢，在短时间内，调制得到的内部状态信号 U_{ij} 近似为一个快速变化的信号叠加在一个近似常量的信号上，然后输出到脉冲产生部分。

脉冲产生部分由阈值可变的比较器与脉冲产生器组成，工作机制如下。

(1) 当脉冲产生器打开时，其发放脉冲的频率是恒定的。

(2) 当神经元输出一个脉冲时，神经元的阈值 T_{ij} 通过反馈迅速得到提高。

(3) 当神经元的阈值 T_{ij} 超过 U_{ij} 时，脉冲产生器被关掉，停止发放脉冲，阈值指数下降。

(4) 当阈值 T_{ij} 低于 U_{ij} 时，脉冲产生器被打开，神经元点火，处于激活状态，输出一个脉冲或脉冲序列。

在外部刺激的作用下，PCNN 的单个神经元将以一定的频率发放脉冲，即自然点火。由于没有其他神经元发放脉冲的链接输入，即神经元 $\boldsymbol{L}$ 通道的输入为 0，此时满足

$$u_x=f$$

$$t=\mathrm{e}^{-\alpha_T}t_{x-1},\ \text{且}\ t_0=v_{\boldsymbol{T}}$$

式中，x 为单个神经元的迭代时刻点；f 为图像像素灰度值，即神经元输入值；u 为单个神经元内部活动信号；t 为单个神经元动态阈值；$v_{\boldsymbol{T}}$ 为单个神经元阈值动态放大系数。

点火时刻满足

$$u_x = t_x$$

单个神经元对应的点火周期为

$$x = \frac{\ln(v_T) - \ln(f)}{\alpha_T}$$

图像像素灰度越大，外部刺激强度越大，对应神经元的点火周期越小。因此，**相同强度输入的神经元在同一时刻点火，不同强度输入的神经元在不同时刻点火，**即 PCNN 将图像像素灰度映射为点火频率图。

视神经元细胞同步振荡模型为计算机视觉提供新思路，实现视觉图像像素值到神经元振荡频率的非线性映射。同一频率振荡的神经元通过链接向周边神经元传播，最终由大量视神经元组成的网络使同一目标区域内的神经元处于同步振荡状态，不同目标区域之间为异步振荡状态[2]。

二、仿真实验

PCNN 图像分割是一种图像分割新方法，完全依赖于图像的自然属性。在 PCNN 用于图像分割时，将每个像素对应一个 PCNN 神经元，归一化的像素灰度值作为外界刺激信号，按一定方式链接这些神经元，得到一个单层 PCNN[3]。

向网络输入一幅图像，当某个像素对应的神经元点火时，产生脉冲，邻域内与它相似的神经元将被捕获，也产生脉冲。产生的脉冲序列构成一个多值图像序列，该序列可包含图像的区域、边缘、纹理等信息，不同的链接权值矩阵 $\boldsymbol{W}$ 将得到不同的图像信息。

影响 PCNN 应用于分割的主要因素有[3]**：网络参数的确定、分割结果的选取。通过调节神经元的链接强度，可对图像进行不同尺度的分割。链接强度越小，图像分割部分越多。**

1. 种子层和参数设置

种子层采用简化 PCNN 模型，其反馈输入域直接对应图像的像素，连接域去掉迭代衰减项。为保证种子像素的获取，对阈值项采用线性衰减方式，衰减步长为 $\varDelta$，其数学描述为

$$T_{ij}[n] = T_{ij}[n-1] - \varDelta + V_T \times Y_{ij}[n]$$

参数设置原则是 V_T 应足够大，以保证每个神经元只点火一次；$\varDelta$ 可根据图像的灰度层次合理设置，其值与获得的种子大小成比例，太大易造成图像过分割，太小

则增加下层生长过程的代价。一般迭代 20～50 次即可，Δ 可设置为整幅图像灰度空间与迭代次数之比。

Y 为种子的生长过程，其数学描述为

$$Y_{ij}[n]=\begin{cases}I_{ij}, & U_{ij}[n]>T_{ij}[n-1]\\ 0, & \text{其他}\end{cases}$$

式中，I_{ij} 为输入图像灰度。

2. 反馈输入项

反馈输入域的外部输入对应图像的像素，其数学描述为

$$F_{ij}[n]=\begin{cases}I_{ij}, & I_{ij}\neq 0\\ I_{ija}, & I_{ij}=0\end{cases}$$

式中，I_{ija} 是 I_{ij} 的 8 邻域平均值。

3. 连接输入项

PCNN 的区域特性主要由连接输入项体现，权系数反映邻域像素对中心像素的影响程度，是 PCNN 模型的重要参数，影响图像分割效果[4]。邻域像素对中心像素的影响，除了考虑其空间距离，还应考虑像素间的灰度差异，即邻域像素空间距离越近、灰度差别越小，其权值应越大；反之，权值应越小。

$$w_{ijkl}=\frac{1\Big/\left[\left|d_{\text{gray}}(i+k,j+l)\times d_{\text{space}}(i+k,j+l)\right|+1\right]^{\frac{1}{f-1}}}{\sum\limits_{ijkl}\left\{1\Big/\left[\left|d_{\text{gray}}(i+k,j+l)\times d_{\text{space}}(i+k,j+l)\right|+1\right]^{\frac{1}{f-1}}\right\}}$$

式中

$$d_{\text{space}}(i+k,j+l)=\max\left(|k|,|l|\right)$$
$$d_{\text{gray}}(i+k,j+l)=\left|I(i,j)-I(i+k,j+l)\right|$$

4. 算法流程

PCNN 图像分割的算法流程如图 41-2 所示，其中，I 为待分割图像；I_s 为种子像素集；Theta 为全局阈值；Δ 为阈值衰减步长；β 为链接强度；$\Delta\beta$ 为连接强度增加步长；N 为迭代次数；S 为种子平均灰度；$S_{\max}$ 为终止条件。

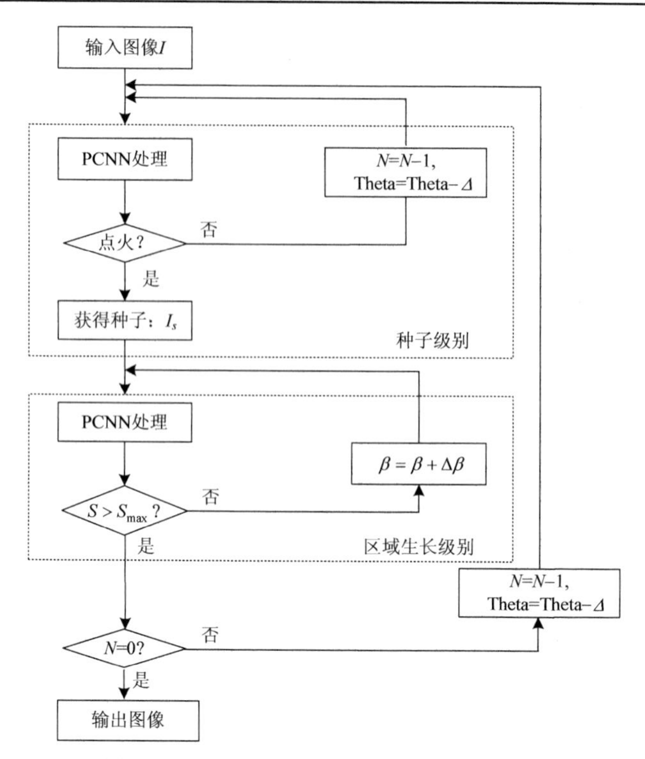

图 41-2　基于 PCNN 的图像分割算法流程

三、算法特点

PCNN 模型利用神经元的线性相加、非线性调制耦合两种特性，考虑哺乳动物视神经元的同步发放特性，信息处理能力强，性能好[5]。

PCNN 根据哺乳动物大脑视觉皮层同步脉冲发放现象的实验结果分析得到，有生物学依据。PCNN 不仅可用于图像平滑、图像分割、边缘检测、图像识别，还可用于运动目标检测、最优路径求解、路由选择等方面。

参考文献

[1] Eckhorn R, Reitboeck H J. A Neural Network for Feature Linking Via Synchronous Activity: Results from Cat Visual Cortex and from Simulations. Cambridge: Cambridge University Press, 1989.

[2] Johnson J L, Padgett M L. PCNN models and applications. IEEE Transactions on Neural Networks, 1998, 10(3): 480-498.

[3] Ma Y, Shi F, Li L. A new kind of impulse noise filer based on PCNN. IEEE ICNNSP, 2003, 1(1): 152-155.

[4] 于江波. 视觉感知计算模型若干问题的研究及其应用[博士学位论文]. 北京: 北京交通大学, 2007.

[5] 姚畅. 眼底图像分割方法的研究及其应用[博士学位论文]. 北京: 北京交通大学, 2009.

第 42 讲　侧抑制网络

1932 年，哈特兰和格雷厄姆发现侧抑制网络现象。侧抑制网络(lateral inhibition network)由美国普林斯顿大学(Princeton University)的 Békésy 于 1967 年提出[1]。

一、基本原理

在鲎眼上，用微电极记录单根神经纤维的脉冲，实验发现，当光线照射鲎的一个小眼 A 而引起兴奋时，再用光线照射临近的小眼 B，小眼 A 的脉冲发放频率就下降。这是由于刺激小眼 B 会抑制小眼 A 的兴奋；同样刺激小眼 A 也会抑制小眼 B 的兴奋。

通过个体感受器之间的相互作用，有选择地加强图像中的某些信息，而抑制另外一些信息，这就是侧抑制。

侧抑制网络就是相近的神经元彼此之间发生的抑制作用，即在某个神经元受到刺激而产生兴奋时，再刺激相近的神经元，则后者所发生的兴奋对前者产生抑制作用。

1. 时域分析

以两个单元的简单侧抑制网络为例，来证实其增强输入反差的功能。如图 42-1 所示，两个单元的输入灰度为 y_1、y_2，输出灰度为 z_1、z_2。输入反差可以用两个单元的输入灰度值之比 y_1/y_2 度量，输出反差可以用两个单元的输出灰度值之比 z_1/z_2 度量。

由图 42-1 中的参数关系可知

$$z_1 = y_1 - \beta z_2$$
$$z_2 = y_2 - \beta z_1$$

假设 $y_2 = \rho y_1$，且 $0<\beta<\rho<1$，以保证 z_1/z_2 为非负。

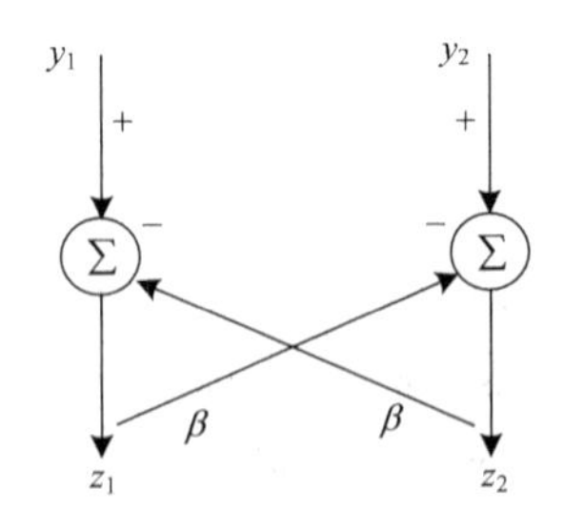

图 42-1　简单侧抑制网络的时域模型

由

$$z_1 = \frac{y_1 - \beta y_2}{1-\beta^2}$$

$$z_2 = \frac{y_2 - \beta y_1}{1-\beta^2}$$

得

$$\frac{z_1/z_2}{y_1/y_2}=\frac{\rho(1-\beta\rho)}{\rho-\beta}=\frac{\rho-\beta\rho^2}{\rho-\beta}>1$$

即输出反差大于输入反差，说明该网络的确能提高图像反差。

2. 频域分析

为了简化分析，将侧抑制网络假定为一个具有正的平稳解的网络，即

$$z_j^{(r+1)}=y-\sum_{k=1}^{n}\beta_{jk}z_j^{(r)},\qquad j=1,2,\cdots,n \tag{42-1}$$

为了便于分析，式(42-1)可修正为

$$z(x)=y(x)-\int_{-\infty}^{\infty}z(x')k(x-x')\,\mathrm{d}x' \tag{42-2}$$

式中，$z(x)$ 是在空间位置 x 处的反应；$y(x)$ 是在 x 的刺激；$k(x-x')$ 是位于 x' 的单元(感受器)对 x 单元施加的抑制力量。

对式(42-2)两边取傅里叶变换，可得网络传递函数为

$$H(\omega)=\frac{Z(\omega)}{Y(\omega)}=\frac{1}{1+K(\omega)}$$

在生物视网膜细胞中，侧抑制系数 $k(x)$ 一般为高斯分布，假设

$$k(x)=\frac{l}{\sqrt{2\pi\sigma}}\mathrm{e}^{-x^2/(2\sigma^2)},\quad l=0.5,\sigma=4$$

则其傅里叶变换为

$$K(\omega)=l\mathrm{e}^{-\omega^2/(2\sigma^2)}$$

其频率特性曲线如图 42-2 所示。

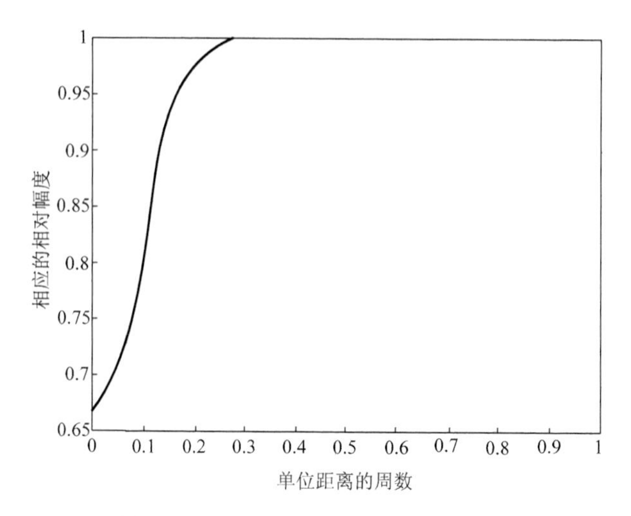

图 42-2　侧抑制网络的频率特性曲线

在图 42-2 中，空间低频总是被抑制，而高频很高时的响应几乎不受压制的响应。由此可见，**侧抑制网络实际上是一种衰减低频响应的高通滤波器，这正是“突出边框”、“加强反差”的实质所在。**

假设 r_p 是神经元 p 被周围神经元抑制后的输出信号；I_p 是神经元 p 自身的兴奋信号；I_j 是神经元 j 自身的兴奋信号；e_p 是神经元 p 未受抑制时的输入；$k_{p,j}$ 表示神经元 j 对神经元 p 产生抑制作用的系数，且 $k_{p,j}<1$；$I_{p,j}^0$ 为分割阈值，并且 $I_j - I_{p,j}^0 > 0$；n 表示抑制野的大小，就是该神经元所影响的区域。其侧抑制模型的数学演化如下。

1948 年 Fry 基于人眼的视网膜提出的侧抑制模型为

$$r_p = \lg \frac{I_p}{1+\sum_{j=1}^{n} k_{p,j} I_j}$$

1954 年 Hartline 和 Ratliff 基于鲎的视网膜提出的侧抑制模型为

$$r_p = I_p + \sum_{j=1}^{n} k_{p,j}(I_j - I_{p,j}^0)$$

1956 年 Taylor 提出的侧抑制模型为

$$r_p = I_p + \sum_{j=1}^{n} k_{p,j} I_j$$

1960 年 Bekesy 基于人类视觉、触觉、听觉提出的侧抑制模型为

$$r_p = \sum_{j=1}^{n} k_{p,j} I_j$$

1964 年 Furman 提出的侧抑制模型为

$$r_p = \frac{I_p}{1+\sum_{j=1}^{n} k_{p,j} I_j}$$

1965 年 Mach 基于人类视觉提出的侧抑制模型为

$$r_p = \frac{I_p}{\sum_{j=1}^{n} k_{p,j} I_j}$$

为了从理论上分析侧抑制网络增强反差功能，Morishita 和 Yajima 证明下面的减法线性非循环网络能提高反差，该网络的输出只取决于周围单元的输入，即

$$r_p = e_p - \sum_{\substack{j=1 \\ j\neq p}}^{n} k_{p,j}(e_j - I_{jp}^0)$$

若忽略侧抑制阈值 I_{jp}^{0}，则非循环网络的数学模型为

$$r_p = e_p - \sum_{\substack{j=1 \\ j \neq p}}^{n} k_{p,j} e_j, \qquad p = 1,2,\cdots,n; \qquad j = 1,2,\cdots,n$$

在理论上可以证明循环侧抑制模型和非循环侧抑制模型都具有突出边框、增强图像反差的作用。非循环抑制网络突出边框的能力要强一些，在图像明暗相交处能够看到靠近亮处更亮的一条边框和靠近暗处更暗的一条边框[2]。

上述网络为一维侧抑制网络，为了能够将其应用到图像处理方面，必须推广到二维，二维侧抑制网络的数学模型为

$$r_{ij} = e_{ij} - \sum_{m1=-l}^{l} \sum_{m2=-l}^{l} K_{m1m2} e_{(i+m1,\, j+m2)}$$

式中，e_{ij} 为某点的输入；r_{ij} 为该点的输出；l 为抑制范围；K_{m1m2} 为二维抑制系数，其分布与一维抑制系数相同。

两个感受器之间的距离越大，其相互作用的抑制量越小，相应的侧抑制系数越小；反之，侧抑制量越大，侧抑制系数越大。

在二维侧抑制模型中，两个感受器单元 (i,j) 和 (p,q) 之间的距离定义为欧几里得距离，即

$$d_{ij,pq} = \sqrt{(i-p)^2 + (j-q)^2}$$

侧抑制系数可以采用二维双曲线分布、高斯分布和双峰高斯分布。

(1) 双曲线分布

$$K_{ij,pq} = \begin{cases} \alpha / d_{ij,pq}, & d_{ij,pq} \geqslant 1 \\ 0, & \text{其他} \end{cases}$$

(2) 高斯分布

$$K_{ij,pq} = \frac{1}{\beta} \times \frac{1}{\sqrt{2\pi}\sigma} \exp\left[-\frac{(d_{ij,pq} - \mu)^2}{2\sigma^2} \right]$$

(3) 双峰高斯分布

$$K_{ij,pq} = \frac{1}{\beta} \times \left(\frac{1}{\beta_1} \frac{1}{\sqrt{2\pi}\sigma_1} \exp\left(-\frac{(d_{ij,pq} - \mu_1)^2}{2{\sigma_1}^2} \right) - \frac{1}{\beta_2} \frac{1}{\sqrt{2\pi}\sigma_2} \exp\left(-\frac{(d_{ij,pq} - \mu_2)^2}{2{\sigma_2}^2} \right) \right)$$

二、仿真实验

采用 Taylor 侧抑制网络模型实现图像增强。

令 $\boldsymbol{F}(x,y)$ 代表原图像矩阵，$\boldsymbol{G}(x,y)$ 代表侧抑制网络处理后的图像矩阵，$\boldsymbol{M}(x,y)$ 代表图像增强结果输出，则

$$\boldsymbol{M}(x,y)=k_1\boldsymbol{G}(x,y)+k_2\boldsymbol{F}(x,y), \qquad k_1+k_2=1$$

侧抑制处理后突出图像边缘，但是一定程度也丢失一些图像细节。因此把它与原图像加权叠加在一起，不仅可以突出图像边缘，还可避免图像细节丢失。可以取 $k_1=k_2=0.5$，即加权平均。

当需要对增强后的图像提取边缘时，令 $N(x,y)$ 为边缘提取结果，T 为阈值，则

$$N(x,y)=\begin{cases}1, & M(x,y)\geqslant T\\ 0, & M(x,y)<T\end{cases}$$

为计算方便，在保证网络稳定的条件下，常用模板与实际图像进行卷积运算代替。侧抑制网络常选择 3×3 模板

$$\begin{bmatrix}-0.125 & -0.125 & -0.125\\ -0.125 & 1 & -0.125\\ -0.125 & -0.125 & -0.125\end{bmatrix}$$

三、算法特点

侧抑制网络具有突出边框、增强反差的作用，可以抑制空间低频部分，增强局部区域之间的差异。有利于从背景中分离对象，尤其在看物体边角和轮廓时会提高视敏度，增强对比差异。

侧抑制网络具有强调和突出视觉景象的重要特性，以及强调空间分辨率的特点，可以用于图像预处理中。它不仅可以改变原有的图像特征、不改变提取的边缘位置，而且在光线发生改变引起灰度变化时，能有效提取边缘和增强图像特征，具有很强的抗光照变化能力[3]。

侧抑制网络可用于图像处理、雷达探测、医疗实验、遥感测量等方面，是仿生研究领域的重要课题。

参 考 文 献

[1] Békésy G V. Sensory Inhibition. New Jersey: Princeton University Press, 1967.

[2] Mira J, Delgado A E, Fernández-Caballeyo A, et al. Knowledge modelling for the motion detection task: the algorithmic lateral inhibition method. Expert Systems with Applications, 2004, 27: 169-185.

[3] Mao Z H, Massaquoi S G. Dynamics of winner-take-all competition in recurrent neural networks with lateral inhibition. IEEE Transactions on Neural Networks, 2007, 18:55-68.

第 43 讲　背景减除法

背景减除法(background subtraction)由美国麻省理工学院媒体实验室(the MIT Media Laboratory)的 Wren 等于 1997 年提出[1]，是运动目标检测中的常用方法。该方法计算输入视频帧和背景图像的差异,如果相同位置的像素特征存在较大的差异,那么该视频帧中上述位置的像素的集合就构成前景运动目标区域。

一、基本原理

1. 背景减除法

如图 43-1 所示，背景减除法包括预处理、背景建模、前景检测和后处理共四个步骤。预处理实现视频数据的简单空间或时间滤波，以及数据格式的转换。主要针对图像灰度特征进行处理；有些方法利用颜色特征确定对比度较低区域中的运动目标，抑制其阴影。

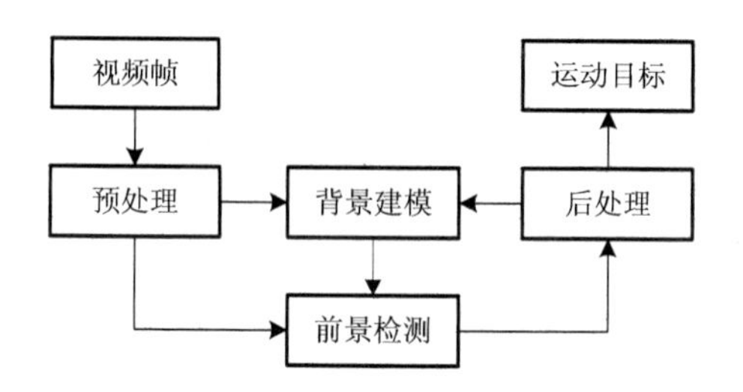

图 43-1　背景减除法流程图

背景建模通过构建背景图像或模型来表示背景，是该方法的核心。

前景检测常用阈值分割，利用当前视频帧与背景图像或者模型的差异检测运动区域，如果差值大于阈值 T，则判定该像素属于前景运动目标。基于像素灰度的前景检测可表示为

$$D_k(x,y)=\left|I_k(x,y)-B(x,y)\right|$$

$$\mathrm{IB}_k(x,y)=\begin{cases}1, & D_k(x,y)\geqslant T\\0, & D_k(x,y)<T\end{cases}$$

式中，$I_k(x,y)$表示第 k 帧输入视频图像；$B(x,y)$表示背景图像；$\mathrm{IB}_k(x,y)$表示前景运动目标区域。

阈值分割方法多种多样，既可采用像素灰度、颜色差异，又可采用像素的分布密度；在阈值的选取上有单阈值、多阈值和自适应阈值等。

2. 背景更新模型

背景减除法能够得到完全的特征数据和理想的运动检测结果，背景模型的建立和背景图像的更新是难点。多种背景模型被开发，减少动态场景变化对运动分割的影响。

常用的背景模型有单模态、多模态和卡尔曼滤波模型[2]。单模态模型要求每个背景点上的颜色分布比较集中，可以采用单个概率分布模型描述；多模态模型的分布比较分散，需要采用多个分布模型共同描述，许多自然景色和人造物体，如水面的波纹、摇摆的树枝、飘扬的旗帜、闪烁的显示屏幕等，都符合多模态模型；卡尔曼滤波模型由卡尔曼滤波器扩展而来，将图像序列中的每个像素点的灰度变化过程描述为一个信号处理系统。

1) 单高斯分布模型

高斯分布(正态分布)是最常见的概率分布模型，反映自然界中普遍存在的变化量统计规律，正态分布函数的数学性质非常好，具有各阶连续的导数，在时域和频域具有相同的函数形式，常用于图像处理、视频分析、模式识别中，刻画随机量的变化情况，如噪声、像素灰度、特征分布等。

单高斯分布模型适用于单模态背景情形，即背景单一不变的场合[3]，对一个背景图像，特定像素亮度的分布满足高斯分布，即对背景图像 IB，(x,y) 点的亮度满足

$$\mathrm{IB}(x,y) \sim N(\mu,\sigma)$$

在该模型中，每一个像素的颜色分布采用高斯分布模型 $\eta(\mu_t,\sigma_t)$ 表示，其中下标 t 表示时间。设图像点的当前颜色度量为 X_t，若 $\eta(\mu_t,\sigma_t) \leqslant \mathrm{Tp}$（Tp 为概率阈值），则该点被判定为前景点；否则为背景点，又称 X_t 与 $\eta(\mu_t,\sigma_t)$ 相匹配。

可以用等价的阈值替代概率阈值[4]，如记 $d_t = X_t - \mu_t$，在常见的一维情形中，以 σ_t 表示均方差，则根据 d_t / σ_t 的取值设置前景检测阈值：若 $d_t / \sigma_t > \mathrm{Tp}$，则判定该点为前景点，否则为背景点。

单高斯分布模型的背景更新即指各图像点高斯分布参数的更新，引入一个表示更新快慢的常数——更新率 α，则该点高斯分布参数的更新可表示为

$$\mu_{t+1} = (1-\alpha) \times \mu_t + \alpha \times \sigma_t$$

$$\sigma_{t+1} = (1-\alpha) \times \sigma_t + \alpha \times \sigma_t \times \sigma_t^{\mathrm{T}}$$

2) 多高斯分布模型

在有些情况下，单高斯分布模型表述的背景不能准确地模拟背景变化[5]。例如，

树叶的晃动、水面的波动引起的像素值变化较快，并非由一个相对稳定的单模态分布渐渐过渡到另一个单模态分布，而是呈现多模态特性，可以利用多个单高斯分布模型的集合，描述场景中的一个像素值的变化情况，因此每一个图像点上的颜色分布需要采用多个高斯分布共同描述。

Stauffer等提出一种自适应混合高斯模型，对每个图像点采用多个高斯模型的混合表示。设用来描述每个点颜色分布的高斯分布共有K个，分别记为$\eta(\mu_{t,i},\sigma_{t,i})$，$i=1,2,\cdots,K$。各高斯分布分别具有不同的权值$w_{t,i}$　$(\sum_i w_{t,i}=1)$和优先级，按照优先级从高到低排序。选取适当的背景权值和阈值，只有在此阈值之内的前若干个分布才被认为是背景分布，其他则是前景分布。在检测前景点时，按照优先级次序将X_t与各高斯分布逐个匹配，若没有表示背景分布的高斯分布与X_t匹配，则判定该点为前景点；否则，为背景点。

多高斯分布模型的更新较为复杂，不但要更新高斯分布自身的参数，还要更新各分布的权重、优先级等[6]。若检测时没有找到任何高斯分布与X_t匹配，则将优先级最小的一个高斯分布去除，根据X_t引入一个新的高斯分布，并赋予较小权值和较大方差，然后对所有高斯分布重新进行权值归一化。若第m个高斯分布与X_t匹配，则对第i个高斯分布的权值更新为

$$w_{t+1,i}=\begin{cases}(1-\beta)\times w_{t,i}+\beta\times w_{t,i}, & i=m\\(1-\beta)\times w_{t,i}, & \text{其他}\end{cases}$$

式中，β是另一个表示背景更新快慢的常数——权值更新率。上式表明只有与X_t相匹配的高斯分布的权值才能得到提高，其他分布的权值都被降低。另外，相匹配的高斯分布的参数也按照单高斯模型的更新方法被更新。在更新完高斯分布的参数和各分布权值后，还要对各个分布重新计算优先级和排序，并确定背景分布数目。

3) 卡尔曼滤波模型

卡尔曼滤波模型由Kalman和Brandt提出，将图像背景序列中每一个像素点的灰度值变化过程描述为一个信号处理系统，该系统状态由一维的灰度值的差值来表示。

卡尔曼滤波方法基于这样一个假设：最好的系统状态信息从一个估计中获得，这个估计明确考虑噪声对系统测量值的影响。

在卡尔曼滤波方法中，系统X在时间t_i的估计为

$$\hat{x}(t_i)=\tilde{x}(t_i)+\boldsymbol{K}(t_i)\times[z(t_i)-\boldsymbol{H}(t_i)\times\tilde{x}(t_i)]$$

式中，$\boldsymbol{H}(t_i)$称为测量矩阵；$\boldsymbol{z}(t_i)$是系统输入；$\boldsymbol{K}(t_i)$是卡尔曼增益矩阵，增益矩阵从误差协方差矩阵中提取出来；$\tilde{x}(t_i)$为预测项，其表达式为

$$\tilde{x}(t_i)=\boldsymbol{A}(t_i)\times\hat{x}(t_{i-1})$$

式中，$\boldsymbol{A}(t_i)$ 是系统矩阵。卡尔曼滤波器首先预测一个新的系统状态；然后将这一预测与实际测量值进行比较，通过权衡预测值和测量值之间的差值获得一个新估计。卡尔曼滤波模型是递归的，估计值包括过去的全部系统信息，同时不需要存储所有测量值。

使用卡尔曼滤波模型进行背景建模，需要将像素点的灰度值 $s(x,y)$ 作为系统输入，则像素点 (x,y) 在 t_i 时刻的灰度值估计和灰度变化值估计为

$$\begin{bmatrix} \hat{s}(x,y,t_i) \\ \hat{\dot{s}}(x,y,t_i) \end{bmatrix} = \begin{bmatrix} \tilde{s}(x,y,t_i) \\ \tilde{\dot{s}}(x,y,t_i) \end{bmatrix} + \boldsymbol{K}(x,y,t_i) \times \left(s(x,y,t_i) - \boldsymbol{H}(x,y,t_i) \times \begin{bmatrix} \tilde{s}(x,y,t_i) \\ \tilde{\dot{s}}(x,y,t_i) \end{bmatrix} \right)$$

预测项为

$$\begin{bmatrix} \tilde{s}(x,y,t_i) \\ \tilde{\dot{s}}(x,y,t_i) \end{bmatrix} = \boldsymbol{A}(x,y,t_i) \times \begin{bmatrix} \hat{s}(x,y,t_{i-1}) \\ \hat{\dot{s}}(x,y,t_{i-1}) \end{bmatrix}$$

与系统矩阵、测量矩阵和卡尔曼增益矩阵相关的参数和实际应用背景密切相关。

3. 背景建模常见问题

1) 光照条件变化

当光照缓慢变化时，常用背景模型可以很好地解决该问题。但是当光照条件迅速变化时，如突然开关灯、出现阴影等，此时背景模型的更新速度跟不上实际环境的变化速度，会将大面积的背景点当成前景目标，而真正的前景目标可能被淹没。

统计关键像素的亮度，判断是否有光照条件的变化。通常前景物体所占比例较小，通过判断前景点所占的百分比来判断光照条件是否变化，决定是否要提高背景的更新率。

2) 目标遮挡与混淆

当两个物体相互靠近重叠时，简单的背景减除法会将其当成一个目标而不是当成两个不同的目标。如果一个运动物体的一部分被背景遮挡，则背景相减后有可能会将其当成两个分开的运动物体。

常用解决方法是基于模块匹配，但计算较为耗时。也可以将其放在跟踪和识别模块，在检测阶段忽略该问题。

3) 物体停止或运动速度过慢

当运动物体停止时，需要考虑是否将该物体当成背景。在赋予前景目标相应更新率的情况下，慢速运动物体将会产生拖尾或空洞现象。

如果运动物体长时间静止，则可对其进行计时，当静止时间超过一定阈值时，将其视为背景；如果运动物体只是短暂停留，则应该将其当成前景目标。

4）背景物体的运动

当初始背景中存在运动物体时，该运动物体的初始图像在背景中将长期存在，使得在检测结果中出现虚的静止目标，而用一般的背景更新方法很难将该区域去除。同样，原来在背景中静止的物体突然开始运动也会产生同样问题。

由于虚物体被检测出来都是静止的，所以可以利用解决问题(3)的方法来处理，但是该方法需要较长时间，可通过基于内容的方法来解决。

5）树叶摇摆等外界干扰

当背景中有很多非绝对静止的背景物体时，在检测结果中将会产生很多噪声。如果视频场景有风，则背景中大部分的数值都会摇晃，在检测结果中会出现很多的树叶。

可借助降噪方法，利用时域连续性原则，只有运动区域连续出现时才将其作为目标。

6）运动物体阴影

当运动物体存在阴影，并在背景相减过程时，这些阴影会与前景物体连在一起，不利于后续的前景物体的跟踪与识别。可将它留在识别阶段解决。

上述问题的解决方法就是背景更新策略[7]，在背景更新时，应当注意两条原则。

①背景模型对背景变化的响应速度要足够快。背景变化可能由光照变化等因素引起，可能是前景和背景的相互转化。

②背景模型对运动目标要有较强的抗干扰能力。背景模型的每个点都受到一个颜色序列的训练，当运动物体尺度较大或运动较慢时，长时间的训练可能会引起错误的检测结果，如在运动目标的尾部产生空洞。

这两个原则是矛盾的，需要折中处理。例如，对于单高斯分布模型，采用运动目标跟踪的结果来指导背景模型更新，赋予背景点和静止的前景点更大的更新率，赋予前景运动目标较小的更新率，在保护背景模型不受运动目标影响的同时迅速响应背景的变化。

二、仿真实验

基于背景减除法的运动目标检测算法一般步骤如下。

(1) 读取前 N 帧视频图像。

(2) 对于每一个像素 x，使用其 N 个采样点的值来建立其对应的高斯分布模型。

(3) 新读取一帧视频图像，对于每一个像素，计算其与对应的高斯模型的一致性，将不一致的点判定为前景运动目标点。

(4) 通过滤波、数学形态学处理、图像分割等步骤提取运动目标区域。

(5) 更新每个像素点对应的高斯分布模型。

(6) 重复步骤(3)～步骤(5)，直至视频结束。

三、算法特点

背景减除法能得到运动物体全面的特征数据，是目前静止摄像机视觉系统中广泛使用的方法。

背景减除法对光线和场景变化非常敏感，需要进行后期处理，去除那些不属于真实运动目标的干扰像素，以便得到真正的前景运动目标。

参 考 文 献

[1] Wren C R, Azarbayejani A, Darrell T, et al. Pfinder: real-time tracking of the human body. TPAMI, 1997 , 19(7): 780-785.

[2] Stauffer C, Eric W, Grimson L. Learning patterns of activity using real-time tracking. TPAMI, 2000, 22(8): 747-757.

[3] 陈红涛.视频流中的运动目标检测与跟踪算法研究[硕士学位论文]. 武汉：华中科技大学, 2007.

[4] 强继平. 复杂环境下运动目标检测技术[硕士学位论文]. 长沙：国防科学技术大学, 2009.

[5] 秦陈刚. 面向监视场景的斗殴行为检测技术研究[硕士学位论文]. 长沙：国防科学技术大学, 2010.

[6] 杨文凯. 序列图像中运动目标的检测[硕士学位论文]. 西安：西北工业大学, 2004.

[7] 陈敏. 智能监控系统中运动检测与跟踪方法的研究[硕士学位论文]. 武汉：武汉科技大学, 2008.

第 44 讲　时间差分法

时间差分(temporal difference)法也称为相邻帧差法(adjacent frame difference method)，是运动目标检测常用方法之一。利用视频图像中相邻两帧图像的差异进行运动目标检测，即对视频图像中时间上相邻的图像求绝对差，然后通过阈值判断是否存在运动物体[1]。

一、基本原理

1. 一阶差分法

一阶差分法是最基本的帧差方法，将前后两帧源图像进行差分，从差分结果中寻找图像帧之间的显著差异部分，检测出运动目标区域。一阶差分法的流程如图 44-1 所示。

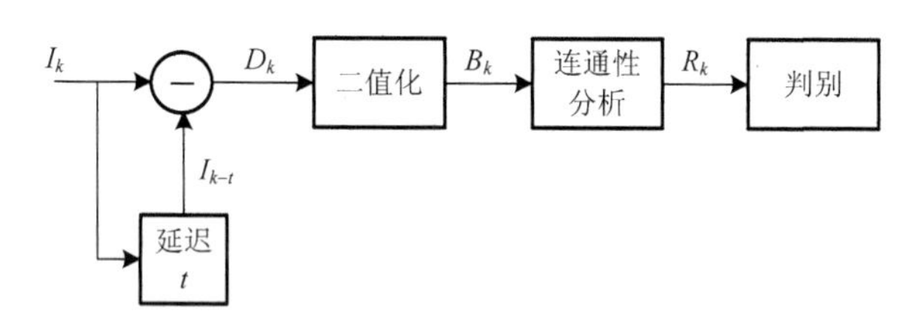

图 44-1　一阶差分法流程图

如图 44-2 所示，一阶差分法的过程如下。

(1) 假设视频图像中当前第 k 帧和第 $k-1$ 帧图像各像素点的灰度值分别为 $I_k(x,y)$ 和 $I_{k-1}(x,y)$，则它们的差分图像为

$$D_k(x,y)=\left|I_k(x,y)-I_{k-1}(x,y)\right|$$

(2) 差分图像 D_k 中包含连续两帧图像之间场景的变化，如目标移动、光照变化、阴影、噪声等，通常移动目标的变化是明显的[2]。可以设定域值 T，当差分图像中某个像素的差值大于 T 时，判定该像素属于前景；否则该像素属于背景。二值化处理如下式所示，得到 B_k。

$$B_k(x,y)=\begin{cases}0, & D_k(x,y)\leqslant T\text{（背景）}\\ 1, & D_k(x,y)>T\text{（前景）}\end{cases} \tag{44-1}$$

(3) 对二值化后的图像 B_k 进行连通性分析，采用形态学和噪声滤波来消除微小区域的噪声，使用数学形态学方法去除空洞和连通区域，得到 R_k 。

(4) 对 R_k 进行判别，将面积大于给定阈值的目标标志为有效目标，并得到其完整的位置信息。

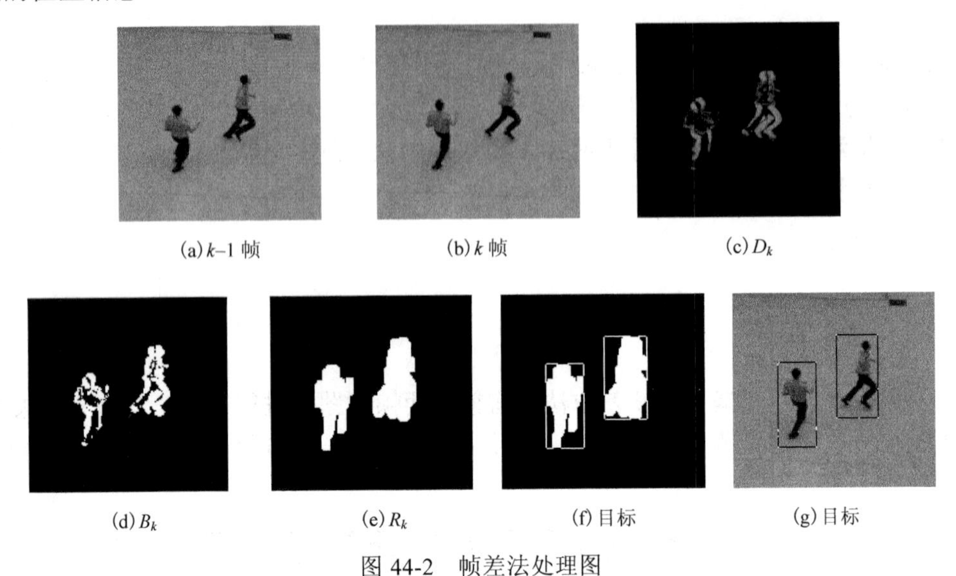

(a) $k-1$ 帧　(b) k 帧　(c) D_k

(d) B_k　(e) R_k　(f) 目标　(g) 目标

图 44-2　帧差法处理图

2. 二阶差分法

二阶差分法是一阶差分法的改进方法，通过对前后三帧图像序列差分后相与，更好地检测出运动目标的形状轮廓。算法描述如下。

(1) 利用式 (44-2) 计算当前帧图像与前两帧图像的差分灰度图像，即

$$
\begin{aligned}
D_{k1}(x,y) &= \left|I_k(x,y) - I_{k-t}(x,y)\right| \\
D_{k2}(x,y) &= \left|I_k(x,y) - I_{k-2t}(x,y)\right|
\end{aligned}
\tag{44-2}
$$

(2) 对两个绝对差灰度图像 D_{k1}、 D_{k2}，分别进行二值化，得到两个绝对二值图像 b_{k1}、 b_{k2}。

(3) 在每个像素位置上，对两个绝对差二值图像进行相与，得到二阶差分结果二值图像 B_k，就是第 k 帧源图像中运动目标从背景分离的初步结果。

(4) 对 B_k 图像进行连通性检测和判别，将面积大于给定阈值的目标标志为有效目标，获得其完整位置信息。

在使用帧差法进行运动检测时，需要根据场景中物体的预期运动速度来选择合适的帧间隔 t [3]。对快速运动的物体，需要选择较小的时间间隔，如果选择不合适，最坏情况下目标在前后两帧中没有重叠，造成检测结果为两个分开的物体；而对慢

速运动的物体，应该选择较大的时间差，如果选择不当，最坏情况下目标在前后两帧图像中几乎完全重叠，根本检测不到物体。

二、仿真实验

多帧差分法是对二阶差分法的改进，其思想是用多帧差分来取代两帧差分，从而减少因检测间隔与物体运动速度不匹配所引起的检测误差[4]。三帧时间差分法是目前常用的多帧差分法，其原理如下。

(1) 读取连续三帧图像 I_{k-1}、I_k、I_{k+1}，分别求出连续两帧图像的二值差分图像 $B_{(k,k-1)}$、$B_{(k,k+1)}$，提取出运动区域。

$$B_{(k,k-1)}=\begin{cases}1, & \left|I_k(x,y)-I_{k-1}(x,y)\right|\geqslant T\\ 0, & 其他\end{cases}$$

$$B_{(k,k+1)}=\begin{cases}1, & \left|I_{k+1}(x,y)-I_k(x,y)\right|\geqslant T\\ 0, & 其他\end{cases}$$

(2) 通过与运算提取 $B_{(k,k-1)}$、$B_{(k,k+1)}$ 的交集，得到运动目标图像 B_k。

$$B_k=\begin{cases}1, & B_{(k,k-1)}(x,y)\cap B_{(k,k+1)}(x,y)=1\\ 0, & 其他\end{cases}$$

图 44-3 为三帧时间差分法示意图。

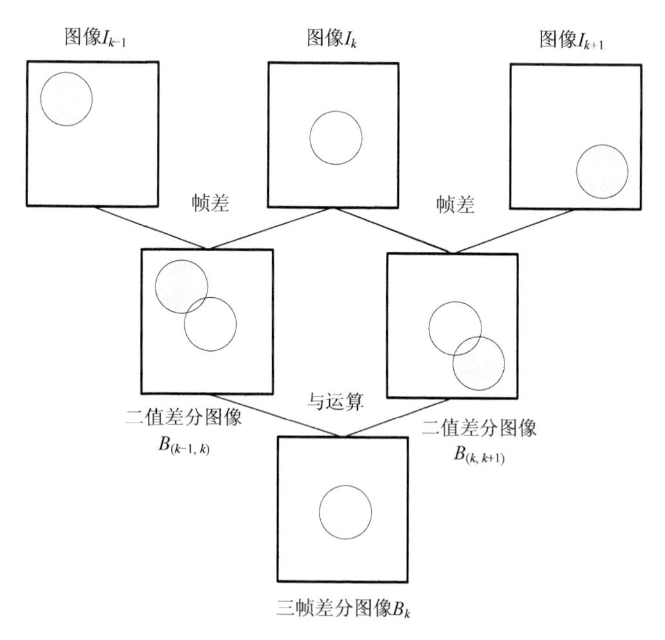

图 44-3　三帧时间差分法示意图

三帧时间差分法较两帧时间差分法有了明显改进，能够反映运动目标的真实形状，但是其检测结果的“孔洞”现象非常明显。当运动目标的表面纹理或灰度存在大面积相似时，甚至只能得到物体的外界轮廓，不利于后续工作。该方法的检测效果受目标运动速度的影响较大。

何卫华和杨莉在三帧时间差分法的基础上，提出利用多帧视频图像进行时间差分的方法，取得较好效果，其方法流程如图 44-4 所示。

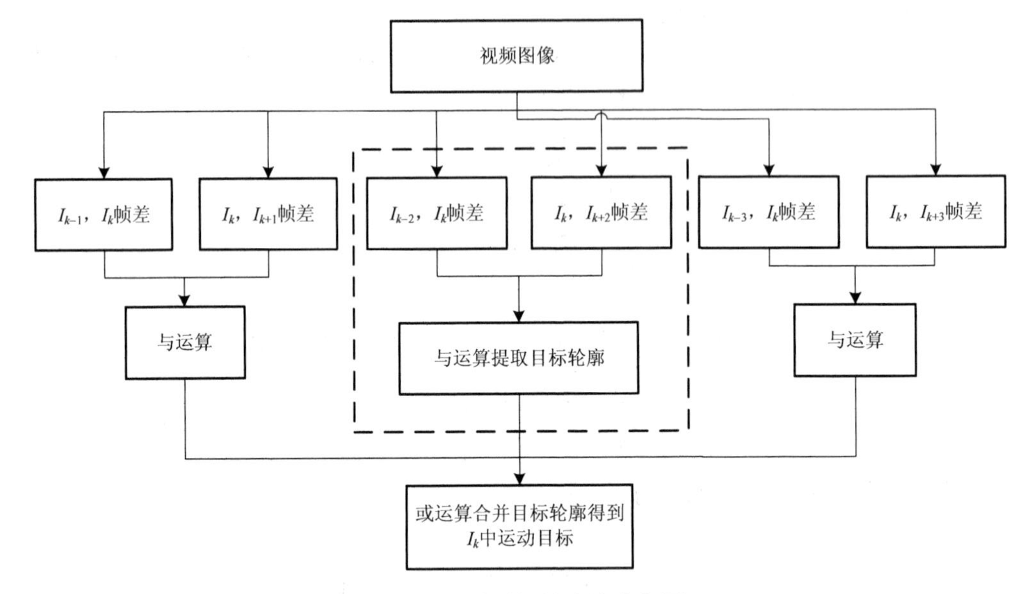

图 44-4　多帧时间差分法流程图

多帧时间差分法的运动目标检测效果得到有效改善，同时对运动物体的速度较好地适应，当运动目标的运动速度在一定范围内时，该方法能够提取出比较完整的运动目标。当运动目标速度过快或者过慢时，该方法依然存在着一定的“孔洞”现象[5]。

三、算法特点

1. 算法优点

对运动物体敏感，能够有效检测出简单背景下的运动目标及其位置。

算法简单，时间和空间复杂度较低，速度快，易于实现实时监视，应用广泛。

相邻帧间的时间间隔较短，该方法对光线变化具有较强的鲁棒性。

2. 算法缺点

帧差法直接利用相邻的两帧相减，保留下来的部分是两帧中相对变化的部分，检测的是目标在两帧中变化的信息，存在较多的伪目标点，检测出的目标往往比实际目标大一些，特别是帧间隔 t 取值比较大时，检测出的目标比实际目标要大很多，需要与边缘检测等方法结合，以便分割出运动目标的精确边缘。

当运动目标存在大范围的灰度相似区域时，会产生明显的“孔洞”现象，导致运动目标提取不完整，在精确的运动目标检测中只能作为辅助方法。

当运动物体内部存在大片一致性区域时，运动目标内部将被误检为非运动区域，在运动速度较快时，在相邻两帧之间的运动位移较大，导致差分图像中运动变化区域内的被覆盖和显露的背景区域较大[3]。

帧差法要求背景静止，检测精度较低，检测结果受目标运动速度的影响。当视频图像采样的时间间隔越来越小时，帧差法对于整体变化不敏感的优点更加突出，目标容易部分漏检的缺点更明显[6]。

参 考 文 献

[1] Sutton R S. Learning to predict by the methods of temporal differences. Machine Learning, 1988, 3(1): 9-44.

[2] Ilea D E, Whelan P F. Image segmentation based on the integration of colour-texture descriptors: a review. Pattern Recognition, 2011, 44(10): 2479-2501.

[3] 汤宁. 主动监视技术研究[硕士学位论文]. 西安: 西北工业大学, 2007.

[4] 强继平. 复杂环境下运动目标检测技术[硕士学位论文]. 长沙: 国防科学技术大学, 2009.

[5] 杨俊红. 基于图像的安全监控算法研究[硕士学位论文]. 郑州: 郑州大学, 2006.

[6] 陈敏. 智能监控系统中运动检测与跟踪方法的研究[硕士学位论文]. 武汉: 武汉科技大学, 2008.

第 45 讲　数学形态学

数学形态学（mathematical morphology）由法国南锡大学（University of Nancy）的 Matheron 和 Serra（Matheron 是 Serra 的导师）于 1964 年提出[1]。该理论建立颗粒分析方法，用具有一定形态的结构元素量度和提取图像中的对应形状，对图像进行分析和识别。

一、基本原理

数学形态学是一种非线性图像处理和分析方法[2]，摒弃传统的数值建模和分析观点，从集合角度刻画和分析图像，形态学运算由并、交、补等集合运算来定义，图像必须以合理方式转换为集合，每个输出点的值和输入图像当前点的值与相邻点的值有关。

数学形态学所用语言是集合论，具有完备的数学基础，可以简化视频图像，保持基本形状特征，并滤除不相干的结构[3]。

1. 元素

如图 45-1 所示，设有一幅图像 X，若点 a 在 X 的区域内，则称 a 为 X 的元素，记为 $a \in X$。

2. B 包含于 X

如图 45-2 所示，设有两幅图像 B、X，对于 B 中所有元素 a_i，都有 $a_i \in X$，则称 B 包含于 X，记为 $B \subset X$。

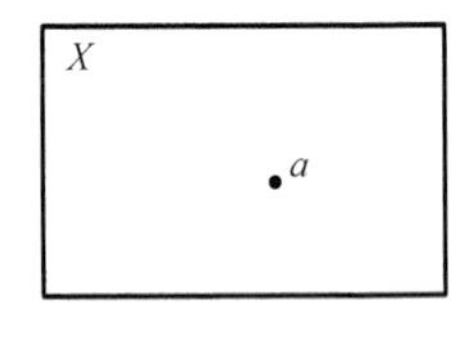

图 45-1　元素

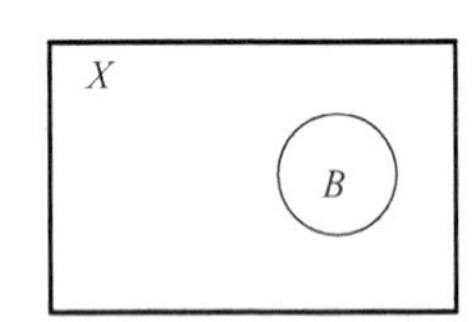

图 45-2　包含

3. B 击中 X

如图 45-3 所示，设有两幅图像 B、X。若存在这样一个点，它既是 B 元素，又是 X 的元素，则称 B 击中 X，记为 $B \uparrow X$。

4. B 不击中 X

如图 45-4 所示，设有两幅图像 B、X，若不存在任何一个点，它既是 B 的元素，又是 X 的元素，即 B 和 X 的交集是空，则称 B 不击中 X，记为 $B \cap X = \varnothing$。

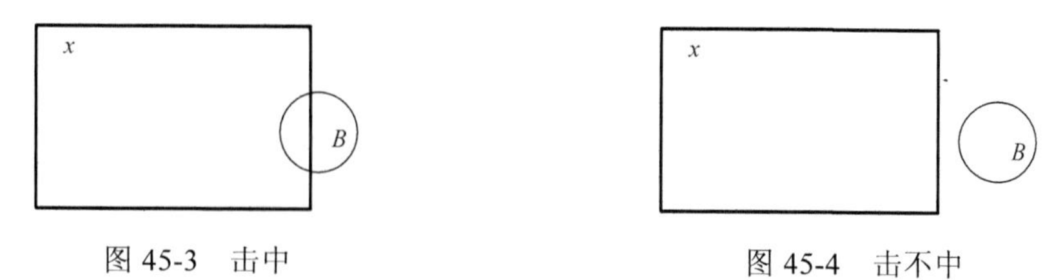

图 45-3　击中　　　　图 45-4　击不中

5. 补集

如图 45-5 所示，设有一幅图像 X，所有 X 区域以外的点构成的集合称为 X 的补集，记为 X^c。如果 $B \cap X = \varnothing$，则 B 在 X 的补集内，即 $B \subset X^c$。

6. 对称集

如图 45-6 所示，设有一幅图像 B，将 B 中所有元素的坐标取反，即令 (x, y) 变成 $(-x, -y)$，这些点构成的新集合称为 B 的对称集，记为 B^v。

图 45-5　补集　　　　图 45-6　对称集

7. 结构元素

设有两幅图像 B、X，若 X 是被处理的对象，而 B 是用来处理 X 的，则称 B 为结构元素，又形象地称为刷子。结构元素通常都是一些比较小的图像，如图 45-7 所示。

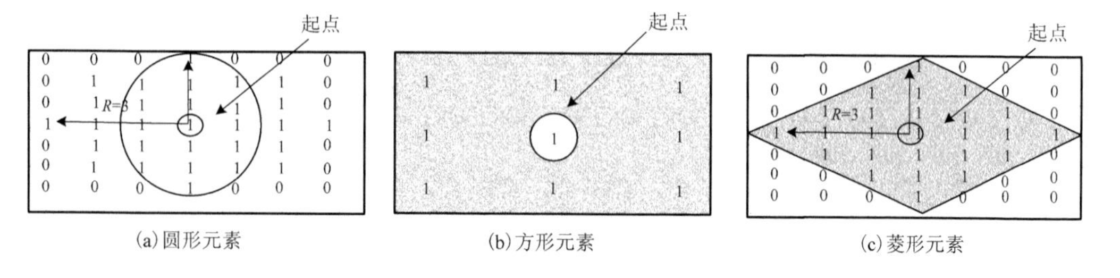

(a) 圆形元素　　(b) 方形元素　　(c) 菱形元素

图 45-7　几种简单的对称结构元素

8. 平移

如图 45-8 所示，设有一幅图像 B，有一个点 $a(x_0,y_0)$，将 B 平移 $a(x_0,y_0)$ 后的结果是，把 B 中所有元素的横坐标加 x_0，纵坐标加 y_0，即令 (x,y) 变成 $(x+x_0,y+y_0)$，所有这些点构成的新集合称为 B 的平移，记为 $B[a]$。

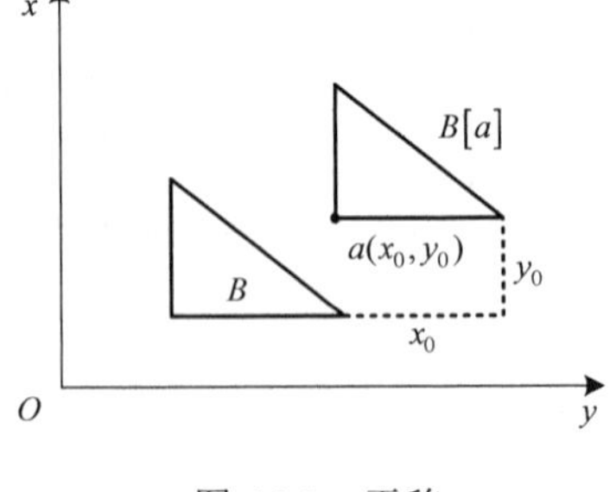

图 45-8　平移

9. 腐蚀

如图 45-9 所示，把结构元素 B 平移 a 后得到 $B[a]$，若 $B[a]$ 包含于 X，则记下这个 a 点，所有满足上述条件的 a 点组成的集合称为 X 被 B 腐蚀的结果，即

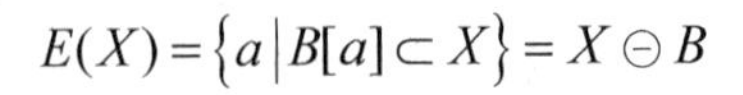

$$E(X)=\left\{a\,\middle|\,B[a]\subset X\right\}=X\ominus B$$

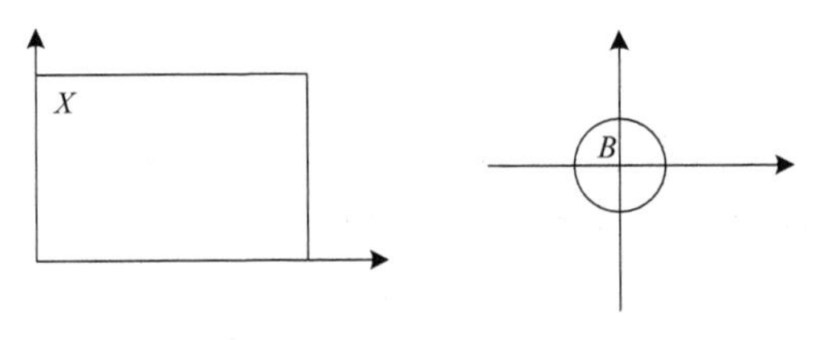

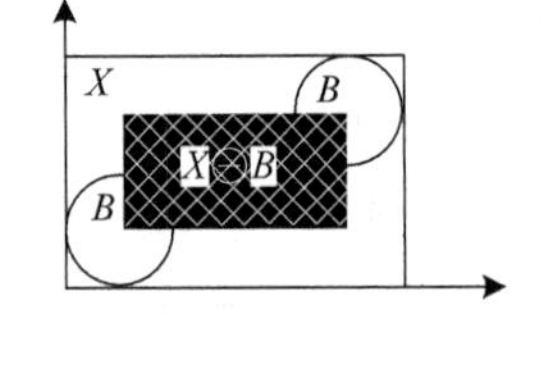

图 45-9　腐蚀

10. 膨胀

如图 45-10 所示，膨胀可以看成是腐蚀的对偶运算，把结构元素 B 平移 a 后得到 $B[a]$，若 $B[a]$ 击中 X，则记下这个 a 点，所有满足上述条件的 a 点组成的集合称为 X 被 B 膨胀的结果，即

$$D(X)=\left\{a\,\middle|\,B[a]\uparrow X\right\}=X\oplus B$$

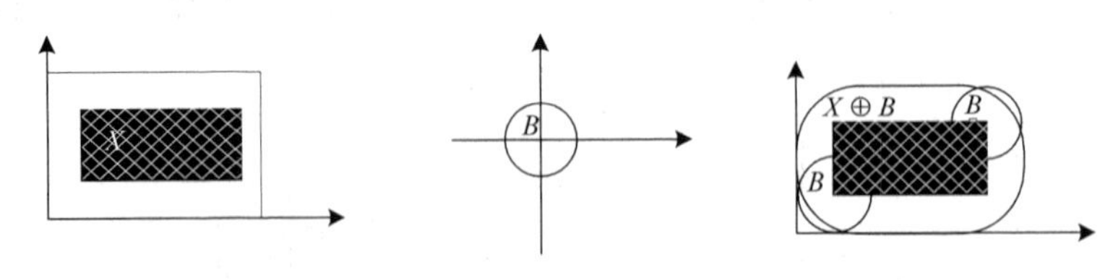

图 45-10　膨胀

(1) 设 $f:\mathbf{R}^d\to\mathbf{R}$ 表示一个 $d(d=1,2,3,\cdots)$ 维信号，B 是一个结构元素，则 f 被结构元素 B 的膨胀 $f\oplus B$ 和腐蚀 $f\ominus B$ 可以定义为

$$(f \oplus B)(x) := \sup\{f(x+y), y \in B\},\ \ x \in \mathbf{R}^d$$
$$(f \ominus B)(x) := \inf\{f(x+y), y \in B\},\ \ x \in \mathbf{R}^d$$

此时，膨胀准则为输出点的值是输入点邻域内所有点的最大值；腐蚀准则为输出点的值是输入点邻域内所有点的最小值。

(2) 设 $f:\mathbf{R}^d \to \mathbf{R}$ 表示一个 $d(d=1,2,3,\cdots)$ 维信号，g 是一个结构函数，则 f 被结构函数 g 的膨胀 $f \oplus g$ 和腐蚀 $f \ominus g$ 可以定义为

$$(f \oplus g)(x) := \sup\{f(x+y)+g(y), y \in B\},\ \ x \in \mathbf{R}^d$$
$$(f \ominus g)(x) := \inf\{f(x+y)-g(y), y \in B\},\ \ x \in \mathbf{R}^d$$

此时，膨胀准则为输出点的值是输入点邻域内所有点加上结构函数对应点值后的最大值；腐蚀准则为输出点的值是输入点邻域内所有点减去结构函数对应点值后的最小值。

11. 开运算

先腐蚀后膨胀称为开运算，图 45-11(a)为被处理图像 X，图 45-11(b)为结构元素 B；图 45-11(c)为腐蚀结果，图 45-11(d)为对腐蚀结果进行膨胀，得到的开运算结果。图 45-11(a)经过开运算之后，一些孤立小点被去掉。

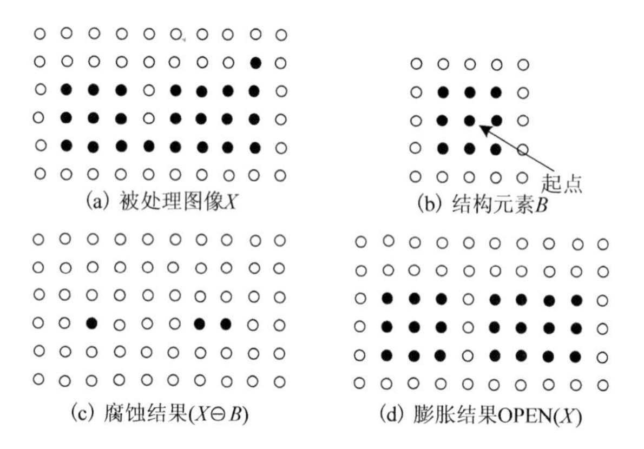

图 45-11　开运算

开运算能够去除孤立小点、毛刺和小桥，总体位置和形状不变。

12. 闭运算

先膨胀后腐蚀称为闭运算，图 45-12(a)为被处理图像 X，图 45-12(b)为结构元素 B；图 45-12(c)为膨胀结果，图 45-12(d)为对膨胀结果进行腐蚀，得到的闭运算结果。图 45-12(a)经过闭运算后，断裂区域被弥合。

闭运算能够填平小湖、小孔和小裂缝，总体位置和形状不变。

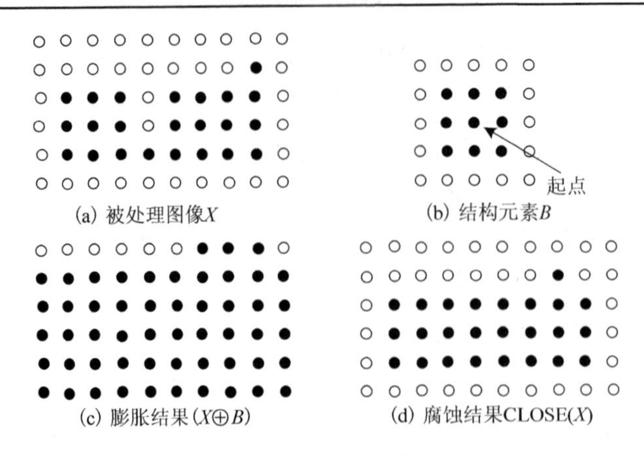

图 45-12　闭运算

13. 击中/击不中变换

将形态学运算推广到一般情况，演变为条件严格的模板匹配。结构元素不仅含有物体点，还含有背景点，只有当结构元素与所对应区域完全符合时才作为结果输出。

设 A 是被研究对象，B 是结构元素，而且 B 由两个不相交的部分 B_1 和 B_2 组成，即

$$B = B_1 \bigcup B_2,\ B_1 \bigcap B_2 = \varnothing \tag{45-1}$$

A 被 B 击中的定义为

$$A \otimes B = \left\{ a \middle| B_1[a] \subseteq A 且 B_2[a] \subseteq A^c \right\}$$

$$A \otimes B = (A \ominus B_1) \bigcap (A^c \ominus B_2)$$

考虑如式(45-1)所示的一个整体结构元素，让 B 在图像 A 上移动，当 B 的原点(origin)位于位置 a 时，如果 $B[a]$ 与 A 和 A 的补集均相交，且其子集 $B_1[a]$ 包含于 A，$B_2[a]$ 包含于 A^c，则位置 a 被保留下来。因此选择适当的 B_1 和 B_2 后，击中/击不中变换提取 A 的特定结构元素对 (B_1, B_2) 的边缘几何结构信息，如图 45-13 所示。

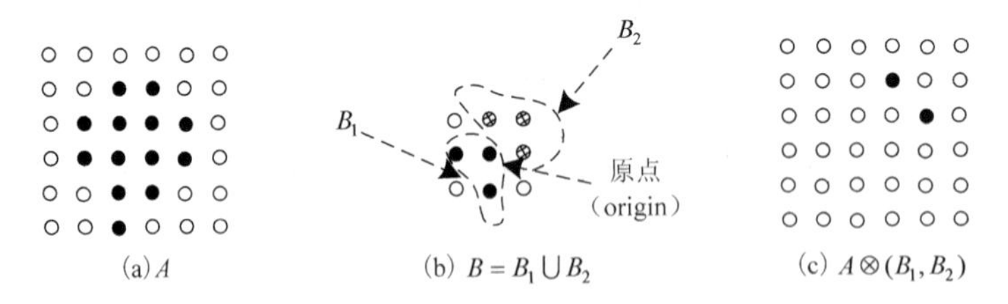

图 45-13　击中/击不中变换

14. 细化

细化可以由腐蚀分两步完成，以免分裂物体。在第一步中，采用正常的腐蚀方法，对可除去的像素只进行标记，每一步都是一个 3×3 邻域运算，图 45-14 是常用

的八个方向的结构元素；在第二步中，根据待消除点的八个相邻点情况查表判断是否删除，只消除并不破坏连通性的标记点。

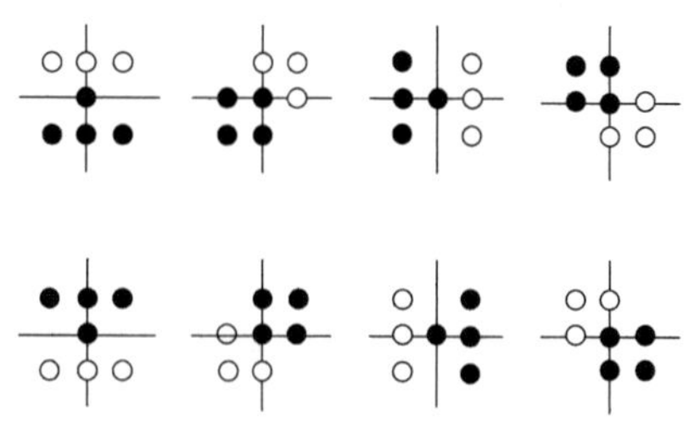

图 45-14　八个方向的结构元素

判定是否可删的依据是：内部点不能删除；孤立点不能删除；直线端点不能删除；如果 P 是边界点，去掉 P 后，连通分量不增加，则 P 可以删除。图 45-15(a)，为内部点，要求的是骨架，如果连内部点也删了，骨架会被掏空，所以不能删；图 45-15(b)是个内部点，不能删；图 45-15(c)不是骨架，可以删；图 45-15(d)不能删，删掉后，原来相连部分会断开；图 45-15(e)不是骨架，可以删；图 45-15(f)是直线端点，不能删；图 45-15(g)不能删，因为孤立点的骨架就是自身。

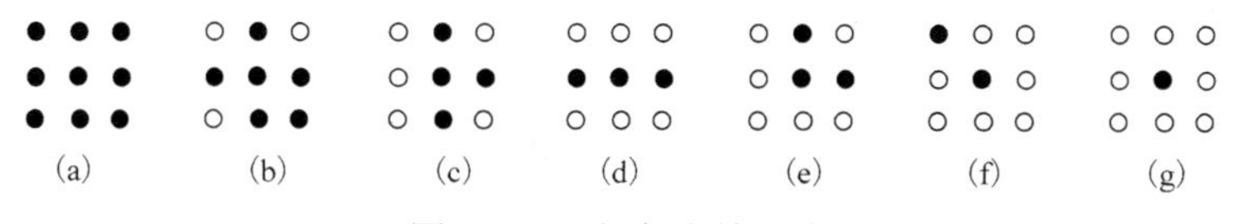

图 45-15　相邻点情况表

15. 抽骨架

一个与细化有关的运算是抽骨架，称为中轴变换或焚烧草地技术。中轴是所有与物体在两个或更多非邻接边界点处相切的圆心轨迹。

中轴可设想成按如下方式形成，想象一片与物体形状相同的草，沿其外围各点同时点火，当火势向内蔓延时，向前推进的火线相遇处各点的轨迹就是中轴。

抽骨架的实现与细化相似，可采用两步有条件腐蚀实现，但是与细化不同之处在于拐角处，骨架延伸到边界。

二、仿真实验

利用形态学的基本运算，对图像进行处理，改善图像质量；描述和定义图像的各种几何参数和特征，如面积、周长、连通度、颗粒度、骨架和方向性；定义与实现图像的开闭等运算。

图 45-16 和图 45-17 展示图像膨胀的效果。

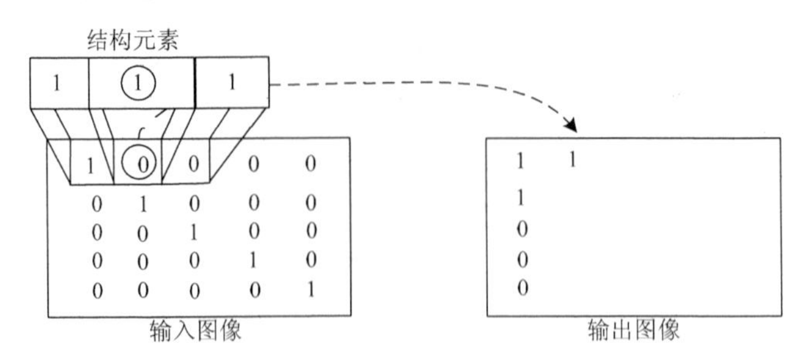

图 45-16　二值图像的膨胀示意图

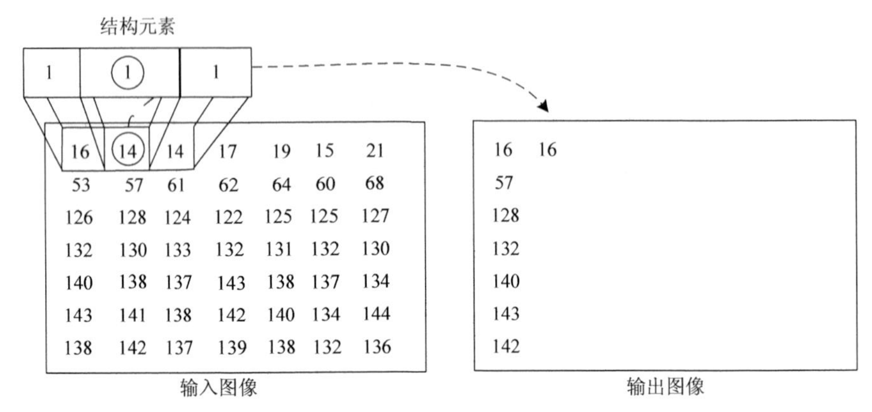

图 45-17　灰度图像的膨胀示意图

三、算法特点

数学形态学的基本思想和方法适用于图像处理的各个方面，如基于流域的图像分割，基于腐蚀和开运算的骨架抽取，基于测地距离的图像重建，基于形态学滤波的颗粒分析，基于击中/击不中变换的目标识别等[4]。

数学形态学在理论上是严谨的，在基本观念上是简单和优美的，具有天然的并行实现结构。成功应用于文字识别、显微图像分析、图像压缩、工业检测、机器人视觉等方面。

参 考 文 献

[1] Serra J. Stochastic modeling of the iron deposit of lorraine, at various scales. Nancy: University of Nancy, 1964.

[2] Daubechies I, Sweldens W. Factoring wavelet transforms into lifting steps. Journal of Fourier Analysis and Application, 1998, 4(3): 245-267.

[3] 舒恒. 基于视频的人体运动检测与跟踪[硕士学位论文]. 北京: 北京理工大学, 2008.

[4] 刘新姝. 基于指纹识别的规则纹理图像识别技术研究. 太原: 中北大学, 2008.

第46讲　光　流　法

光流(optical flow)是英国牛津大学的 Gibson 在 1950 年提出的[1]，是空间运动物体在观测成像面上的像素运动的瞬时速度，利用视频中像素强度数据的时域变化和相关性确定各自像素位置的运动。

一、基本原理

光流的假设条件如下。

(1)亮度恒定，指同一点随着时间变化，其亮度不会发生改变。

(2)运动较小，指时间变化不会引起位置的剧烈变化。

由此假设条件，对于图像中的任意一点 $p_{x,y}$，可以得到光流法的基本约束方程为

$$[\nabla E(p_{x,y})]^{\mathrm{T}} V(p_{x,y}) + E_t(p_{x,y}) = 0 \tag{46-1}$$

式中，∇E 和 E_t 分别为图像亮度在 $p_{x,y}$ 处的空间导数和时间导数；V 为速度。

光流法基本约束方程只有一个，而要求 x、y 方向的速度，有两个未知变量。为此，Lucas-Kanade 引入空间一致假定，即一个场景上的邻近点投影到图像上也是邻近点，且邻近点速度一致。通过假定特征点邻域内做相似运动，就可以联立多个方程求取 x、y 方向的速度[2]。

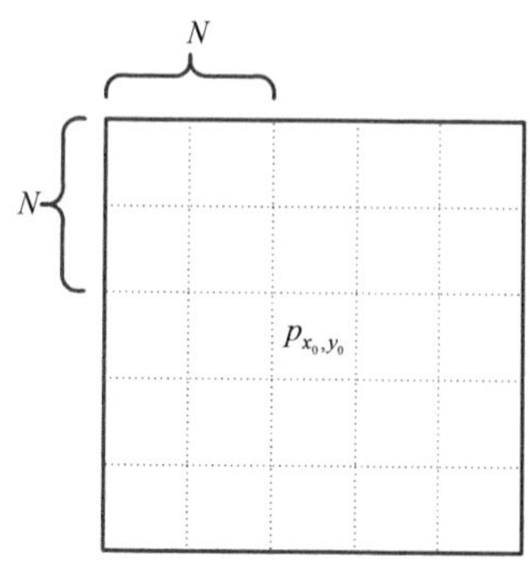

图 46-1　$N=2$ 的小图像块 Q

考虑一个以 p_{x_0,y_0} 为中心的 $(2N+1)\times(2N+1)$ 的小图像块 Q，如图 46-1 所示。

设 Q 中的各点光流均为 $\overline{V}$，则 $\overline{V}$ 使以下函数取得最小，即

$$\Psi(\overline{V}) = \sum_{p_{x,y}\in Q} \left\{ \left[\nabla E(p_{x,y})\right]^{\mathrm{T}} \overline{V} + E_t(p_{x,y}) \right\}^2 \tag{46-2}$$

式(46-2)是一个最小平方问题，可以通过求解以下线性系统得到，即

$$\boldsymbol{A}^{\mathrm{T}} \boldsymbol{A} \overline{V} = \boldsymbol{A}^{\mathrm{T}} b \tag{46-3}$$

式中，$\boldsymbol{A}$ 为 $N^2 \times 1$ 的矩阵，它的各行是图像亮度在 Q 中各 $p_{x,y}$ 点处的空间梯度

$$\boldsymbol{A} = \left[\nabla E(p_{x_{0-N},y_{0-N}}),\cdots,\nabla E(p_{x_0,y_0}),\cdots,\nabla E(p_{x_{0+N},y_{0+N}})\right]^{\mathrm{T}} \tag{46-4}$$

$\boldsymbol{b}$ 为 N^2 维向量，是对图像亮度在 Q 中各 $p_{x,y}$ 点处的时间偏导

$$\boldsymbol{b} = -[E_t(p_{x_{0-N},y_{0-N}}),\cdots,E_t(p_{x_0,y_0}),\cdots,E_t(p_{x_{0+N},y_{0+N}})]^{\mathrm{T}} \tag{46-5}$$

由此可以求解最小平方问题，结果 $\overline{V}$ 为 p_{x_0,y_0} 的光流值，即

$$\overline{V} = (\boldsymbol{A}^{\mathrm{T}}\boldsymbol{A})^{-1}\boldsymbol{A}^{\mathrm{T}}\boldsymbol{b} \tag{46-6}$$

对图像上的每个像素重复此过程，可以得到稠密的光流值；再对每帧图像进行重复计算，就可以得到计算连续光流的方法。

输入随时间变化的 n 幅视频图像 E_1，E_2，…，E_n，设 Q 为 $(2N+1)\times(2N+1)$ 像素的正方形区域(如 $N=2$)。

(1) 对每帧图像在空间上的每个方向进行标准差为 σ_s 的高斯滤波，如 $\sigma_s=1.5$ 像素。

(2) 在时间维度上对每帧图像进行标准差为 σ_t 的高斯滤波(如 $\sigma_t=1.5$ 帧，若时间滤波器大小为 $2k+1$，则不考虑最前和最后的 k 帧)。其中，空间滤波削弱图像空间梯度估计的影响，时间滤波防止时间域上的假信号影响。

(3) 对每帧图像的每个像素运用式(46-4)～式(46-6)计算 $\boldsymbol{A}$ 、 $\boldsymbol{b}$ 、 $\overline{V}$ 。

1. 基本时空梯度法

微分法又称为时空梯度法，利用时变图像灰度的时空微分，计算每个图像点的速度矢量。设 $I(x,y,t)$ 为 t 时刻图像点 (x,y) 的灰度。

梯度约束方程限定 I_x、 I_y、 I_t 与光流矢量 $\boldsymbol{V}$ 的关系。对于构成 $\boldsymbol{V}$ 的两个分量 μ 和 ν，其解非唯一，因为用一个方程来限定两个未知量是一个病态问题。求解 $\boldsymbol{V}$ 的两个分量必须附加约束条件。

约束 $\boldsymbol{V}$ 的另一条途径是将速度分量的局部估计在空间和时间上整合起来。Horn 和 Schunck 将梯度方程和速度场整体平滑约束组合在一起来约束待估速度，得到致密光流场。

该方法虽然实现简单、计算复杂度较低，但是存在着缺陷[3]：首先，图像灰度保持平滑变化的假设对于许多自然图像序列是不合适的，尤其是在图像的遮挡边缘处和(或)当运动速度较高时，基于灰度保持假设的约束方程存在较大误差；其次，在图像的遮挡区域，速度场是突变的，而总体平滑约束则迫使所估计的光流场平滑地穿过这一区域，此过程平滑掉有关物体形状的重要信息；最后，微分技术的要求是 $I(x,y,t)$ 必须是可微的，这暗示着需对图像数据进行时空域平滑以避免混叠效应，而且数值微分的求取具有病态性，如果处理不当，则将对最终的速度估计产生显著影响。

Nagel 采用定向平滑约束处理遮挡问题；Black 和 Anandan 针对多运动的估计问题，提出分段平滑方法。

2. Lucas-Kanade 方法

Lucas 和 Kanade 假设在一个小的空间邻域 Ω 上运动矢量保持恒定，采用加权最小二乘法估计光流[4]，光流估计误差为

$$\sum_{(x,y)\in\Omega} W^2(x)(I_x\mu + I_y\nu + I_t)^2 \tag{46-7}$$

式中，$W(x)$ 表示窗口权重函数，使邻域中心区域对约束产生的影响比外围区域更大，设

$$\boldsymbol{V} = (\mu,\nu)^{\mathrm{T}}, \qquad \nabla I(x) = (I_x, I_y)^{\mathrm{T}}$$

使得光流估计误差最小的解为

$$\boldsymbol{A}^{\mathrm{T}}\boldsymbol{W}^2\boldsymbol{A}\boldsymbol{V} = \boldsymbol{A}^{\mathrm{T}}\boldsymbol{W}^2\boldsymbol{b} \tag{46-8}$$

式中，在时刻 t 的 n 个点 $x_i \in \Omega$，且

$$\boldsymbol{A} = \left[\nabla I(x_1), \cdots, \nabla I(x_n)\right]^{\mathrm{T}}$$

$$\boldsymbol{W} = \mathrm{diag}\left[W(x_1), \cdots, W(x_n)\right]$$

$$\boldsymbol{b} = -\left[I_t(x_1), \cdots, I_t(x_n)\right]^{\mathrm{T}}$$

则式(46-8)的解为

$$\boldsymbol{V} = [\boldsymbol{A}^{\mathrm{T}}\boldsymbol{W}^2\boldsymbol{A}]^{-1}\boldsymbol{A}^{\mathrm{T}}\boldsymbol{W}^2\boldsymbol{b} \tag{46-9}$$

当 $\boldsymbol{A}^{\mathrm{T}}\boldsymbol{W}^2\boldsymbol{A}$ 为非奇异时可得到解析解，它是一个 2×2 的矩阵，即

$$\boldsymbol{A}^{\mathrm{T}}\boldsymbol{W}^2\boldsymbol{A} = \begin{bmatrix} \sum W^2(x)I_x^2(x) & \sum W^2(x)I_x(x)I_y(x) \\ \sum W^2(x)I_y(x)I_x(x) & \sum W^2(x)I_y^2(x) \end{bmatrix} \tag{46-10}$$

式中，所有和式 $\sum$ 都是在邻域 Ω 上进行的。

估计值 $\boldsymbol{V}$ 的可靠性由矩阵 $\boldsymbol{A}^{\mathrm{T}}\boldsymbol{W}^2\boldsymbol{A}$ 的特征值（$\lambda_1 \geqslant \lambda_2$）来估计，而特征值取决于图像空间梯度大小。如果 $\lambda_2 = 0$，那么矩阵是奇异的，不能计算光流；如果 $\lambda_1 \geqslant \lambda_2 \geqslant \tau$（$\tau$ 是阈值），则可以完整地解出速度 $\boldsymbol{V}$。

3. 高阶梯度方法

Tretial 等认为在梯度约束方程中已经体现对光流的平滑性约束，因此应当从另一方面施加对光流场的约束条件，考虑到图像本身在灰度上的连续性，对灰度场施加约束[5]。对 t 时刻的图像 $I(x,y,t)$ 上的一点 (x,y)，考虑其邻域的任意一点 $(x+\delta x, y+\delta y)$，由该点的梯度约束方程可得

$$\begin{aligned} &I_x(x+\delta x, y+\delta y, t)\cdot\mu(x+\delta x, y+\delta y) \\ &+I_y(x+\delta x, y+\delta y, t)\cdot\nu(x+\delta x, y+\delta y) + I_t(x+\delta x, y+\delta y, t) = 0 \end{aligned} \tag{46-11}$$

将式(46-11)中的空间偏微分由泰勒级数展开，忽略级数中的二次和二次以上的高次项，则

$$
\begin{aligned}
&I_x(x+\delta x, y+\delta y, t)=I_x(x,y,t)+I_{xx}(x,y,t)\delta x+I_{xy}(x,y,t)\delta y \\
&I_y(x+\delta x, y+\delta y, t)=I_y(x,y,t)+I_{yx}(x,y,t)\delta x+I_{yy}(x,y,t)\delta y \\
&I_t(x+\delta x, y+\delta y, t)=I_t(x,y,t)+I_{tx}(x,y,t)\delta x+I_{ty}(x,y,t)\delta y \\
&\mu(x+\delta x, y+\delta y, t)=\mu(x,y)+\mu_x(x,y)\delta x+\mu_y(x,y)\delta y \\
&\nu(x+\delta x, y+\delta y, t)=\nu(x,y)+\nu_x(x,y)\delta x+\nu_y(x,y)\delta y
\end{aligned}
\tag{46-12}
$$

将这些展开结果代入梯度约束方程中，经整理可得

$$
\begin{aligned}
&(I_x\mu+I_y\nu+I_t)+(I_{xx}\mu+I_{yx}\nu+I_x\mu_x+I_y\nu_x+I_{tx})\delta x \\
&+(I_{xy}\mu+I_{yy}\nu+I_x\mu_y+I_y\nu_y+I_{ty})\delta y+(I_{xx}\mu_x+I_{yx}\nu_x)\delta x^2 \\
&+(I_{xy}\mu_x+I_{xx}\nu_y+I_{yy}\mu_x+I_{xy}\nu_y)\delta x\delta y+(I_{xy}\mu_y+I_{yy}\nu_y)\delta y^2=0
\end{aligned}
\tag{46-13}
$$

式(46-13)中第一项，根据梯度约束方程应为0，其他各项由于δx、δy可以任取，所以它们也必须为0，因而得到下列方程组

$$
\begin{aligned}
&(I_x\mu+I_y\nu+I_t)=0 \\
&(I_{xx}\mu+I_{yx}\nu+I_x\mu_x+I_y\nu_x+I_{tx})=0 \\
&(I_{xy}\mu+I_{yy}\nu+I_x\mu_y+I_y\nu_y+I_{ty})=0 \\
&(I_{xx}\mu_x+I_{yx}\nu_x)=0 \\
&(I_{xy}\mu_x+I_{xx}\nu_y+I_{yy}\mu_x+I_{xy}\nu_y)=0 \\
&(I_{xy}\mu_y+I_{yy}\nu_y)=0
\end{aligned}
\tag{46-14}
$$

由于6个方程不独立，需要附加条件才能求解。如果μ_x、μ_y、ν_x、ν_y很小，可以忽略，则上述6个方程变成3个方程，即

$$
\begin{aligned}
&(I_x\mu+I_y\nu+I_t)=0 \\
&(I_{xx}\mu_x+I_{yx}\nu_x+I_{tx})=0 \\
&(I_{xy}\mu_y+I_{yy}\nu_y+I_{ty})=0
\end{aligned}
\tag{46-15}
$$

可以用最小二乘法求解光流

$$
\begin{bmatrix}\mu\\ \nu\end{bmatrix}=\left[\begin{bmatrix}I_x & I_{xx} & I_{xy}\\ I_y & I_{yx} & I_{yy}\end{bmatrix}\begin{bmatrix}I_x & I_y\\ I_{xx} & I_{yx}\\ I_{xy} & I_{yy}\end{bmatrix}\right]^{-1}\begin{bmatrix}I_x & I_{xx} & I_{xy}\\ I_y & I_{yx} & I_{yy}\end{bmatrix}\begin{bmatrix}I_t\\ I_{tx}\\ I_{ty}\end{bmatrix}
$$

4. 匹配法

光流为使得不同时刻图像区域之间产生最佳拟合的位移。给定两帧顺序图像I_1

和 I_2，对于图像 I_1 中的每个像素点 (x,y)，以此像素为中心形成一个 $(2N+1)\times(2N+1)$ 的相对窗 W_c。围绕图像 I_2 中的对应像素点 (x,y) 建立一个 $(2N+1)\times(2N+1)$ 的搜索窗 W_x。搜索范围可根据有关图像间最大可能位移的先验知识确定。可用像素灰度差平方和衡量搜索区域上的 $(2N+1)\times(2N+1)$ 误差分布，即

$$E(\mu,\nu)=\sum_{i,j=-n}^{n}\left[I_1(x+i,y+j)-I_2(x+\mu+i,y+\nu+j)\right]^2,\quad -N\leqslant\mu,\nu\leqslant N$$

将此误差分布转换成指数形式的分布

$$R(\mu,\nu)=\exp(-kE(\mu,\nu)),\qquad -N\leqslant\mu,\nu\leqslant N$$

式中，k 为正则化参数。指数响应函数在 0～1 内连续变化。

因此搜索区域上的每个点均为“真匹配”的候选者。同时一个点响应值的高低决定其成为真匹配的可能性大小。假设两顺序图像帧的时间间隔为 1，搜索区域上每一点代表二维空间中的一个点，则响应分布可以解释为速度空间中的一个概率分布，每一处响应描述对应速度值的估计。利用加权最小二乘法可得到真实速度的一个估计

$$V_c=(\mu_c,\nu_c)$$

$$\mu_c=\frac{\sum\limits_{\mu}\sum\limits_{\nu}R(\mu,\nu)\mu}{\sum\limits_{\mu}\sum\limits_{\nu}R(\mu,\nu)},\qquad \nu_c=\frac{\sum\limits_{\mu}\sum\limits_{\nu}R(\mu,\nu)\nu}{\sum\limits_{\mu}\sum\limits_{\nu}R(\mu,\nu)}$$

在 $-N\leqslant\mu,\nu\leqslant N$ 上实施运算。与此估计相连的协方差矩阵为

$$S_c=\begin{bmatrix}\dfrac{\sum\limits_{\mu}\sum\limits_{\nu}R(\mu,\nu)(\mu-\mu_c)^2}{\sum\limits_{\mu}\sum\limits_{\nu}R(\mu,\nu)} & \dfrac{\sum\limits_{\mu}\sum\limits_{\nu}R(\mu,\nu)(\mu-\mu_c)(\nu-\nu_c)}{\sum\limits_{\mu}\sum\limits_{\nu}R(\mu,\nu)}\\ \dfrac{\sum\limits_{\mu}\sum\limits_{\nu}R(\mu,\nu)(\mu-\mu_c)(\nu-\nu_c)}{\sum\limits_{\mu}\sum\limits_{\nu}R(\mu,\nu)} & \dfrac{\sum\limits_{\mu}\sum\limits_{\nu}R(\mu,\nu)(\nu-\nu_c)^2}{\sum\limits_{\mu}\sum\limits_{\nu}R(\mu,\nu)}\end{bmatrix}$$

此协方差矩阵特征值的倒数可用于速度估计的置信测度。

二、仿真实验

1. 光流法用于目标检测

给视频图像中的每个像素点赋予一个速度矢量，形成一个运动矢量场。在某个特定时刻，图像上的点与三维物体上的点一一对应，这种对应关系可以通过投影计算得到。

根据各个像素点的速度矢量特征，可以对图像进行动态分析。如果图像中没有运动目标，则光流矢量在整个图像区域是连续变化的。当图像中有运动物体时，目标和背景存在相对运动。

运动物体的速度矢量和背景的速度矢量有所不同，据此可计算出运动物体的位置。

利用光流法进行运动物体检测时，计算量较大。

2. 光流法用于目标跟踪

(1) 对一个连续的视频帧序列进行预处理。

(2) 针对视频序列，利用光流法检测前景目标。

(3) 找到前景目标具有代表性的关键特征点，如角点。

(4) 在相邻帧寻找关键特征点在当前帧中的位置坐标。

(5) 如此迭代进行，实现目标跟踪。

三、算法特点

光流由相机运动、目标运动或两者共同运动产生。基于光流的运动目标检测方法利用运动目标随时间变化的光流特性，在摄像机运动的情况下也能很好地检测出运动目标。光流法能够检测独立运动对象，不需要预先知道场景的任何信息，可以很精确地计算出运动物体的速度[6]。

即使没有发生运动，在外部照明发生变化时，也可以观测到光流。三维物体的运动投影到二维图像的亮度变化，部分信息的丢失使光流法存在孔径和遮挡问题；在准确分割时，还需要利用颜色、灰度、边缘等空域特征提高分割精度；光流计算复杂耗时，抗噪性能较差。

参考文献

[1] Gibson J J. The Perception of the Visual World. Chicago: Houghton Mifflin Press, 1950.

[2] Alvarze L, Weickert J. Reliable estimation of dense optical flow fields with large displacements. Computer Vision, 2009, 39(1): 41-56.

[3] 刘国锋, 诸昌铃. 光流的计算技术. 西南交通大学学报, 1997, 1(6): 656-663.

[4] 王晖. 视频图像的光流计算方法研究[硕士学位论文]. 长沙: 国防科学技术大学, 2007.

[5] 万文静. 基于光流的图像目标跟踪方法研究[硕士学位论文]. 西安: 西北工业大学, 2006.

[6] 曹灿. 特定场景下物体运动辨识研究[硕士学位论文]. 乌鲁木齐: 新疆大学, 2009.

第 47 讲　Mean Shift 方法

Mean Shift(偏移均值)方法由 Fukunage 和 Hostetler 于 1975 年提出[1]，该方法首先计算出当前点的偏移均值，移动该点到其偏移均值；然后以此为新的起始点，继续移动，直到满足一定的条件结束。

一、基本原理

1. 基本的 Mean Shift 方法

给定 d 维空间 $\mathbf{R}^d$ 中的 n 个样本点 $\{\boldsymbol{x}_i,\ i=1,\cdots,n\}$，在 $\boldsymbol{x}$ 点的 Mean Shift 向量的基本形式定义为

$$\boldsymbol{M}_h(\boldsymbol{x})=\frac{1}{k}\sum_{\boldsymbol{x}_i\in S_h}(\boldsymbol{x}_i-\boldsymbol{x})$$

式中，S_h 是一个半径为 h 的高维球区域，满足以下关系的 $\boldsymbol{y}$ 点的集合，即

$$S_h(\boldsymbol{x})=\left\{\boldsymbol{y}:(\boldsymbol{y}-\boldsymbol{x})^{\mathrm{T}}(\boldsymbol{y}-\boldsymbol{x})\leqslant h^2\right\}$$

k 表示在这 n 个样本点 $\boldsymbol{x}_i$ 中，有 k 个点落入区域 S_h 中，$(\boldsymbol{x}_i-\boldsymbol{x})$ 是样本点 $\boldsymbol{x}_i$ 相对于点 $\boldsymbol{x}$ 的偏移向量，Mean Shift 向量 $\boldsymbol{M}_h(\boldsymbol{x})$ 就是对落入区域 S_h 中的 k 个样本点相对于点 $\boldsymbol{x}$ 的偏移向量先求和再平均。如果样本点 $\boldsymbol{x}_i$ 是从一个概率密度函数 $F(\boldsymbol{x})$ 中采样得到的，那么由于非零的概率密度梯度指向概率密度增加最大的方向，所以 S_h 区域内的样本点更多地落在沿着概率密度梯度的方向，Mean Shift 向量 $\boldsymbol{M}_h(\boldsymbol{x})$ 指向概率密度梯度的方向[2]。

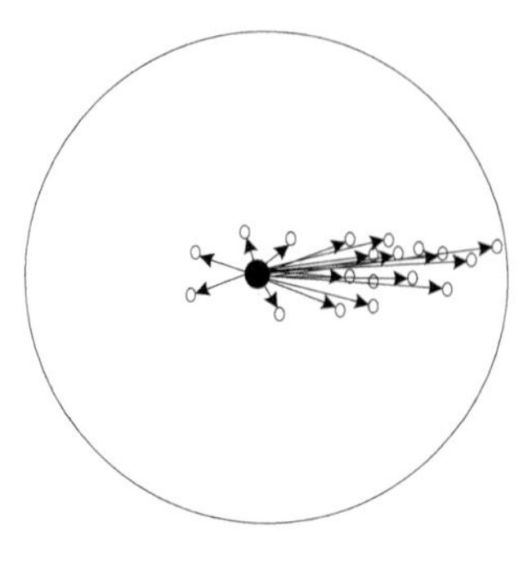

图 47-1　Mean Shift 示意图

如图 47-1 所示，大圆圈所圈定的范围就是 S_h，小圆圈代表落入 S_h 区域内的样本点 $\boldsymbol{x}_i\in S_h$，黑点就是 Mean Shift 的基准点 $\boldsymbol{x}$，箭头表示样本点相对于基准点 $\boldsymbol{x}$ 的偏移向量。平均的偏移向量 $\boldsymbol{M}_h(\boldsymbol{x})$ 指向样本分布最多的区域，即概率密度函数的梯度方向。

Mean Shift 方法以自适应的梯度上升搜索峰值，如图 47-2 所示，如果数据集 $\{x_i,\ i=1,\cdots,n\}$ 服从概率密度函数 $F(x)$，给定一个初始点 x_0，则按照 Mean Shift 方法，逐步移动，最终收敛到第一个峰值点[3]。

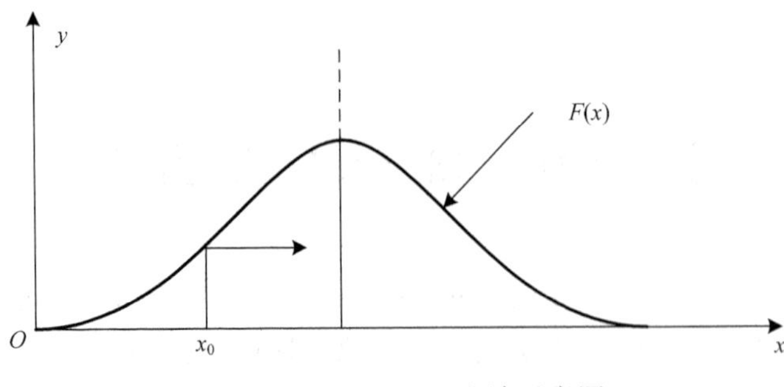

图 47-2　Mean Shift 方法示意图

2. 扩展的 Mean Shift 方法

在 Mean Shift 向量的基本形式中，只要是落入 S_h 的采样点，无论其离 x 远近，对最终的 $M_h(x)$ 计算的贡献是一样的[4]。

离 x 越近的采样点对估计 x 周围的统计特性越有效，引进核函数，在计算 $M_h(x)$ 时可以考虑距离的影响。各个样本点 x_i 的重要性并不一样[5]，引入权重系数。

基本的 Mean Shift 形式可扩展为

$$M(x)=\frac{\sum_{i=1}^{n} G_{\boldsymbol{H}}(x_i-x)w(x_i)(x_i-x)}{\sum_{i=1}^{n} G_{\boldsymbol{H}}(x_i-x)w(x_i)}$$

$$G_{\boldsymbol{H}}(x_i-x)=|\boldsymbol{H}|^{-1/2}G(\boldsymbol{H}^{-1/2}(x_i-x))$$

式中，$G(x)$ 是单位核函数；$\boldsymbol{H}$ 是正定的对称 $d\times d$ 矩阵，称为带宽矩阵；$w(x_i)\geqslant 0$ 是赋给采样点 x_i 的权重。

带宽矩阵 $\boldsymbol{H}$ 可限定为对角矩阵，即

$$\boldsymbol{H}=\mathrm{diag}\left[h_1^2,\cdots,h_d^2\right]$$

甚至简单取为正比于单位矩阵，即

$$\boldsymbol{H}=h^2\boldsymbol{I}$$

可得

$$M_h(x)=\frac{\sum_{i=1}^{n} G\left(\frac{x_i-x}{h}\right)w(x_i)(x_i-x)}{\sum_{i=1}^{n} G\left(\frac{x_i-x}{h}\right)w(x_i)}$$

如果对所有的采样点 x_i 满足

$$w(x_i)=1$$

$$G(x)=\begin{cases}1, & \|x\|<1 \\ 0, & \|x\|\geqslant 1\end{cases}$$

则为基本的 Mean Shift 形式。

扩展的 Mean Shift 形式的 x 提到求和号的外面，即

$$M_h(x)=\frac{\sum_{i=1}^{n}G\left(\frac{x_i-x}{h}\right)w(x_i)x_i}{\sum_{i=1}^{n}G\left(\frac{x_i-x}{h}\right)w(x_i)}-x \tag{47-1}$$

把式(47-1)右边的第一项记为 $m_h(x)$，即

$$m_h(x)=\frac{\sum_{i=1}^{n}G\left(\frac{x_i-x}{h}\right)w(x_i)x_i}{\sum_{i=1}^{n}G\left(\frac{x_i-x}{h}\right)w(x_i)}$$

则式(47-1)可变为

$$m_h(x)=x+M_h(x)$$

二、仿真实验

Mean Shift 方法是一种密度函数梯度估计的非参数方法，通过迭代寻优，找到概率分布的极值，并定位目标[6]。

给定初始点 x，核函数 $G(X)$，容许误差 ε，Mean Shift 方法循环执行下面三步，直至满足结束条件。

(1) 计算 $m_h(x)$。

(2) 把 $m_h(x)$ 赋给 x。

(3) 如果 $\|m_h(x)-x\|<\varepsilon$，则结束循环；否则执行步骤(1)。

上述步骤不断沿着概率密度的梯度方向移动，步长与梯度大小、该点的概率密度有关。在密度大的地方，更接近要找的概率密度的峰值，移动步长小一些；在密度小的地方，移动步长大一些。Mean Shift 方法仿真图如图 47-3 所示。

三、算法特点

Mean Shift 方法可用于特征空间分析、图像平滑和图像分割，可以收敛到最近的一个概率密度函数的稳态点[7]。Comaniciu 等把非刚体的跟踪问题近似为 Mean Shift 最优化问题，计算量小。

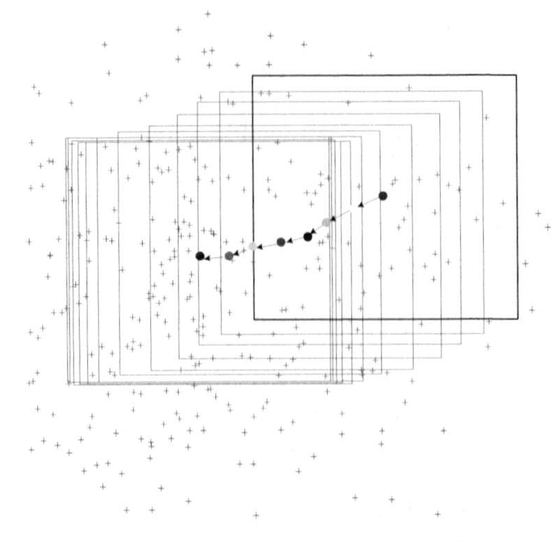

图 47-3　Mean Shift 方法仿真图

Mean Shift 方法缺乏模型更新，其固定的核函数窗宽影响跟踪的准确性[8]，在目标存在尺度变化时，导致尺度定位不准确，可造成目标丢失。

Mean Shift 方法不能跟踪移动速度很快的目标[9]，常用卡尔曼滤波预测下一帧中目标的可能位置，不能自动调整跟踪窗口的大小，也不能继续跟踪被遮挡的目标。

参考文献

[1] Fukunage K, Hostetler L. The estimation of the gradient of a density function with application in pattern recognition. IEEE Trans on Information Theory, 1975, 21(1): 32-40.

[2] Comaniciu D, Meer P. Mean Shift: a robust approach toward feature space analysis. TPAMI, 2002, 24(5): 603-619.

[3] 刘宝弟. 人脸快速检测与跟踪方法研究[硕士学位论文]. 北京: 中国石油大学, 2007.

[4] 刘新妹. 基于指纹识别的规则纹理图像识别技术研究[博士学位论文]. 太原: 中北大学, 2008.

[5] 高适. 智能视频监控系统中的目标检测和跟踪算法研究[硕士学位论文]. 南京: 南京理工大学, 2008.

[6] 贾春华. 智能监控中的行人检测与运动分析研究[硕士学位论文]. 大连: 大连理工大学, 2008.

[7] 高原. 海背景下弱小运动目标的检测和跟踪研究[硕士学位论文]. 北京: 北京交通大学, 200.

[8] 柏方超. 机器视觉在动态目标识别与跟踪中的应用研究[硕士学位论文]. 南京: 南京航空航天大学, 2009.

[9] 曾标. 复杂背景下视频智能分析技术的研究及实现[硕士学位论文]. 广州: 华南理工大学, 2012.

第 48 讲　CamShift 方法

CamShift(continuously adaptive mean shift)方法由美国英特尔公司(Intel Corporation)的 Bradski 于 1998 年提出[1]，是一个基于 Mean Shift 的改进方法，可用于人脸跟踪。

一、基本原理

将 Mean Shift 方法扩展到视频图像序列，就是 CamShift 方法。对视频的所有帧做 Mean Shift 运算，并将上一帧的结果，即搜索窗的大小和中心，作为下一帧 Mean Shift 方法搜索窗的初始值。如此迭代，实现目标跟踪。

Mean Shift 是为了静态的概率分布而设计的算法，而 CamShift 是为了动态的概率分布而设计的算法。在跟踪过程中，CamShift 利用目标的颜色直方图模型得到每帧图像的颜色投影图，根据上一帧结果自适应调整搜索窗口的位置和大小，使当前图像中目标尺寸和中心位置相适应。

RGB 颜色空间对光照变化较为敏感，为了减少该变化对跟踪的影响，首先将图像从 RGB 空间转换到 HSV 空间；然后对其中的 H 分量作直方图。在直方图中，纵坐标代表不同 H 分量值出现的概率或者像素个数，可以查找出 H 分量大小为 h 的概率或者像素个数，得到颜色概率查找表。

反向投影图是概率分布图，在反向投影图中某个像素点的值是这个点符合目标的概率分布。根据像素点的像素值查目标的直方图，将其对应像素值的概率作为该点在反向投影图中的值[2]。

如图 48-1 所示，将图像中每个像素的值用其颜色出现的概率替换，就得到颜色概率分布图，即反向投影，得到一个灰度图像。

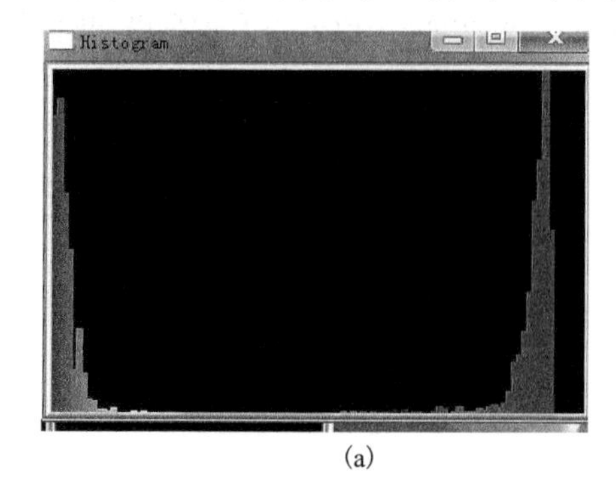

(a)

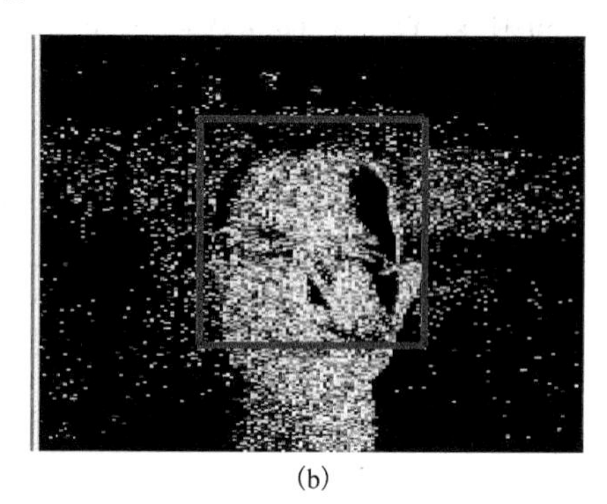

(b)

图 48-1　目标概率分布直方图和反向投影图

二、仿真实验

CamShift 方法的实现流程如下。

(1) 初始化搜索窗。

(2) 计算搜索窗的颜色概率分布(反向投影)。

(3) 运行 Mean Shift 方法，获得搜索窗新的大小和位置。

(4) 在下一帧视频图像中用步骤(3)中的值重新初始化搜索窗的大小和位置，再跳转到步骤(2)继续进行运算。

在输入图像进行反向投影图之前，在 HSV 空间滤掉一些噪声。

三、算法特点

CamShift 方法利用颜色的概率信息进行跟踪，能够自动调节窗口大小，适应被跟踪目标在图像中的大小，有效解决目标变形和遮挡问题，对系统资源要求不高，在简单背景下能够取得良好的跟踪效果[3]。

当背景较为复杂时，或者有许多与目标颜色相似像素干扰的情况下，CamShift 方法会跟踪失败，不能实现有效跟踪[4]，而且很难实现多目标跟踪。由于只在初始位置开始迭代，不是从每个像素点开始，有可能在初始位置错后，收敛的位置还是原位置，即跟丢后，可能会找不回来。

参考文献

[1] Bradski G R. Computer vision face tracking for use in a perceptual user interface. Intel Technology Journal, 1998, 2(2): 214-219.

[2] Jia P, Hu H S. Head gesture based control of an intelligent wheelchair// Proceedings of the 11th Chinese Automation and Computing Society Conference, 2005: 137-142.

[3] Chu H X, Ye S J, Guo Q C, et al. Object tracking algorithm based on CamShift algorithm combinating with difference in frame// Proceedings of the IEEE International Conference on Automation and Logistics, Jinan, 2007: 51-55.

[4] 郭世龙. 基于 Camshift 算法的移动机器人视觉跟踪[硕士学位论文]. 武汉: 武汉理工大学, 2008.

第 49 讲　梯度下降法

梯度下降法(gradient-descent algorithm)利用负梯度方向决定每次迭代的新搜索方向，每次迭代能使待优化的目标函数逐步减小，是 2 范数下的最速下降法。

一、基本原理

梯度下降法的一种简单形式为

$$x(k+1)=x(k)-a^{*}g(k)$$

式中，a^{*} 为学习速率，可以是较小的常数；$g(k)$ 是 $x(k)$ 的梯度。在一个有中心的等值线中，从初始值开始，每次沿着垂直等值线的方向移动一个小距离，最终收敛在中心。

对于某个性能指数，能够运用梯度下降法，使这个指数降到最小。若该指数为均方误差，则得到最小均方误差(Least Mean Square，LMS)算法。

对于方程组

$$\boldsymbol{A}\boldsymbol{x}=\boldsymbol{b} \tag{49-1}$$

式中，$\boldsymbol{A}$ 为对称正定矩阵，解 x 是如式(49-2)所示二次函数 $\phi(\boldsymbol{X})$ 的唯一极小值点。

$$\phi(\boldsymbol{X})=\frac{1}{2}\boldsymbol{X}^{\mathrm{T}}\boldsymbol{A}\boldsymbol{X}-\boldsymbol{b}^{\mathrm{T}}\boldsymbol{X} \tag{49-2}$$

求解式(49-1)所示方程组的问题等价于求极值问题，即

$$\min_{x\in\mathbf{R}^{n}}\phi(\boldsymbol{x})$$

求解极值问题的最简单方法是最速下降法，从某个初始点 $x^{(0)}$ 出发，沿 $\phi(\boldsymbol{X})$ 在 $x^{(0)}$ 处的负梯度方向搜索

$$r^{(0)}=-\nabla\phi(x^{(0)})=\boldsymbol{b}-\boldsymbol{A}x^{(0)}$$

求得 $\phi(\boldsymbol{X})$ 的极小值点 $x^{(1)}$，即

$$x^{(1)}=\min_{\lambda>0}\phi(x^{(0)}+\lambda r^{(0)})$$

从 $x^{(1)}$ 出发重复以上过程得到 $x^{(2)}$，逐步得到序列 $\{x^{(k)}\}$，该序列满足

$$\phi(x^{(0)})>\phi(x^{(1)})>\cdots>\phi(x^{(k)})>\cdots$$

从任意初始点 $x^{(0)}$ 出发，用梯度下降法得到的序列 $\{x^{(k)}\}$ 均收敛于极值，就是式(49-1)所描述方程组的解。其收敛速度取决于

$$\frac{\lambda_n - \lambda_1}{\lambda_n + \lambda_1}$$

式中，λ_1、λ_n 分别为 $\boldsymbol{A}$ 的最小、最大特征值。

二、仿真实验

梯度下降法的迭代步骤如下。

(1) 给定初始点 $X^{(0)} \in \mathbf{R}^n$，迭代精度 ε，维数 n。

(2) 置 $0 \Rightarrow k$。

(3) 计算迭代点 $X^{(k)}$ 的梯度为

$$\nabla f(X^{(k)}) = \left[\frac{\partial f(X^{(k)})}{\partial x_1}, \frac{\partial f(X^{(k)})}{\partial x_2}, \cdots, \frac{\partial f(X^{(k)})}{\partial x_n}\right]^{\mathrm{T}}$$

计算梯度的模为

$$\left\|\nabla f(X^{(k)})\right\| = \sqrt{\left(\frac{\partial f(X^{(k)})}{\partial x_1}\right)^2 + \left(\frac{\partial f(X^{(k)})}{\partial x_2}\right)^2 + \cdots + \left(\frac{\partial f(X^{(k)})}{\partial x_n}\right)^2}$$

计算搜索方向为

$$S^{(k)} = \frac{\nabla f((X^{(k)}))}{\left\|\nabla f((X^{(k)}))\right\|}$$

(4) 检验是否满足迭代终止条件 $\left\|\nabla f(X^{(k)})\right\| \leqslant \varepsilon$，若满足，则停止迭代，输出最优解。

$$X^{(k)} \Rightarrow X^*$$
$$f(X^{(k)}) \Rightarrow f(X^*)$$

否则进行步骤(5)。

(5) 从 $X^{(k)}$ 点出发，沿负梯度方向进行一维搜索，求最优步长 $a^{(k)}$，使

$$f(X^{(k)} + a^{(k)}S^{(k)}) = \min_{a} f(X^{(k)} + a^{(k)}S^{(k)})$$

(6) 计算迭代新点

$$X^{(k+1)} = X^{(k)} + a^{(k)}S^{(k)}$$

(7) 置 $k+1 \Rightarrow k$，返回步骤(3)进行下一次迭代计算。

三、算法特点

如图 49-1 所示，梯度下降法每次迭代都是沿迭代点函数值下降最快的方向搜索，称为最速下降法。从任意迭代点 $X^{(k)}$ 出发，沿其负梯度方向 $S^{(k)}$ 一维搜索到极小点 $X^{(k+1)}$，则 $X^{(k+1)}$ 点应为向量与目标函数等值线 $f(\boldsymbol{X})=a_1$ 的切点。下次迭代从 $X^{(k+1)}$ 点出发，沿其负梯度方向 $S^{(k+1)}$ 一维搜索。由梯度方向的性质可知，$S^{(k+1)}$ 应是目标函数等值线 $f(\boldsymbol{X})=a_1$ 在 $X^{(k+1)}$ 点的法线，因而 $S^{(k)}$ 与 $S^{(k+1)}$ 必为正交向量，迭代过程中前后两次迭代向量正交，迭代过程呈直角锯齿形路线曲折走向目标函数的极小点 X^*。

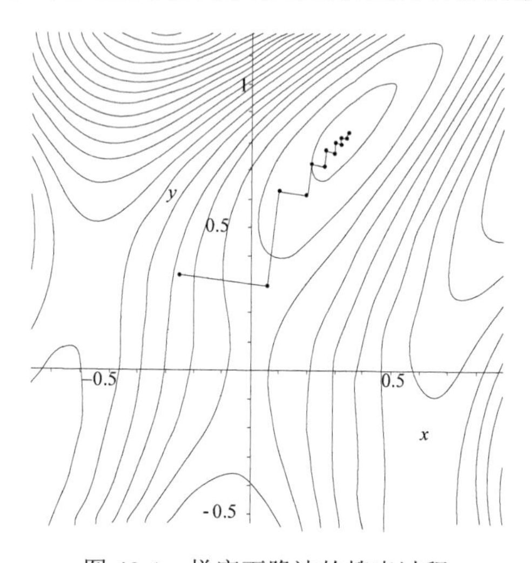

图 49-1　梯度下降法的搜索过程

梯度下降法搜索开始时步长较大，越接近极小点步长越小，最后收敛的速度极其缓慢。所谓“最速下降”只是指函数在迭代点的局部特性，一旦离开该迭代点，原先的负梯度方向就不再是最速下降方向。从整个迭代过程来看，负梯度方向并非最速下降方向。该方法搜索路线曲折，收敛速度较慢。

尽管梯度下降法收敛速度较慢，但是迭代的几何概念直观、方法简单，只求一阶偏导，存储单元较少。当迭代点距目标函数极小点尚远时，无论目标函数是否具有二次性，开始迭代时的下降速度还是很快的。

第 50 讲　牛顿迭代法

牛顿迭代法又称为牛顿-拉夫逊方法(Newton-Raphson method)，是英国著名科学家牛顿在 17 世纪提出的一种在实数域和复数域上近似求解方程的方法。多数方程不存在求根公式，因此求精确根非常困难，从而寻找方程近似根特别重要。

一、基本原理

最速下降法在最初几步迭代中函数值下降很快，越接近极值点下降越慢。

牛顿迭代法利用二次曲线逐点近似原目标函数，以二次曲线的极小值点近似原目标函数的极小值点，并逐渐逼近该点[1]，收敛很快。

1. 基本的牛顿迭代法

牛顿迭代法使用函数 $f(x)$ 的泰勒级数的前几项来寻找方程 $f(x)=0$ 的根。$f(x)$ 在 $x^{(k)}$ 点处的逼近 $\varphi\left(x^{(k)}\right)$ 可表示为二次曲线(即泰勒二次多项式)

$$\varphi\left(x^{(k)}\right)=f\left(x^{(k)}\right)+f'\left(x^{(k)}\right)\left(x-x^{(k)}\right)+\frac{1}{2}f''\left(x^{(k)}\right)\left(x-x^{(k)}\right)^2$$

此二次函数的极小点可由 $\varphi'(x^{(k)})=0$ 求得。

同样的，对于 n 维问题，n 维目标函数 $f(X)$ 在 $X^{(k)}$ 点处的逼近 $\varphi\left(X^{(k)}\right)$ 可表示为

$$\begin{aligned}\varphi\left(X^{(k)}\right)= & f\left(X^{(k)}\right)+\left[\nabla f\left(X^{(k)}\right)\right]\left[X-X^{(k)}\right]\\ & +\frac{1}{2}\left[X-X^{(k)}\right]^{\mathrm{T}}\nabla^2 f\left(X^{(k)}\right)\left[X-X^{(k)}\right]\end{aligned} \tag{50-1}$$

这里 $\nabla^2 f\left(X^{(k)}\right)=\boldsymbol{H}\left(X^{(k)}\right)$ 为 Hessian 矩阵，式(50-1)可改写为

$$\begin{aligned}\varphi\left(X^{(k)}\right)= & f\left(X^{(k)}\right)+\left[\nabla f\left(X^{(k)}\right)\right]\left[X-X^{(k)}\right]\\ & +\frac{1}{2}\left[X-X^{(k)}\right]^{\mathrm{T}}\boldsymbol{H}\left(X^{(k)}\right)\left[X-X^{(k)}\right]\\ \approx & f(X)\end{aligned} \tag{50-2}$$

当 $\nabla\varphi(X)=0$ 时可求得二次曲线 $\varphi(X)$ 的极值点，并且当且仅当该点处的 Hessian 矩阵为正定时有极小值点。

由式(50-2)得

$$\nabla\varphi(X)=\nabla f\left(X^{(k)}\right)+\boldsymbol{H}\left(X^{(k)}\right)\left[X-X^{(k)}\right]$$

令

$$\nabla\varphi(X)=0$$

则

$$\nabla f\left(X^{(k)}\right)+\boldsymbol{H}\left(X^{(k)}\right)\left[X-X^{(k)}\right]=0$$

若 $\boldsymbol{H}(X^{(k)})$ 为可逆矩阵，将上式等号两边左乘 $[\boldsymbol{H}(X^{(k)})]^{-1}$，则

$$\left[\boldsymbol{H}\left(X^{(k)}\right)\right]^{-1}\nabla f\left(X^{(k)}\right)+\boldsymbol{I}\left[X-X^{(k)}\right]=0$$

整理后得

$$X=X^{(k)}-\left[\boldsymbol{H}\left(X^{(k)}\right)\right]^{-1}\nabla f\left(X^{(k)}\right) \tag{50-3}$$

当目标函数 $f(X)$ 是二次函数时，牛顿法迭代变得极为简单、有效，这时 $\boldsymbol{H}\left(X^{(k)}\right)$ 是一个常数矩阵，利用式(50-3)进行一次迭代计算所得的 X 就是最优点 X^*。

一般情况下，$f(X)$ 不一定是二次函数，不能一步就求出极小值，即极小值点不在 $-\left[\boldsymbol{H}\left(X^{(k)}\right)\right]^{-1}\nabla f\left(X^{(k)}\right)$ 方向上（该方向称为牛顿方向），但由于在 $X^{(k)}$ 点附近函数 $\varphi(X)$ 与 $f(X)$ 是近似的，所以这个方向可以作为近似方向，可以用式(50-3)先求出点 X 周围的一个逼近点 $X^{(k+1)}$，即

$$X^{(k+1)}=X^{(k)}-\left[\boldsymbol{H}\left(X^{(k)}\right)\right]^{-1}\nabla f\left(X^{(k)}\right) \tag{50-4}$$

将得到的 $X^{(k+1)}$ 代入式(50-4)右侧，可以求得下一个逼近点，通过迭代，逐次向极小值点 X^* 逼近。

2. 修正的牛顿迭代法

$X^{(k)}$ 求 $X^{(k+1)}$ 时不是直接用原来的迭代公式，而且沿着 $X^{(k)}$ 点处的牛顿方向进行一维搜索，避免收敛于极大点或鞍点。于是式(50-4)可改写为

$$X^{(k+1)}=X^{(k)}-\alpha^{(k)}\left[\boldsymbol{H}\left(X^{(k)}\right)\right]^{-1}\nabla f\left(X^{(k)}\right)$$

令

$$S^{(k)}=-\left[\boldsymbol{H}\left(X^{(k)}\right)\right]^{-1}\nabla f\left(X^{(k)}\right)$$

则

$$X^{(k+1)}=X^{(k)}+\alpha^{(k)}S^{(k)} \tag{50-5}$$

式(50-5)中，探索步长 $\alpha^{(k)}$ 为

$$\min_{\alpha\geqslant 0} f\left(X^{(k)}+\alpha S^{(k)}\right)=f\left(X^{(k)}+\alpha^{(k)}S^{(k)}\right)$$

修正牛顿法虽然计算工作量多一些，但是收敛快；即使初始点选择不当，用这种方法搜索也会成功[2]。

二、仿真实验

1. 基本的牛顿迭代法

牛顿迭代法基于多元函数的泰勒展开，将 $-[\boldsymbol{H}(X^{(k)})]^{-1}\nabla f(X^{(k)})$ 作为探索方向，迭代公式为式(50-4)。

(1)给定初始点 $X^{(0)}$，精度 $\varepsilon>0$，令 $k=0$。

(2)若 $\left\|\nabla f(X^{(k)})\right\|\leqslant\varepsilon$，则停止，极小点为 $X^{(k)}$；否则转步骤(3)。

(3)计算 $[\nabla^2 f(X^{(k)})]^{-1}$，令

$$S^{(k)}=-[\boldsymbol{H}(X^{(k)})]^{-1}\nabla f(X^{(k)})$$

$$X^{(k+1)}=X^{(k)}+S^{(k)}$$

$$k=k+1$$

(4)转步骤(2)。

2. 修正的牛顿迭代法

与基本牛顿迭代法不同的是引进搜索步长，而搜索步长的大小通过一维搜索算法确定。

(1)给定初始点 $X^{(0)}$，精度 $\varepsilon>0$，令 $k=0$。

(2)若 $\left\|\nabla f(X^{(k)})\right\|\leqslant\varepsilon$，则停止，极小点为 $X^{(k)}$；否则转步骤(3)。

(3)计算 $[\nabla^2 f(X^{(k)})]^{-1}$，令

$$S^{(k)}=-[\boldsymbol{H}(X^{(k)})]^{-1}\nabla f(X^{(k)})$$

(4)用一维搜索法求 α，使得

$$f(X^{(k)}+\alpha^{(k)}S^{(k)})=\min_{\alpha\geqslant 0} f(X^{(k)}+\alpha S^{(k)})$$

$$X^{(k+1)}=X^{(k)}+\alpha^{(k)}S^{(k)}$$

$$k=k+1$$

(5)转步骤(2)。

三、算法特点

牛顿迭代法的最大优点是在方程 $f(x)=0$ 的单根附近具有平方收敛，可以求方程的重根、复根，广泛用于计算机编程中。

基本的牛顿迭代法对初始点的选择要求较高，如果不满足要求，则不能保证有比较好的收敛性[3]。如果初始点选择不当，则计算结果就可能收敛于极大点、鞍点或者不收敛。修正的牛顿迭代法可以解决该问题。

参 考 文 献

[1] Davis G J. An algorithm to compute solvents of the matrix equation AX2+BX+C =0. ACM Trans Math Software, 1983, 9(2): 246-254.

[2] Kratz W, Stickel E. Numerical solution of matrix polynomial equations by Newton's method. IMAJ Numer Anal, 1987, 7: 355-369.

[3] Pereira E. On solvents of matrix polynomials. Applied Numerical Mathematics, 2003, 47: 197-208.

第51讲　共轭梯度法

共轭梯度法(conjugate gradient method)由美国加州大学洛杉矶分校(University of California，Los Angeles)的Hestenes和瑞士苏黎世联邦理工学院的Stiefel于1952年提出[1]，用于求解正定系数矩阵的线性方程组。

一、基本原理

设二次函数为

$$f(\boldsymbol{X})=C+\boldsymbol{b}^{\mathrm{T}}\boldsymbol{X}+\frac{1}{2}\boldsymbol{X}^{\mathrm{T}}\boldsymbol{A}\boldsymbol{X} \tag{51-1}$$

式中，C为常数；$\boldsymbol{b}$、$\boldsymbol{X}$为n维列向量；$\boldsymbol{A}$为对称正定矩阵。

共轭梯度法探索的第一步是沿负梯度方向

$$S^{(k)}=-\nabla f(X^{(k)}) \tag{51-2}$$

然后沿着与上一次探索方向$S^{(k)}$相共轭的方向$S^{(k+1)}$进行探索，直至达到最小点X^{*}。

以原来的负梯度的一部分即$\beta^{k}S^{(k)}$，加上新的负梯度$-\nabla f(X^{(k+1)})$，构造$S^{(k+1)}$，则

$$S^{(k+1)}=-\nabla f(X^{(k+1)})+\beta^{k}S^{(k)} \tag{51-3}$$

其中，β^{k}的选择，应使n维欧几里得空间E^{n}中的两个非零向量$S^{(k)}$与$S^{(k+1)}$关于矩阵$\boldsymbol{A}$共轭，即

$$\left[S^{(k+1)}\right]^{\mathrm{T}}\boldsymbol{A}S^{(k)}=0,\qquad k=0,1,2,\cdots,n-1 \tag{51-4}$$

由式(51-1)可知

$$\nabla f(\boldsymbol{X})=\boldsymbol{b}+\boldsymbol{A}\boldsymbol{X} \tag{51-5}$$

令

$$g^{(k)}=\nabla f\left(X^{(k)}\right)=\boldsymbol{b}+\boldsymbol{A}X^{(k)} \tag{51-6a}$$

$$g^{(k+1)}=\nabla f\left(X^{(k+1)}\right)=\boldsymbol{b}+\boldsymbol{A}X^{(k+1)} \tag{51-6b}$$

将式(51-6)中两式相减，得

$$g^{(k+1)}-g^{(k)}=\boldsymbol{A}(X^{(k+1)}-X^{(k)}) \tag{51-7}$$

设在第$k+1$次迭代中

$$X^{(k+1)}=X^{(k)}+\alpha^{(k)}S^{(k)} \tag{51-8}$$

将式(51-8)代入式(51-7)，得

$$g^{(k+1)} - g^{(k)} = \boldsymbol{A}\alpha^{(k)}S^{(k)}, \qquad k = 0,1,2,\cdots,n-1 \tag{51-9}$$

这里，$\alpha^{(k)}$ 为第 $k+1$ 次迭代的最优步长。

由式(51-4)和式(51-9)，可得

$$[S^{(k+1)}]^{\mathrm{T}}[g^{(k+1)} - g^{(k)}] = 0 \tag{51-10}$$

将式(51-3)和式(51-6b)代入式(51-10)，得

$$[g^{(k+1)} - \beta^k S^{(k)}]^{\mathrm{T}}[g^{(k+1)} - g^{(k)}] = 0 \tag{51-11}$$

因为 $g^{(k+1)}, g^{(k)}, \cdots, g^{(0)}$ 是一个正交系，故

$$[g^{(k+1)}]^{\mathrm{T}} g^{(k)} = 0$$

或

$$[g^{(k+1)}]^{\mathrm{T}} S^{(k)} = 0$$

故式(51-11)可简化为

$$[g^{(k+1)}]^{\mathrm{T}} g^{(k+1)} - \beta^{(k)}[g^{(k)}]^{\mathrm{T}} g^{(k)} = 0$$

得

$$\beta^{(k)} = \frac{[g^{(k+1)}]^{\mathrm{T}} g^{(k+1)}}{[g^{(k)}]^{\mathrm{T}} g^{(k)}} = \frac{\left\|g^{(k+1)}\right\|^2}{\left\|g^{(k)}\right\|^2} = \frac{\left\|\nabla f(X^{(k+1)})\right\|^2}{\left\|\nabla f(X^{(k)})\right\|^2}$$

$\alpha^{(k)}$ 用一维探索最优化方法确定，即

$$\min_{\alpha} f(X^{(k)} + \alpha S^{(k)}) = f(X^{(k)} + \alpha^{(k)} S^{(k)})$$

或用解析法，使

$$\frac{\mathrm{d} f(X^{(k)} + \alpha^{(k)} S^{(k)})}{\mathrm{d}\alpha} = 0$$

求得 $\alpha^{(k)}$。

由式(51-9)可得

$$g^{(k+1)} = g^{(k)} + \boldsymbol{A}\alpha^{(k)} S^{(k)}$$

代入式(51-6)，得

$$\nabla f(X^{(k+1)}) = \nabla f(X^{(k)}) + \alpha^{(k)}\boldsymbol{A}S^{(k)} \tag{51-12}$$

因为进行一维最优化搜索，故

$$[\nabla f(X^{(k+1)})]^{\mathrm{T}} S^{(k)} = 0 \tag{51-13}$$

由式(51-12)和式(51-13)可得

$$\alpha^{(k)} = -\frac{[\nabla f(X^{(k)})]^{\mathrm{T}} S^{(k)}}{[S^{(k)}]^{\mathrm{T}} \boldsymbol{A} S^{(k)}} = -\frac{\left[\nabla f\left(X^{(k)}\right)\right]^{\mathrm{T}} S^{(k)}}{\left[S^{(k)}\right]^{\mathrm{T}}\left[H\left(X^{(k)}\right)\right] S^{(k)}}$$

二、仿真实验

共轭梯度法求无约束多维极值问题 $\min f(x), x \in \mathbf{R}^n$ 的步骤如下。

(1) 给定初始点 $x^{(0)}$，精度 $\varepsilon > 0$。

(2) 若 $\left\|\nabla f(x^{(0)})\right\| \leqslant \varepsilon$，则停止，极小值点为 $x^{(0)}$，否则转步骤(3)。

(3) 取 $p^{(0)} = -\nabla f(x^{(0)})$，且置 $k = 0$。

(4) 用一维搜索法求 t_k，使得

$$f(x^{(k)} + t_k p^{(k)}) = \min_{t \geqslant 0} f(x^{(k)} + tp^{(k)})$$

令 $x^{(k+1)} = x^{(k)} + t_k p^{(k)}$，转步骤(5)。

(5) 若 $\left\|\nabla f(x^{(k+1)})\right\| \leqslant \varepsilon$ 则停止，极小值点为 $x^{(k+1)}$，否则转步骤(6)。

(6) 若 $k+1 = n$，令 $x^{(0)} = x^{(n)}$，转步骤(3)，否则转步骤(7)。

(7) 令

$$p^{(k+1)} = -\nabla f(x^{(k+1)}) + \lambda_k p^{(k)}$$

$$\lambda_k = \frac{\left\|\nabla f(x^{(k+1)})\right\|^2}{\left\|\nabla f(x^{(k)})\right\|^2}$$

置 $k = k+1$，转步骤(4)。

三、算法特点

共轭梯度法利用目标函数梯度逐步产生共轭方向作为搜索方向，搜索步长通过一维极值方法确定。

共轭梯度法介于最速下降法与牛顿法之间[2]，仅需利用一阶导数信息，克服最速下降法收敛慢的缺点，避免牛顿法需要存储和计算Hessian矩阵并求逆的缺点。

共轭梯度法所需存储量小，稳定性高，不需要任何外来参数[3]。不需要矩阵存储，且有较快的收敛速度和二次终止性等优点，广泛应用于实际问题中，是解决大型线性方程组和非线性最优化的有效方法。

参考文献

[1] Hestenes M R, Stiefel E. Methods of conjugate gradients for solving linear systems. Journal of Research of the National Bureau of Standards, 1952, 49, 409-436.

[2] Zhou W J, Zeng Z Z. A kind of method of spectrum analysis based on conjugate gradient method. Technique and Method, 2013, 32(5): 71-73.

[3] Li Y. A modification of PRP conjugate gradient method. Guangxi Sciences, 2013, 20(1): 5-8.

第 52 讲　禁忌搜索方法

禁忌搜索(Taboo Search，TS)方法由美国科罗拉多大学(University of Colorado)的Glover在1986年提出[1]，在1989年[2]和1990年完善[3]。禁忌搜索是对局部邻域搜索的扩展，是一种全局邻域搜索算法。通过引入灵活的存储结构和相应的禁忌准则避免迂回搜索，通过藐视准则赦免一些被禁忌的优良状态，保证多样化的有效探索，实现全局优化。

一、基本原理

局部邻域搜索采用贪婪思想，在当前邻域中搜索最优值搜索性能依赖于邻域结构和初始解，容易陷入局部极小，无法保证全局优化。

禁忌搜索方法将近期的历史搜索过程存放在禁忌表中，阻止算法重复进入，有效防止搜索过程的死循环。禁忌表模仿人类的记忆功能，是一种智能优化方法[4]。

禁忌搜索方法涉及编码方式、适值函数、移动与邻域、禁忌表、禁忌长度、选择策略、候选解、藐视准则等概念。

1. 编码方式

编码就是将实际问题的解用便于算法操作的形式来描述，根据问题的具体情况灵活选择编码方式，如带分隔符的顺序编码、自然数编码等，不同编码方式可以相互转化。

2. 适值函数的构造

目标函数变形可以作为适值函数，要求变形严格单调。

3. 初始解的获得

禁忌搜索方法基于邻域搜索，初始解对搜索性能影响很大。

4. 邻域移动

移动是从当前解产生新解的途径，从当前解可以进行的所有移动构成邻域。适当的移动规则是取得高效搜索的关键。

5. 禁忌表

不允许恢复即被禁止的性质称为禁忌。禁忌表阻止搜索过程中出现死循环，避免陷入局部最优[5]，通常记录前若干次的移动，禁止这些移动在近期内返回。在迭代固定次数之后，禁忌表释放这些移动，重新参加运算。

禁忌表是禁忌搜索方法的核心，禁忌表的大小影响搜索速度和解的质量。如果禁忌表长度过小，那么搜索可能进入死循环；如果禁忌表长度过大，那么限制搜索区域，好解有可能被跳过，增加运算时间。动态禁忌表比固定禁忌表能获得更好的解。

禁忌表模拟人的记忆机制，用来存放禁忌对象，禁忌表中的禁忌对象在解禁之前不能被再次搜索，可防止搜索陷入局部最优。可以采用数组、队列、栈、链表等顺序结构实现。

禁忌长度就是每个禁忌对象在禁忌表中的生存时间，即为禁忌对象的任期。当某个禁忌对象加入禁忌表时，设置其任期为禁忌长度值，搜索过程每迭代一次，禁忌表中的各禁忌对象的任期自动减 1；当某禁忌对象任期为 0 时，将其从禁忌表中删除。

候选解是当前解邻域解集的子集，为了减少搜索代价，要求禁忌长度和候选解集尽量小，但禁忌长度过小将使搜索无法跳出局部最优；候选解集过小将使搜索早熟收敛。候选解集的大小根据问题特性和要求确定，禁忌长度的选取有静态和动态两种方法。

6. 选择策略

选择策略即择优规则，对当前的邻域移动选择某个移动，常用最好改进解优先策略和第一个改进解优先策略。最好改进解优先策略就是对当前邻域中选择移动值最好的移动产生的解，作为下一次迭代的开始；相当于寻找最陡下降，效果较好，但需要更多计算时间。第一个改进解优先策略是搜索邻域移动时，选择第一改进当前解的邻域移动产生的解作为下一次迭代的开始；不需要搜索整个邻域移动，计算时间较少。

7. 破禁水平

破禁水平指渴望水平函数选择，当一个禁忌移动在随后 T 次的迭代内再度出现时，如果它能把搜索带到一个从未搜索过的区域，则应该接受该移动即破禁，不受禁忌表限制。定义一个渴望水平函数，常选取当前迭代之前所获得的最好解的目标值或此移动禁忌时的目标值。

8. 停止规则

停止规则有三种：第一种把最大迭代步数作为停止标准；第二种在给定数目的迭代内，所发现的最好解无法改进或无法离开；第三种设定某对象的最大禁忌频率。

9. 中期表

中期表称为频数表或频率表，是对禁忌属性的一种补充，可以放宽选择决策对象的范围。如果某个适配值频繁出现，则可以推测搜索陷入循环或者达到某个极限点，或者当前参数很难搜索到更好状态，需要调整参数。

10. 长期表

短期记忆用来避免最近所作的一些移动被重复，长期表通过记录和分析同样的选择在过去做了多少次来重新指导局部选择。

长期记忆函数有两种形式：一种通过惩罚形式，采用评价函数惩罚在过去搜索中用得最多或最少的那些选择，并用启发方法产生新的初始点；另一种采用频率矩阵，采用基于最小频率和最大频率的长期记忆。通过使用基于最小频率的长期记忆，可以在未搜索区域产生新序列；使用基于最大频率的长期记忆，可以在过去搜索中认为是好的可行区域内产生不同序列。

二、仿真实验

1. 基本禁忌搜索方法

在邻域搜索的基础上，通过设置禁忌表来禁忌已经历的操作，利用藐视准则奖励优良状态。

如图 52-1 所示，基本禁忌搜索方法的步骤如下。

(1) 给定算法参数，随机产生初始解 x，置禁忌表为空。

(2) 判断算法终止条件是否满足。若是，则结束算法并输出优化结果；否则，继续步骤(3)。

(3) 利用当前解 x 的邻域函数产生邻域解，并确定候选解。

(4) 对候选解判断藐视准则是否满足。若成立，则采用满足藐视准则的最佳状态 y 替代 x，成为新的当前解，即 $x=y$，并用与 y 对应的禁忌对象替换最早进入禁忌表的禁忌对象，然后转步骤(6)；否则，继续步骤(5)。

(5) 判断候选解对应的各对象的禁忌属性，选择候选解集中非禁忌对象对应的最佳状态为新的当前解，同时用与之对应的禁忌对象替换最早进入禁忌表的禁忌对象。

(6)转步骤(2)。

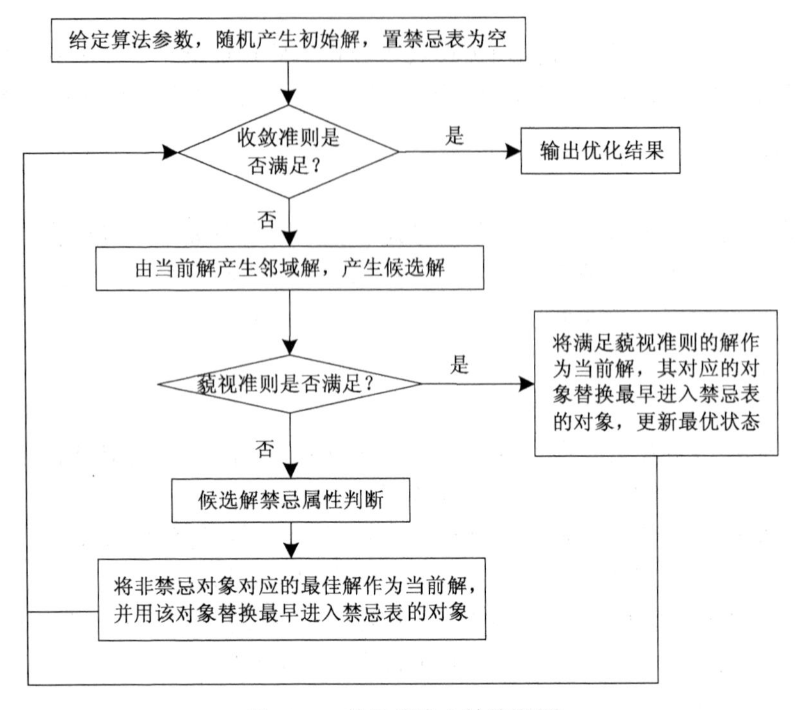

图 52-1　禁忌搜索方法流程图

2. 并行禁忌搜索方法

并行禁忌搜索方法有两种：基于空间分解策略和基于任务分解策略。搜索空间分解将原问题分解为多个子问题分别进行求解；邻域分解策略的每一步用多种方法对邻域分解得到的子集进行评价。

将待求解问题分解为多个任务，每一个任务使用一个禁忌搜索方法求解。不同的禁忌搜索方法可以设置不同参数，包括初始解、邻域结构、选择策略、渴望水平等。

3. 主动禁忌搜索方法

主动搜索(Reactive Search，RS)是一种反馈机制，是一种适合于求解离散优化问题的启发式算法。Battiti 和 Tecchiolli 于 1994 年将主动搜索机制引入禁忌搜索方法中，提出主动禁忌搜索(Reactive Tabu Search，RTS)方法，利用反馈机制自动调整禁忌表长度，自动平衡表中强化搜索策略和分散多样化搜索策略。

三、算法特点

禁忌搜索方法具有灵活的记忆功能和藐视准则，在搜索过程中可以接受劣解，具有较强的爬山能力，搜索时能够跳出局部最优，转向解空间的其他区域，增强获得更好的全局最优解的概率，是局部搜索能力很强的全局迭代寻优算法[6]。

邻域函数采用局部邻域搜索思想，用于实现邻域搜索；禁忌表和禁忌对象使算法避免迂回搜索；藐视准则是对优良状态的奖励，是对禁忌策略的放松。

禁忌对象可以是搜索状态、特定搜索操作、搜索目标值等。新解不是在当前解的邻域中随机产生的，而是非禁忌的最佳解，选取优良解的概率更大。

参 考 文 献

[1] Glover F. The general employee scheduling problem: an integration of MS and AI. Computers and Operations Research, 1986 , 13 (5) : 563-573.

[2] Glover F. Tabu search-part 1. ORSA Journal on Computing, 1989 , 1 (3) : 190-206.

[3] Glover F. Tabu search-part 2. ORSA Journal on Computing, 1990 , 2 (1) : 4-32.

[4] 杨涛. 基于企业滚动生产计划的动态设备布局研究[硕士学位论文]. 哈尔滨: 哈尔滨工业大学, 2008.

[5] 魏海洋. 变电站选址定容两阶段优化规划[硕士学位论文]. 天津: 天津大学, 2005.

[6] 王运发. 二级供应链生产配送协同计划问题研究[硕士学位论文]. 天津: 天津大学, 2011.

第 53 讲　罚函数方法

罚函数方法(penalty function method)由美国纽约大学(New York University)的 Courant 于 1943 提出[1]。用于求解一般线性规划问题，是常用的最优化理论和方法之一。

一、基本原理

最优化问题可以分为函数优化和组合优化两大类，函数优化对象是一定区间内连续变量，组合优化对象是解空间中的离散状态。

常用优化算法分为：经典算法、构造性算法、改进型算法、基于系统动态演化的算法和混合算法等。

罚函数方法根据约束特点构造某种惩罚函数，并添加到目标函数中，使约束优化问题的求解转化为无约束优化问题的求解[2]。

罚函数方法分为外部罚函数法和内部罚函数法。外部罚函数法从非可行解出发逐渐移动到可行区域。内部罚函数法称为障碍罚函数法，在可行域内部进行搜索，约束边界起到类似围墙作用，如果当前解远离约束边界，则罚函数值是非常小的，否则罚函数值接近无穷大。

对于仅含等式约束的非线性规划问题 P，其表达式为

$$\min f(x)$$

$$\text{s.t.}\quad h_j(x)=0,\quad j=1,2,\cdots,p$$

式中，$f(x)$、$h_j(x)$ 是连续函数。

记

$$h(x)=\left(h_1(x),\cdots,h_p(x)\right)^{\mathrm{T}}$$

则 P 的可行域为

$$S=\left\{x\in\mathbf{R}^n \mid h(x)=0\right\}$$

采用简单罚函数求解 P。定义辅助函数 F

$$F(x,M)=f(x)+M\sum_{j=1}^{p}h_j^2(x)$$

式中，M 为很大的正数。

$$\nabla_x F(x,M)=\nabla f(x)+2M\sum_{j=1}^{p}h_j(x)\nabla h_j(x)$$

$\min F(x,M)$ 的最优解 x^k 满足

$$\nabla_x F(x^k,M)=0$$

即

$$\sum_{j=1}^{p}h_j(x^k)\nabla h_j(x^k)=-\frac{1}{2M_k}\nabla f(x^k)$$

一般 $\nabla f(x^k)$ 不趋于零，若要求 x^k 趋于 P 的最优解，则要求 $h_j(x^k)$ 趋于零，要求 M_k 趋于无穷。因此，M_k 必须充分大才可能使 x^k 接近 P 的最优解。用梯度趋于零的 Lagrange 函数 $L(x,v)$ 代替 $f(x)$，即

$$L(x,v)=f(x)+\sum_{j=1}^{p}v_j h_j(x)$$

令

$$\phi(x,v,M)=f(x)+\sum_{j=1}^{p}v_j h_j(x)+\sum_{j=1}^{p}\frac{M_j}{2}h_j^2(x)$$

式中，$\phi(x,v,M)$ 为增广 Lagrange 函数，v 为 Lagrange 乘子，$M=(M_1,\cdots,M_p)^{\mathrm{T}}>0$ 为罚因子。对 v^k,M^k 求解无约束优化问题

$$\min\phi(x,v,M)$$

由于最优解 x^k 是 P 的最优解，所以有

$$0=\nabla_x\phi(x^k,v^k,M^k)=\nabla f(x^k)+\sum_{j=1}^{m}(v_j^k+M_j^k h_j(x^k))\nabla h_j(x^k)$$

由 K-T 条件，取

$$v_j^{k+1}=v_j^k+M_j^k h_j(x^k),\qquad j=1,\cdots,m$$

$$M_j^{k+1}=\begin{cases}M_j^k, & \left|h_j(x^k)\right|<\dfrac{1}{4}\left|h_j(x^{k-1})\right|,\ j=1,\cdots,m\\ \max\left\{cM_j^k,k^2\right\}, & \left|h_j(x^k)\right|\geqslant\dfrac{1}{4}\left|h_j(x^{k-1})\right|,\ j=1,\cdots,m\end{cases}$$

二、仿真实验

罚函数方法的实现流程如下。

(1) 给定初始点 $x^{(0)}$，初始罚因子 $\lambda^{(1)}$；放大系数 $c>1$；允许误差 $e>0$，设置 $k=1$。

(2) 以 $x^{(k-1)}$ 作为搜索初始点，求解无约束规划问题 $\min(f(x)+\lambda P(x))$，令 $x^{(k)}$ 为所求极小点。

(3) 当 $\lambda P(x^{(k)})<e$ 时，停止计算，得到点 $x^{(k)}$；否则，令 $\lambda^{(k+1)}=c\lambda^{(k)}$，返回步骤(2)。

三、算法特点

罚函数方法是线性规划中大 M 法在非线性规划中的推广[3]，在数学规划理论与方法中扮演着重要角色。

优化算法是一种搜索过程或规则，基于某种思想和机制，通过一定途径或规则得到满足用户要求的解。可用于求解各种工程问题的优化解，在系统控制、人工智能、模式识别、生产调度等领域得到广泛应用。

参 考 文 献

[1] Courant R. Variational methods for the solution of problems of equilibrium and vibrations. Bull Amer Math Soc, 1943, 49(1): 1-23.

[2] Bonnel H, Morgan J. Semivectorial bilevel optimization problem: penalty approach. Journal of Optimization Theory and Applications, 2006, 131(3): 365-382.

[3] Ankhili Z, Mansouri A. An exact penalty on bilevel programs with linear vector optimization lower level. European Journal of Operational Research, 2009, 197(1): 36-41.

第 54 讲　模拟退火方法

模拟退火方法(Simulated Annealing Algorithm，SAA)是美国 IBM 的 Kirkpatrick 等于 1983 年在研究组合优化的基础上，根据迭代改进思想提出的[1]。模拟退火方法是一种通用概率算法，在固定时间内从一个大空间中寻求最优解。

一、基本原理

在定义域 S 内，求函数 $f(x)$ 的最小值，即 $\min(f(x)), x \in S$ 。

1. 爬山方法

爬山方法是一种简单的贪心搜索算法，每次从当前解的临近解空间中选择一个最优解作为当前解，直到达到一个局部最优解。

爬山方法实现很简单，主要缺点是会陷入局部最优解，而不一定能搜索到全局最优解。如图 54-1 所示，假设 *C* 点为当前解，爬山方法搜索到 *A* 点这个局部最优解就会停止搜索，因为在 *A* 点无论向哪个方向小幅度移动都不能得到更优的解。

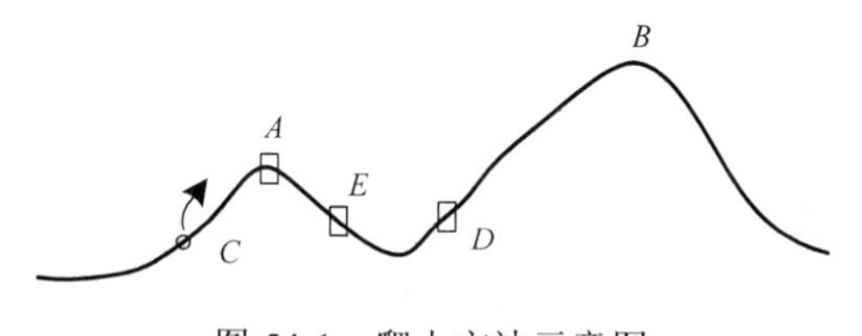

图 54-1　爬山方法示意图

2. 模拟退火思想

爬山方法是完全的贪心算法，每次都鼠目寸光地选择一个当前最优解，因此只能搜索到局部最优值。模拟退火方法也是一种贪心算法，但是搜索过程引入随机因素，以一定的概率来接受一个比当前解要差的解，有可能跳出该局部最优解，达到全局最优解[2]。以图 54-1 为例，模拟退火方法在搜索到局部最优解 *A* 后，会以一定的概率接受 *E* 的移动。经过几次不是局部最优的移动后会到达 *D* 点，于是就跳出局部最大值 *A*。

在搜索极值过程中，如果过早结束，则会陷入局部最优情况[3]，为了跳出局部最优，引入一个接受概率 P 和参数 T 。在当前解的邻域内选择一点，如果比当前解好，则总是接受它；如果没有当前解好，则以接受概率接受它。接受概率中的 T 随着时间从大到小变化(模拟冷却时温度不断下降)，一开始 T 值很大，近似于随机搜索，随机选择当前解；后来 T 很小，近似于普通搜索法，选择最优作为当前解。

模拟退火思想描述如下。

(1) 若 $J(Y(i+1)) \geqslant J(Y(i))$，即移动后得到更优解，则总是接受该移动。

(2) 若 $J(Y(i+1)) < J(Y(i))$，即移动后的解比当前解要差，则以一定的概率接受移动，而且这个概率随着时间推移逐渐降低，趋向稳定。

一定概率的计算参考了金属冶炼的退火过程，根据热力学原理，当温度为 T 时，出现能量差为 dE 的降温的概率为 $P(\mathrm{dE})$，表示为

$$P(\mathrm{dE}) = \exp(\mathrm{dE}/(kT))$$

式中，k 是常数；dE<0。温度越高，出现一次能量差为 dE 的降温概率越大；温度越低，出现降温概率越小。由于 $\mathrm{dE} < 0$，$\mathrm{dE}/(kT) < 0$，所以 $P(\mathrm{dE})$ 的函数取值范围是 $(0,1)$。

随着温度 T 的降低，$P(\mathrm{dE})$ 会逐渐降低。将一次向较差解的移动看成一次温度跳变过程，以概率 $P(\mathrm{dE})$ 接受这样的移动。

3. 模拟退火方法

模拟退火方法所得解依据概率收敛到全局最优解。首先建立数学模型，包括确定解空间，确立目标函数和初始解；然后在产生新解时要符合某种接受机制；最后由接受准则使新解更优或是恶化[4]。

数学模型包括解空间、目标函数和初始解三部分。

(1) 解空间。对所有可能解均为可行解的问题，解空间为可能解的集合；对存在不可行解的问题，限定解空间为所有可行解的集合，若允许包含不可行解，则在目标函数中采用罚函数惩罚，排除不可行解。

(2) 目标函数。对优化目标的量化描述，是解空间到某个数集的映射，为若干优化目标的和式，应正确体现问题的整体优化要求，并较易计算。当解空间包含不可行解时，应包括罚函数项。

(3) 初始解。算法迭代的起点，模拟退火方法是健壮的，最终解不十分依赖初始解，可任意选取初始解。

新解的产生和接受机制包括以下四个步骤：①按某种随机机制，由当前解产生新解，通常采用简单变换，如对部分元素的置换、互换或反演等，可能产生的新解构成当前解的邻域；②计算新解伴随的目标函数差，由变换的改变部分直接求得；③由接受准则，即新解更优或恶化但满足 Metropolis 准则，判断是否接受新解，对有不可行解而限定解空间仅包含可行解时，需判断其可行性；④当满足接受准则时，进行当前解和目标函数值的迭代，否则舍弃新解。

二、仿真实验

模拟退火方法的算法伪代码如下。

```
/* J(y)：在状态 y 时的评价函数值
 * Y(i)：表示当前状态
 * Y(i+1)：表示新的状态
 * r：用于控制降温的快慢
 * T：系统的温度，系统初始应该处于高温状态
 * T_min：温度的下限，若温度 T 达到 T_min，则停止搜索
 */
While ( T > T_min )
{
    dE = J( Y(i+1) ) - J( Y(i) );
    if ( dE >= 0 )  //如果移动后得到更优解，则总是接受移动
        Y(i+1) = Y(i);  //接受从 Y(i)到 Y(i+1)的移动
    Else
    {
        //函数 dE/T 越大，则 exp(dE/T)也越大
        if ( exp( dE/T ) > random( 0 , 1 ) )
            Y(i+1) = Y(i);  //接受从 Y(i)到 Y(i+1)的移动
    }
    //降温退火，0<r<1。r 越大，降温越慢
    // 若 r 过大，则搜索到全局最优解的可能会较高，但搜索过程较长。
    //若 r 过小，则搜索过程会很快，但可能会达到局部最优解
    T = r * T;
    i ++;
}
```

三、算法特点

与局部搜索方法相比，模拟退火方法可在较短时间里求得更优近似解，可任意选取初始解和随机数序列，能得出较优近似解。

问题规模 n 对算法性能的影响最显著，n 越大，搜索范围越大；对于解空间，搜索范围因 n 的增大而相对减小，引起解质量下降。

模拟退火方法是随机算法，可以较快地找到近似最优解，但不一定能找到全局最优解。如果参数设置得当，则模拟退火方法的搜索效率比穷举法要高[5]。

模拟退火方法返回高质近似解的时间花费较多，当问题规模增大时，运行时间增加，可能使算法丧失可行性[6]。选择适当的邻域结构和随机数序列，可以提高解

的质量，缩减运行时间，但是需要大量实验。选择合理的冷却进度表可使算法执行过程更有效。

模拟退火方法的控制参数对算法性能有一定的影响，没有一个适合各种问题的参数选择方法，只能依赖于具体问题进行确定。

参 考 文 献

[1] Kirkpatrick S, Gelatt C D, Vecchi M P. Optimization by simulated annealing. Science, 1983, 220(4598): 671-680.

[2] Xie C, Wei X Y. Simulated annealing and genetic algorithms comparison and reflection. Computer Knowledge and Technology, 2013, 9(19): 4417-4419.

[3] 王运发. 二级供应链生产配送协同计划问题研究[硕士学位论文]. 天津:天津大学, 2011.

[4] 谢云. 模拟退火算法的原理及实现. 高等学校计算数学学报, 1999, 9(3): 212-218.

[5] 刘兆惠. JIT 生产方式混流生产线投产排序研究[硕士学位论文]. 长春: 吉林大学, 2004.

[6] 李波. 基于粒子群与模拟退火协同进化方法的电力系统无功优化[硕士学位论文]. 济南: 山东大学, 2008.

第 55 讲　贝叶斯方法

英国学者贝叶斯(Bayes)于 1763 年提出一种归纳推理的理论[1]，称为贝叶斯方法。

一、基本原理

1. 逆概问题

在贝叶斯之前，人们已经能够计算“正向概率”，如“假设袋子里有 N 个白球，M 个黑球，伸手摸一次，摸出黑球的概率”。反过来，“如果事先不知道袋子里黑白球的比例，闭着眼睛摸出一个或几个球，观察这些取出来的球的颜色之后，那么可以对袋子里面的黑白球的比例作出什么样的推测”。该问题就是逆概问题。

2. 总体信息、样本信息和先验信息

贝叶斯统计中的三个重要数据是总体信息、样本信息和先验信息。

(1) 总体信息。对总体的了解所带来的有关信息，包括总体分布或者总体分布族的有关信息，如“总体属于正态分布”、“密度函数是钟形曲线”等。

(2) 样本信息。通过样本所提供的有关信息。这类信息最具价值，与实际联系最紧密，样本信息越多，总体推断越准确。

(3) 先验信息。在抽样之前有关统计问题的一些信息，来源于经验和历史资料。

基于总体信息和样本信息所作出的统计推断称为经典统计，基于上述三种信息进行的推断称为贝叶斯统计学，与经典统计学的主要区别在于是否利用先验信息。

贝叶斯方法是一种统计融合算法，基于贝叶斯法则进行推理，需要观测空间的先验知识，实现对观测空间里的物体识别[2]。

3. 先验分布和后验分布

贝叶斯统计中的两个基本概念是先验分布和后验分布。

(1) 先验分布。在关于总体分布参数 θ 的统计推断问题中，除了使用样本所提供的信息，必须规定先验分布，此先验分布不必有客观依据，可以部分或完全地基于主观信念。所以先验分布是总体分布参数 θ 的一个概率分布。

(2) 后验分布。根据样本分布和未知参数的先验分布，采用概率论中求条件概率分布的方法，在样本已知时，求出未知参数的条件分布。该分布在抽样后得到，故

称为后验分布。贝叶斯推断方法的关键是任何推断都必须且只需要根据后验分布，而不再涉及样本分布。

4. 后验概率的计算方法

贝叶斯方法首先将关于未知参数的先验信息与样本信息综合；然后根据贝叶斯公式，得出后验信息；最后根据后验信息推断未知参数[3]。

在给定证据的条件下，贝叶斯推理提供后验概率的计算方法，即

$$P(H_i|E)=\frac{P(E|H_i)P(H_i)}{\sum_j[P(E|H_j)P(H_j)]}$$

式中，$P(H_i|E)$为在给定证据E的情况下，假设事件H_i发生的后验概率；$P(E|H_i)$为在假设事件H_i发生的条件下，证据E出现的概率，也称为假设事件H_i的似然函数；$P(H_j)$为假设事件H_j发生的先验概率，且有$\sum_j P(H_j)=1$；$\sum_j[P(E|H_j)P(H_j)]$为出现E证据的全概率，即在各假设事件H_j都可能发生的情况下，证据E出现的概率和。

二、仿真实验

应用贝叶斯推理方法可实现前景点和背景点的分类。基于贝叶斯模型的运动检测算法包括四个阶段：变化检测、变化分类、前景对象提取和背景模型更新。

对于背景物体，总会存在一些重要的特征区别于前景目标。设V_t为从视频中提取的像素点$s(x,y)$在时刻t的特征向量的离散值。利用贝叶斯规则，背景b或者前景f的V_t遵循如下后验概率，即

$$P(C|V_t,s)=\frac{P(V_t|C,s)P(C|s)}{P(V_t,s)},\ C=b\text{ 或 }f \tag{55-1}$$

利用贝叶斯规则，当特征向量满足如下条件

$$P(b|V_t,s)>P(f|V_t,s) \tag{55-2}$$

时，像素判为背景。

因为像素$s(x,y)$属于前景或背景，故有

$$P(V_t|s)=P(V_t|b,s)\cdot P(b|s)+P(V_t|f,s)\cdot P(f|s) \tag{55-3}$$

由式(55-1)~式(55-3)可得

$$2P(V_t|b,s)\cdot P(b|s)>P(V_t|s)$$

通过分析先验概率$P(b|s)$、概率$P(V_t|s)$和条件概率$P(V_t|b,s)$，可以将一个特征V_t分类，并将其对应的像素归类为背景或前景。

三、算法特点

贝叶斯理论是处理不确定性信息的重要工具。作为一种基于概率的不确定性推理方法，在处理不确定信息的智能化系统中得到重要应用，如医疗诊断、统计决策、专家系统等领域。

贝叶斯方法最有争议之处就是先验信息的使用，先验信息来源于经验或者实验结论，没有确定理论依据来支持。由于很多工作都基于先验信息，如果先验信息不正确，或者存在误差，那么最后结论就会是不可想象的。尤其是在数据挖掘中，挖掘出的知识也是不可预知的，甚至是错误的。贝叶斯方法要进行后验概率计算、区间估计、假设检验等，不可避免地存在大量计算，处理数据复杂性高，时间和空间消耗比较大[4]。

参 考 文 献

[1] Bayes M, Price M. An essay towards solving a problem in the doctrine of chances. Philosophical Transactions (1683-1775), 1763: 370-418.

[2] Andrews R, Berger J, Smith M. Bayesian Estimation of Fuel Economy Potential Due to Technology Improvements. New York: Springer, 1993.

[3] Alexander C. Bayesian methods for measuring operational risk. Derivatives, Use Trading and Regulation, 2000, 6(2): 166-186.

[4] 李刚. 皮肤检测技术的研究与应用[硕士学位论文]. 重庆: 重庆大学， 2008.

第 56 讲　K 均值聚类方法

聚类是无监督学习的一种方法，是常用的数据分析技术。K 均值聚类(K-means clustering)是经典的聚类方法之一，其思想由 Steinhaus 于 1957 年提出[1]，同年 Lloyd 在美国贝尔实验室内部实现了标准化算法(该算法直至 1982 年才公开发表[2])。该方法将 n 个观察对象分类到 k 个聚类，每个观察对象被分到与均值最接近的聚类中。

一、基本原理

隶属度函数表示一个对象 x 隶属于集合 A 的程度，记为 $\mu_A(x)$，其自变量范围是所有可能属于集合 A 的对象，$0 \leqslant \mu_A(x) \leqslant 1$。$\mu_A(x)=1$ 表示 x 完全隶属于集合 A。定义在空间 $X=\{x\}$ 上的隶属度函数定义一个模糊集合 A，或者称为定义在论域 $X=\{x\}$ 上的模糊子集 $\underset{\sim}{A}$。

对于有限个对象 $\{x_1,x_2,\cdots,x_n\}$，模糊集合 $\underset{\sim}{A}$ 可以表示为

$$\underset{\sim}{A}=\{(\mu_A(x_i),x_i)\mid x_i \in X\}$$

在聚类问题中，可以把聚类生成的簇看成模糊集合，每个样本点隶属于簇的隶属度就是 $[0,1]$ 区间里的值。

把 n 个向量 $\boldsymbol{x}_j$，$j=1,2,\cdots,n$，分为 k 个组 $G_i, i=1,2,\cdots,k$，求每组的聚类中心，使非相似性(距离)指标的价值函数(目标函数)最小[3]。

当选择欧几里得距离为 G_i 中向量 $\boldsymbol{x}_j$ 与相应聚类中心 $\boldsymbol{c}_i$ 间的非相似性指标时，价值函数可定义为

$$J=\sum_{i=1}^{k} J_i=\sum_{i=1}^{k}\left(\sum_{\boldsymbol{x}_j \in G_i}\|\boldsymbol{x}_j-\boldsymbol{c}_i\|^2\right)$$

式中，J_i 的值依赖于 G_i 的几何特性和 $\boldsymbol{c}_i$ 的位置。

可用一个通用距离函数 $d(\boldsymbol{x}_j,\boldsymbol{c}_i)$ 代替 G_i 中的 2 范数运算，则相应的总价值函数可表示为

$$J=\sum_{i=1}^{k} J_i=\sum_{i=1}^{k}(\sum_{\boldsymbol{x}_j \in G_i} d(\boldsymbol{x}_j,\boldsymbol{c}_i))$$

常用欧几里得距离作为向量的非相似性指标[2]。

划分过的组一般用一个 $k \times n$ 的二维隶属矩阵 $\boldsymbol{U}$ 来定义。如果第 j 个数据点 x_j 属于 G_i，则 $\boldsymbol{U}$ 中的元素 u_{ij} 为 1；否则，该元素为 0。一旦确定聚类中心 c_i，可导出

$$u_{ij} = \begin{cases} 1, & \text{对每个} l \neq i, \text{如果} \|x_j - c_i\|^2 \leqslant \|x_j - c_l\|^2 \\ 0, & \text{其他} \end{cases}$$

如果 c_i 是 x_j 最近的聚类中心，那么 x_j 属于 G_i。由于一个给定数据只能属于一个组，所以隶属矩阵 $\boldsymbol{U}$ 具有如下性质，即

$$\sum_{i=1}^{k} u_{ij} = 1, \qquad \forall j = 1, \cdots, n$$

且

$$\sum_{i=1}^{k} \sum_{j=1}^{n} u_{ij} = n$$

如果固定 u_{ij}，则使 J 最小的最佳聚类中心就是 G_i 中所有向量的均值

$$c_i = \frac{1}{|G_i|} \sum_{x_j \in G_i} x_j$$

式中，$|G_i|$ 是 G_i 的模，其表达式为

$$|G_i| = \sum_{j=1}^{n} u_{ij}$$

二、仿真实验

数据集 x_j，$j = 1, 2, \cdots, n$，K 均值算法重复使用下列步骤，确定聚类中心 c_i 和隶属矩阵 $\boldsymbol{U}$。

(1) 初始化聚类中心 c_i，$i = 1, 2, \cdots, k$，从数据点中任取 k 个点。

(2) 确定隶属矩阵 $\boldsymbol{U}$。

(3) 计算价值函数 J，如果它小于某个确定的阈值，或它相对上次价值函数的改变量小于某个阈值，则算法停止。

(4) 修正聚类中心，返回步骤 (2)。

对于给定的数据点 x，最近的聚类中心 c_i 采用下式修正，即

$$\Delta c_i = \eta (x - c_i)$$

该修正公式嵌入无监督学习神经元网络的学习法则。

K 均值聚类方法可应用于机器学习、数据挖掘、模式识别、图像分析和生物信息学等[3]。

三、算法特点

K 均值算法简洁、快速，假设均方误差是计算群组分散度的最佳参数，则对于满足正态分布的数据聚类效果很好[4]。

K 均值算法的性能依赖于聚类中心的初始位置，不能确保收敛于最优解，对孤立点敏感。可以采用一些前端方法求取初始聚类中心，或者每次用不同的初始聚类中心，将该算法运行多次，然后择优确定。

K 均值算法的分组数目 k 是一个输入参数，不合适的 k 可能返回较差的结果[5]。

参考文献

[1] Steinhaus H. Sur la division des corps matériels en parties. Bull Acad Polon Sci, 1957,4(12): 801-804.

[2] Lloyd S. Least squares quantization in PCM. IEEE Transactions on Information Theory, 1982, 28(2): 129-137.

[3] Brandley P S, Fayyad U M. Refining initial points for K-means clustering//15th International Conference on Machine Learning, San Francisco, 1998: 91-99.

[4] Li M J, Ng M K, Cheung Y, et al. Agglomerative fuzzy K-means clustering algorithm with selection of number of clusters. IEEE Transactions on Knowledge and Data Engineering, 2008, 20(11): 1519-1534.

[5] 数据挖掘十大经典算法.merryken的专栏. http://blog.csdn.net/merryken/article/details/8542739.

第 57 讲　AdaBoost 方法

AdaBoost(adaptive boosting) 方法由美国加利福尼亚大学 (University of California) 的 Freund 和美国普林斯顿大学的 Schapire 于 1997 年提出[1]，该方法不需要预先知道弱学习算法学习正确率的下限即弱分类器的误差，得到的强分类器的分类精度依赖于所有弱分类器的分类精度，深入挖掘弱分类器能力。

一、基本原理

1. AdaBoost 的思想

AdaBoost 方法是迭代过程，也是弱分类器提升过程，通过不断训练，提高数据分类能力。针对同一个训练集，首先训练不同的弱分类器，然后把这些弱分类器集合起来，构成一个强分类器。

AdaBoost 方法通过调整每个样本对应的权重，实现不同的训练集。在开始时，每个样本对应的权重相同，在此样本分布下训练出一个弱分类器。对于分类错误的样本，加大其权重；对于分类正确的样本，降低其权重，即突显分错的样本，得到新的样本分布。在新的样本分布下，再次对样本进行训练，得到一个弱分类器。依次类推，经过 T 次循环，得到 T 个弱分类器，按照一定的权重组合 T 个弱分类器，得到强分类器。

首先通过对 N 个训练样本的学习得到第一个弱分类器；然后将分错的样本和其他的新数据一起构成一个新的 N 个训练样本，通过对新样本集的学习得到第二个弱分类器；接着将上述两步都分错的样本加上其他的新样本构成另一个新的 N 个训练样本，再次学习得到第三个弱分类器；最后采用加权平均方法，获得经过提升的强分类器。

AdaBoost 方法是改良的 Boosting 算法，对弱学习得到的弱分类器的错误进行适应性调整，使用加权后选取的训练数据代替随机选取的训练样本，将训练焦点集中于难分的训练数据样本上；使用加权的投票机制代替平均投票机制，将弱分类器联合起来。分类效果好的弱分类器具有较大的权重，分类效果差的分类器具有较小的权重[2]。

2. AdaBoost 的实现

给定训练集：$(x_1, y_1), \cdots, (x_N, y_N)$，其中 $y_i \in (1, -1)$，表示 x_i 的正确类别标签，$i = 1, \cdots, N$。

在训练集上样本的初始分布为

$$D_1(i) = \frac{1}{N} \tag{57-1}$$

对 $t = 1, \cdots, T$，计算弱分类器

$$h_t : X \to \{-1, 1\} \tag{57-2}$$

该弱分类器在分布 D_t 上的误差为

$$\varepsilon_t = P_{D_t}(h_t(x_i) \neq y_i) \tag{57-3}$$

计算该弱分类器的权重

$$\alpha_t = \frac{1}{2}\ln\left(\frac{1-\varepsilon_t}{\varepsilon_t}\right) \tag{57-4}$$

更新训练样本的分布

$$D_{t+1}(i) = \frac{D_t(i)\exp(-\alpha_t y_i h_t(x_i))}{Z_t} \tag{57-5}$$

式中，Z_t 为归一化常数。

最后的强分类器为

$$H_{\text{final}}(x) = \text{sign}\left(\sum_{t=1}^{T} \alpha_t h_t(x)\right) \tag{57-6}$$

3. AdaBoost 的示例

举例说明 AdaBoost 方法的实现过程。

如图 57-1 所示，“+”和“−”分别表示两种类别，使用水平或者垂直的直线作为分类器。AdaBoost 方法实现的第一步如图 57-2 所示。

如图 57-2 所示，根据分类的正确率，得到一个新的样本分布 D_2、一个子分类器 h_1。其中划圈的样本表示错分点，比较大的“+”表示对该样本做了加权。

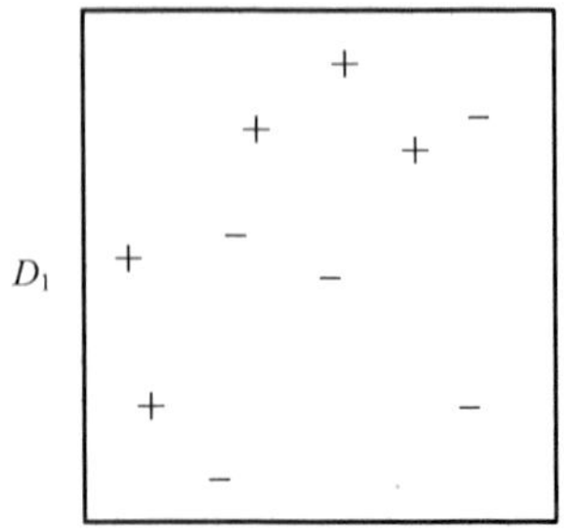

D_1

图 57-1　AdaBoost 方法实现的初始阶段

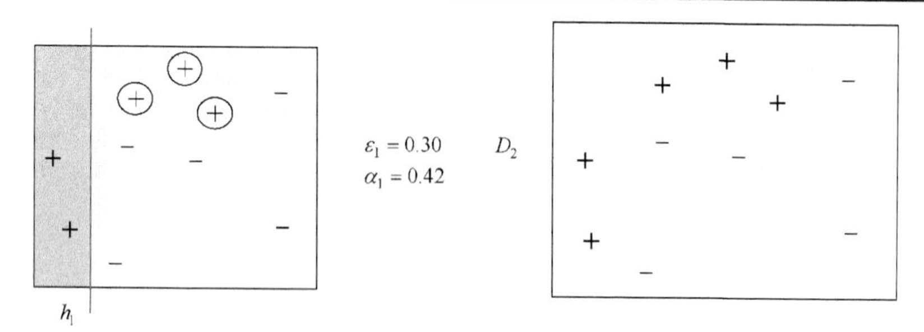

图 57-2　AdaBoost 方法实现的第一步

算法最开始给了一个均匀分布，h_1 里的每个点的值是 0.1。当划分后，有三个点划分错了，根据如式(57-3)所描述的算法的误差表达式可知误差为分错的三个点的值之和，所以

$$\varepsilon_1 = (0.1 + 0.1 + 0.1) = 0.3$$

根据式(57-4)可得 α_1 为 0.42。然后根据算法把错分点的权值变大。

AdaBoost 方法实现的第二步如图 57-3 所示。

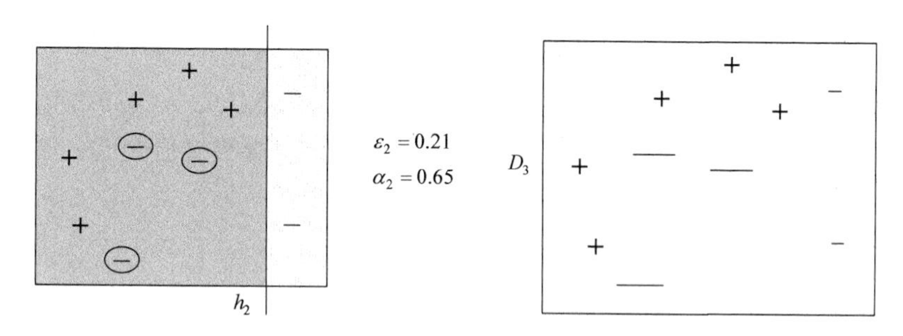

图 57-3　AdaBoost 方法实现的第二步

如图 57-3 所示，根据分类的正确率，得到一个新的样本分布 D_3，一个子分类器 h_2。

AdaBoost 方法实现的第三步如图 57-4 所示，得到一个子分类器 h_3。

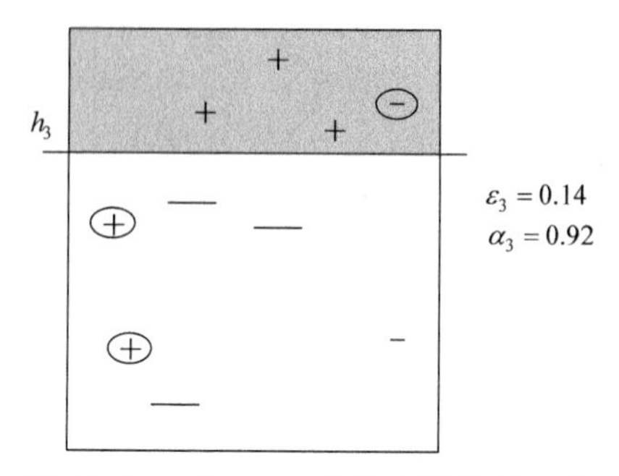

图 57-4　AdaBoost 方法实现的第三步

AdaBoost 方法实现的第四步，整合所有子分类器，如图 57-5 所示，可以得到整合结果。

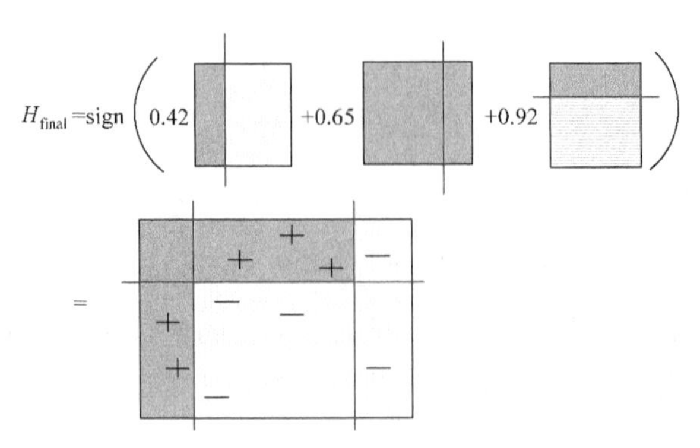

图 57-5　AdaBoost 方法实现的第四步

即使简单的分类器，组合起来也能获得很好的分类效果。

4. AdaBoost 的权值

对于每次迭代，要把错分点的权值按式(57-6)所示变大。

提高错分点的权值，当下一次分类器再次分错这些点之后，会提高整体的错误率，导致 α_t 变得很小，最终这个分类器在整个混合分类器的权值变低。这样，让优秀分类器的权值更高，一般分类器的权值更低。

二、仿真实验

1. AdaBoost 的流程

AdaBoost 方法的实现流程如下。

(1)给定训练样本集 $S=\{X,Y\}$，其中 X 和 Y 分别对应于正样本和负样本；设定训练的最大循环次数为 T。

(2)初始化样本权重为 $1/n$，即为训练样本的初始概率分布。

(3)循环迭代多次：更新样本权重和分布；寻找当前分布下的最优弱分类器；计算弱分类器的误差率；选取合适阈值，使误差率最小。

(4)聚合多次训练的弱分类器。经 T 次循环之后，得到 T 个弱分类器，按更新的权重叠加，得到强分类器。

2. AdaBoost 的伪代码

AdaBoost 方法的实现伪代码如下。

输入：$(x_1, y_1), \cdots, (x_m, y_m)$ where $x_i \in X, y_i \in Y = \{-1, +1\}$

初始化：$D_1(i) = 1/m$

For $t = 1, \cdots, T$:

　Train weak learner using distribution D_t.

　Get weak hypothesis $h_t : X \to \{-1, +1\}$ with error

　$\varepsilon_t = \mathrm{P}_{i \sim D_t}[h_t(x_i) \neq y_i]$.

　Choose $\alpha_t = \frac{1}{2}\ln\left(\frac{1-\varepsilon_t}{\varepsilon_t}\right)$.

　Update:

$$D_{t+1}(i) = \frac{D_t(i)}{Z_t} \times \begin{cases} e^{-\alpha_t} & h_t(x_i) = y_i \\ e^{\alpha_t} & h_t(x_i) \neq y_i \end{cases} = \frac{D_t(i)\exp(-\alpha_t y_i h_t(x_i))}{Z_t}$$

　// Z_t is a normalization factor (chosen D_{t+1} is a distribution).

Output the final hypothesis:

$$H(x) = \mathrm{sign}\left(\sum_{t=1}^{T} \alpha_t h_t(x)\right)$$

三、算法特点

AdaBoost 方法是一种高精度的分类器，可以使用各种方法构建子分类器。当使用简单分类器时，计算出的结果是可以理解的，而且弱分类器构造极其简单，不用进行特征筛选，不用担心过度拟合，形象比喻为“三个臭皮匠赛过诸葛亮”。

AdaBoost 方法可用于二分类或多分类的应用场景，可用于特征选择，只需要增加新的分类器，不需要变动原有分类器。是一种实现和应用很简单的算法，通过组合弱分类器得到强分类器，分类错误率上界随着训练增加而稳定下降，不会过拟合，适合于各种分类场景[3]。

在 AdaBoost 方法的训练过程中，每次迭代都会对那些分类错误的样本进行加权，当多个这样的样本多次被分类错误以后，它们的权重过大，进而影响误差的计算和分类器的挑选，使分类器的精确度下降，即典型退化问题[4]。这些样本往往都是靠近分类边界的样本，称为临界样本。临界样本使得训练的退化问题加剧，但也是提升分类器精确度的必需品。

在人脸检测问题中，现实中人脸的数目要远小于非人脸数，负样本的范围非常广，样本集往往无法精确表示，正负样本的数量差距很大，分类器会关注大容量样本，导致分类器不能较好地完成区分小类样本的目的。数据不平衡问题是 AdaBoost 方法的一个典型难题[5]。

参 考 文 献

[1] Freund Y, Schapire R E. A desicion-theoretic generalization of on-line learning and an application to boosting. Computational Learning Theory. Journal of Computer and System Sciences, 1997, 55: 119-139.

[2] Zhang C X, Zhang J S, Zhang G Y. An efficient modified boosting method for solving classification problems. Journal of Computational and Applied Mathematics, 2008: 381-392.

[3] Rätsch G, Onoda T, Müller K R. Soft margins for Adaboost. Mach Learn, 2001, 42: 287-320.

[4] 数据挖掘算法总结——adaboost 算法. http://blog.csdn.net/lwm_1985/article/details/6412266.

[5] 任芳. 基于集成学习模式的 Boost-SVM 算法研究[硕士学位论文]. 武汉:武汉科技大学, 2008.

第 58 讲　SVM 方法

支持向量机(Support Vector Machine，SVM)的理论基础是美国贝尔实验室的 Cortes 等于 1995 年创建的统计学习理论[1]，在解决小样本、非线性和高维模式识别中表现出特有优势，广泛应用于函数拟合、语音识别、文本分类、物体识别等。

一、基本原理

1. 线性 SVM

SVM 从线性可分情况下的最优分类面提出，如图 58-1 所示，圆形和方形点代表两类样本，H 为分类线，H_1 和 H_2 分别为经过各类中离分类线最近的样本且平行于分类线 H 的直线，它们之间的距离为分类间隔。最优分类线要将两类样本正确分开，且使分类间隔最大。推广到高维空间，最优分类线就成为最优分类面。

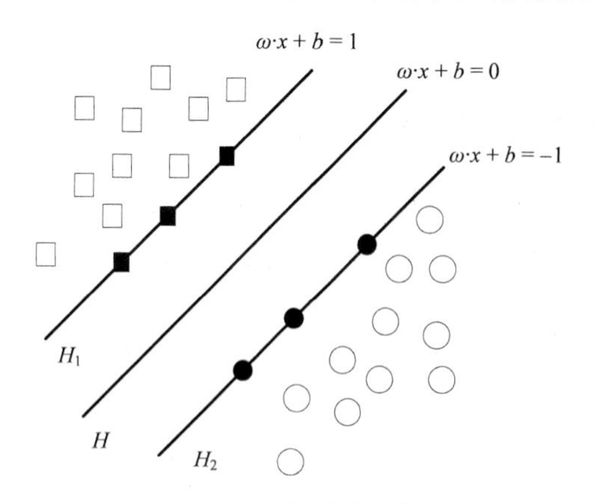

图 58-1　最优分类线

设线性可分样本集为 $\{x_i, y_i\}$，$i = 1,2,3,\cdots,n$，$x_i \in \mathbf{R}^d$，$y_i \in \{+1,-1\}$ 是类别标号，$y_i = 1$ 表示类 I，$y_i = -1$ 表示类 II。d 维空间中线性判别函数的一般形式为

$$g\{x\} = \boldsymbol{\omega} \cdot x + b$$

式中，$\boldsymbol{\omega}$ 为 n 维权向量；b 为偏移量。

分类面方程为

$$\boldsymbol{\omega} \cdot x + b = 0$$

将判别函数进行归一化，使两类所有样本都满足

$$|g\{x\}| \geqslant 1$$

离分类面最近的样本为

$$|g\{x\}| = 1$$

则分类间隔等于 $\dfrac{2}{\|\boldsymbol{\omega}\|}$。间隔最大等价于 $\|\boldsymbol{\omega}\|^2$ 最小。

要求分类面对所有样本正确分类，就是要求它满足

$$y_i(\boldsymbol{\omega} \cdot x_i + b) - 1 \geqslant 0, \quad i = 1,2,3,\cdots,n \tag{58-1}$$

满足式(58-1)且使 $\|\boldsymbol{\omega}\|^2$ 最小的分类面就叫做最优分类面，超平面 H_1 和 H_2 上的训练样本叫做支持向量(support vector)。

最优分类面可以通过求解二次优化问题获得，即

$$\begin{aligned} &\min \phi(\boldsymbol{\omega}) = \frac{1}{2}\|\boldsymbol{\omega}\|^2 \\ &\text{s.t.} \quad y_i(\boldsymbol{\omega} \cdot x_i + b) \geqslant 1, \quad i = 1,2,3,\cdots,n \end{aligned} \tag{58-2}$$

这是有约束的极值问题，可以通过 Lagrange 乘子法变为无约束的极值问题，其 Lagrange 函数为

$$L(\boldsymbol{\omega}, b, \alpha) = \frac{1}{2}(\boldsymbol{\omega} \cdot \boldsymbol{\omega}) - \sum_{i=1}^{n} \alpha_i \left[y_i(\boldsymbol{\omega} \cdot x_i + b) - 1 \right]$$

式中，$\alpha_i \geqslant 0$ 为 Lagrange 乘子，对 $\boldsymbol{\omega}$ 和 b 求 Lagrange 函数的极小值。利用 Lagrange 乘子求导法，将式(58-2)的二次优化问题转化为对偶问题，即

$$\max W(\alpha) = \sum_{i=1}^{n} \alpha_i - \frac{1}{2} \sum_{i,j=1}^{n} \alpha_i \alpha_j y_i y_j (x_i \cdot x_j)$$

$$\text{s.t.} \sum_{i=1}^{n} y_i \alpha_i = 0, \quad \alpha_i \geqslant 0, \quad i = 1,2,3,\cdots,n$$

若 α_i^* 为最优解，则最优分类面的权向量和偏移量分别为

$$\boldsymbol{\omega}^* = \sum_{i=1}^{n} \alpha_i^* y_i x_i, \qquad b^* = y_i - \boldsymbol{\omega}^* \cdot x_i$$

这是不等式约束下的二次函数极值问题，存在唯一解，满足

$$\alpha_i (y_i(\boldsymbol{\omega} \cdot x_i + b) - 1) = 0, \quad i = 1,2,3,\cdots,n$$

只有 $\alpha_i^* > 0$ 的样本对 $\boldsymbol{\omega}^*$ 起作用，才决定分类结果，该样本为支持向量。

最终的决策函数为

$$f(x)=\operatorname{sgn}\left\{\sum_{i=1}^{n} y_i\alpha_i^*(x_i\cdot x)+b^*\right\}$$

由于 x_i 和 x 之间是点积关系，所以复杂度不是取决于矢量 x_i 和 x，而是取决于样本数据的总数 n。

2. 非线性 SVM

多数分类问题是非线性问题，如图 58-2 所示，可以通过空间变换将非线性问题转化为在某个高维特征空间的线性问题，在变换后的空间中求取最优分类面[2]。无论寻优函数还是分类函数，只涉及训练样本之间的内积运算 $(x_i\cdot x_j)$，在高维特征空间只需要进行内积运算，可以采用原空间中的函数来实现，不需要知道变换形式。

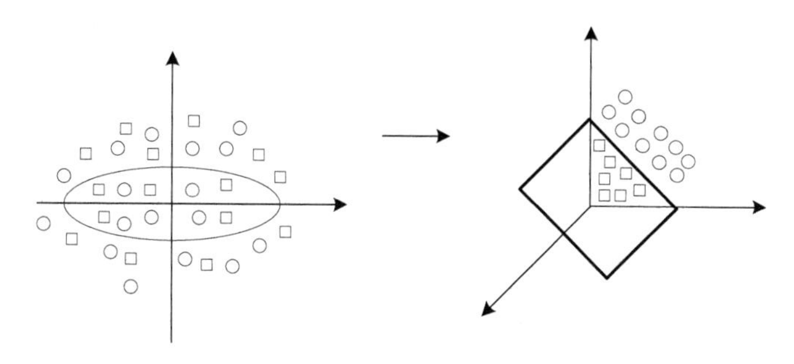

图 58-2　将样本空间转换至高维特征空间

根据 Hilbert-Schmidt 原理，只要函数满足 Mercer 条件，就能对应某个变换空间中的内积。引入核函数，只要在输入空间找到满足 Mercer 条件的核函数 $K(x_i\cdot x_j)$，就可以利用低维输入空间中的核函数运算 $K(x_i\cdot x_j)=\Phi(x_i)\cdot\Phi(x_j)$ 代替高维特征空间中的点积运算 $\Phi(x_i)\cdot\Phi(x_j)$[3]。此时最优分类面的对偶问题成为如下形式

$$\max W(\alpha)=\sum_{i=1}^{n}\alpha_i-\frac{1}{2}\sum_{i,j=1}^{n}\alpha_i\alpha_j y_i y_j K(x_i\cdot x_j)$$

$$\text{s.t.}\sum_{i=1}^{n} y_i\alpha_i=0,\quad 0\leqslant\alpha_i\leqslant C,\qquad i=1,2,3,\cdots,n$$

相应的决策函数为

$$f(x)=\operatorname{sgn}\left\{\sum_{i=1}^{n} y_i\alpha_i^* K(x_i\cdot x)+b^*\right\}$$

不同核函数导致不同的 SVM 方法，常用的核函数如下。

(1) d 次多项式核函数为

$$K(x_i \cdot x) = [(x_i \cdot x) + 1]^d$$

(2) Sigmoid 核函数为

$$K(x_i \cdot x) = \tanh\left[v(x_i \cdot x) + c\right]$$

(3) 高斯径向基核函数为

$$K(x_i \cdot x) = \exp\left\{-\frac{|x_i - x|^2}{2\sigma^2}\right\}$$

3. SVM 的多类问题

标准 SVM 分类方法都是针对 2 类目标，多类别 SVM 分类方法如下。

(1) 一对多方法。首先构造一个分类器，从所有类别中分离出与其他类别边界距离最大的一类 H_1，再在剩余类别中构造一个分类器，分离出与其他类别边界距离最大的一类 H_2，依次类推，直到构造出 N 类。该方法需要训练出 N 个分类器。

(2) 一对一方法。在 N 类训练样本中，构造所有可能的 2 类分类器，每类仅在 N 类中的 2 类训练样本上训练，共构造 $N(N-1)/2$ 个分类器。最后由投票法进行表决，得票最多的类别为样本所属类别。

(3) 定向决策非循环图方法。在训练阶段，与一对一方法相同，构造出每两类间的分类面，有 $N(N-1)/2$ 个分类器。在分类阶段，将所用 2 类分类器构造成定向非循环图，包括 $N(N-1)/2$ 个节点，每个节点为一个分类器，其分类速度显著加快。

(4) 决策树方法。结合 SVM 和决策树，首先将所有类别分成两个子类，然后再将子类划分成两个次级子类，如此循环，直到所有节点只包含一个单独类别。形成不同层次，类似于倒立二叉树，每个层次使用 2 类 SVM 分类。

4. 多类别分类器构造

在构造多类别目标判断分类器中，分类器数目多、决策速度慢，需要构造功能更强的多类别分类器。对于 2^N 类物体，只需构造 N 个分类器就可完成分类，其原理为：

(1) 将所有样本中的 2^{N-1} 类别样本合为一类样本集合，余下为另一类样本集合，训练得到第 1 个两类目标子分类器；原始样本分类为 2 个集合。

(2) 从第 (1) 步被分裂的 2 个集合中，各取 2^{N-2} 类别样本合为一类样本集合，余下的为另一类样本集合，训练得到第 2 个两类目标子分类器；原始样本分裂为 4 个集合。

(3) 依次类推，在第 k 步，从第 $k-1$ 步得到的 2^{k-1} 个分裂类别集合中，各取 2^{N-k} 类别样本合为一类样本集合，余下的为另一类样本集合，训练得到第 k 个两类目标子分类器，原始样本分裂为 $2k$ 个集合。

(4) 如此重复，可得到 N 个子分类器，在进行目标分类时，根据 N 个子分类器的输出值求出交集，将每个样本判定为某类。

如果所需判断目标类别为 $2^{N-1} \sim 2^N$，那么通过添加虚拟类别方法，将其类别转化为 2^N，进行判断，在求各个子分类器中，可去掉虚拟类别。

二、仿真实验

1. SVM 训练过程

选择核函数，将训练样本映射到高维特征空间。在样本特征空间中找出各类别特征样本的最优分类超平面，得到代表各样本特征的支持向量集及其相应的可信度，形成判断各特征类别的判别函数。

2. SVM 判决过程

如图 58-3 所示，将图像中待分类像素通过核函数映射到特征空间，作为判别函数的输入，利用分类判决函数得出分类结果。

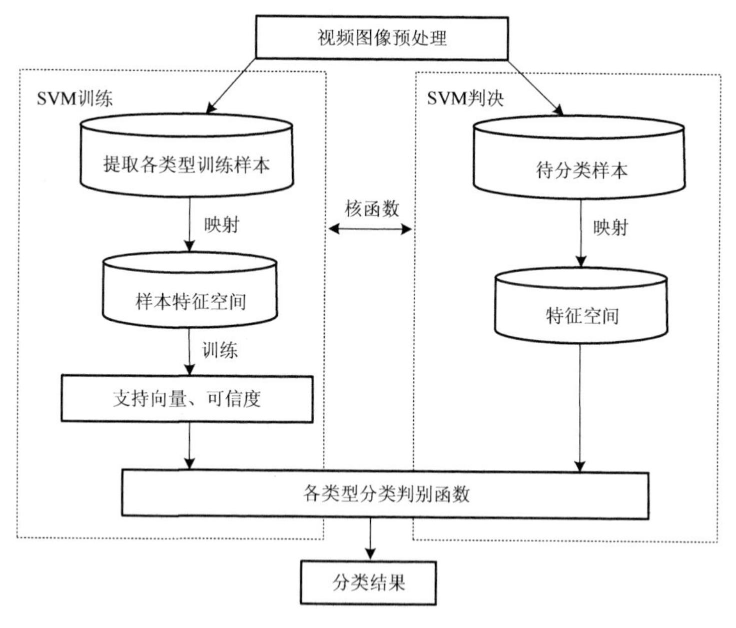

图 58-3　SVM 流程

核函数将图像各像素转换输入判别函数中，进行分类。

三、算法特点

SVM 方法基于统计学习理论和结构风险最小原理，根据有限的样本信息在模型的复杂性和学习能力之间寻求最佳折中。

SVM 方法的关键在于核函数，低维空间向量集通常难以划分，可映射到高维空间，但是增加计算复杂度，核函数解决该问题。

SVM 的最终判别函数只由少数支持向量确定，计算复杂性取决于支持向量的数目，不是样本空间的维数[4]。少数支持向量决定最终结果，不但抓住关键样本、剔除冗余样本，而且算法简单，鲁棒性好。

建立任何一个数据模型，人为干预越少越客观，建立 SVM 模型所需先验干预较少。

SVM 方法对大规模训练样本难以实施，矩阵存储和计算将耗费大量内存和运算[5]。改进方法有 Platt 的 SMO 算法、Joachims 的 SVM、Burges 的 PCGC、张学工的 CSVM、Mangasarian 的 SOR。

SVM 核函数的选取和参数确定不具有普遍性，不同问题和区域都可能不一样，没有统一模式，即使最优 SVM 算法的参数选择可能要凭借经验与实验。

SVM 方法解决多分类问题存在困难，可以通过多个 2 类 SVM 的组合来解决，主要有一对多组合模式、一对一组合模式和 SVM 决策树。

参 考 文 献

[1] Cortes C, Vapnik V. Support-vector networks. Machine Learning, 1995, 20(3): 273-297.

[2] Su L. Optimizing support vector machine learning for semi-arid vegetation mapping by using clustering analysis. ISPRS Journal of Photogrammetry and Remote Sensing, 2009, 64(4): 407-413.

[3] 廖东平. 支持向量机方法及其在机载毫米波雷达目标识别中的应用研究[博士学位论文]. 长沙: 国防科学技术大学, 2006.

[4] 胡强. 监视视频运动检测与目标判断技术[硕士学位论文]. 长沙: 国防科学技术大学, 2008.

[5] 彭育兴. 基于支持向量机的空中目标识别技术研究[硕士学位论文]. 长沙: 国防科学技术大学, 2009.

第 59 讲　PCA 方法

主成分分析(Principal Component Analysis， PCA)由英国伦敦大学学院(University College London)的 Pearson 于 1901 年提出，用于讨论非随机变量[1]。1933 年 Hotelling 推广到随机变量，1947 年 Karhunen 应用于概率论，1963 年 Loeve 进行归纳。

一、基本原理

1. PCA 的思想

PCA 采用较少的综合指标代替较多的单一指标，综合指标尽可能多地反映有用信息，又相互之间无关，是建立在统计最优原则之上的分析方法。

在新的坐标系统下，变换数据点的方差沿新坐标轴最大化，这些坐标轴称为主成分。PCA 利用数据集的统计性质实现特征空间变换，在信息无损或很少损失的情况下降低维数。

2. PCA 的计算

给定输入数据矩阵 $\boldsymbol{X}_{m\times n}$ (通常 $m>n$)，由一些中心化的样本数据 $\{\boldsymbol{x}_i\}_{i=1}^{m}$ 构成，其中 $\boldsymbol{x}_i\in\mathbf{R}^n$ 且

$$\sum_{i=1}^{m}\boldsymbol{x}_i=0$$

PCA 将输入数据矢量 $\boldsymbol{x}_i$ 变换为新的矢量

$$\boldsymbol{s}_i=\boldsymbol{U}^{\mathrm{T}}\boldsymbol{x}_i$$

式中，$\boldsymbol{U}$ 是一个 $n\times n$ 正交矩阵，第 i 列 $\boldsymbol{U}_i$ 是样本协方差矩阵 $\boldsymbol{C}$ 的第 i 个本征矢量。

$$\boldsymbol{C}=\frac{1}{n}\sum_{i=1}^{n}\boldsymbol{x}_i\boldsymbol{x}_i^{\mathrm{T}}$$

PCA 首先求解如下的本征问题，即

$$\lambda_i\boldsymbol{u}_i=\boldsymbol{C}\boldsymbol{u}_i,\quad i=1,\cdots,n$$

式中，λ 是 $\boldsymbol{C}$ 的一个本征值；$\boldsymbol{u}_i$ 是相应的本征矢量。当仅利用前面的 P 个本征矢量时(对应本征值按降序排列)，得

$$\boldsymbol{S}=\boldsymbol{U}^{\mathrm{T}}\boldsymbol{X}$$

新的分量 $\boldsymbol{S}$ 称为主分量，最大特征值 λ 对应的最大特征向量 $\boldsymbol{u}$ 就是第一个主成分，该特征向量就是最大方差分布的数据方向。第二个主成分就是第二大特征值对应的特征向量，数据点沿着该方向方差，有第二大变化，且这个特征向量与第一个正交。

3. PCA 的标准化

如果原始数据 $\boldsymbol{A}_{m\times n}$ 没有经过中心化，则可以对数据进行标准化处理，即

$$x_{ij}=\frac{a_{ij}-\overline{a}_j}{s_j}$$

式中样本均值为

$$\overline{a}_j=\frac{1}{m}\sum_{i=1}^{m}a_{ij}$$

样本标准差为

$$s_j=\sqrt{\frac{1}{m-1}\sum_{i=1}^{m}(a_{ij}-\overline{a}_j)^2}$$

得

$$\boldsymbol{X}=(x_{ij})_{m\times n}$$

标准化方法有效减少数据量纲对数据提取的影响。

4. PCA 的应用条件

线性假设，即 PCA 的内部模型是线性的，决定主元分析之间的关系也是线性的。kernel-PCA 方法是使用非线性的权值对 PCA 的拓展。

使用中值和方差进行充分统计，该模型只限于指数型概率分布模型，如高斯分布，否则 PCA 将失效[2]。

大方差向量具有较大重要性，PCA 数据本身具有较高的信噪比，具有最高方差的一维向量可以看成主元，方差较小的变化认为是噪声。

PCA 方法假设主元向量之间是正交的，可以利用线性代数的一系列有效的数学工具进行求解，提高效率和应用范围。

二、仿真实验

样本观测数据矩阵为

$$X = \begin{pmatrix} x_{11} & x_{12} & \cdots & x_{1p} \\ x_{21} & x_{22} & \cdots & x_{2p} \\ \vdots & \vdots & & \vdots \\ x_{n1} & x_{n2} & \cdots & x_{np} \end{pmatrix}$$

（1）对原始数据进行标准化处理

$$x_{ij}^* = \frac{x_{ij} - \bar{x}_j}{\sqrt{\text{var}(x_j)}}, \quad i = 1,2,\cdots,n; \quad j = 1,2,\cdots,p$$

式中

$$\bar{x}_j = \frac{1}{n}\sum_{i=1}^{n} x_{ij}$$

$$\text{var}(x_j) = \frac{1}{n-1}\sum_{i=1}^{n}(x_{ij} - \bar{x}_j)^2, \qquad j = 1,2,\cdots,p$$

（2）计算样本相关系数矩阵

$$R = \begin{bmatrix} r_{11} & r_{12} & \cdots & r_{1p} \\ r_{21} & r_{22} & \cdots & r_{2p} \\ \vdots & \vdots & & \vdots \\ r_{p1} & r_{p2} & \cdots & r_{pp} \end{bmatrix}$$

假定原始数据标准化后仍用 $\boldsymbol{X}$ 表示，则经标准化处理后的数据的相关系数为

$$r_{ij} = \frac{1}{n-1}\sum_{t=1}^{n} x_{ti} x_{tj}, \qquad i, j = 1,2,\cdots,p$$

（3）用雅可比方法求相关系数矩阵 $\boldsymbol{R}$ 的特征值和特征向量。

（4）选择重要的主成分，并写出主成分表达式。

PCA 可以得到 p 个主成分，由于各个主成分的方差是递减的，包含的信息量也是递减的，所以实际分析时，一般不是选取 p 个主成分，而是根据各个主成分累积贡献率的大小选取前 k 个主成分。这里贡献率就是指某个主成分的方差占全部方差的比重，就是某个特征值占全部特征值合计的比重，即

$$贡献率 = \frac{\lambda_i}{\sum_{i=1}^{p} \lambda_i}$$

贡献率越大，说明该主成分所包含的原始变量的信息越强。主成分个数 k 的选取，根据主成分的累积贡献率决定，一般要求累积贡献率达到 85%以上，才能保证综合变量能包括原始变量的绝大多数信息。

(5)计算主成分得分。根据标准化的原始数据，按照各个样本，分别代入主成分表达式，可以得到各主成分下的样本的新数据，即为主成分得分。

$$\begin{pmatrix} F_{11} & F_{12} & \cdots & F_{1k} \\ F_{21} & F_{22} & \cdots & F_{2k} \\ \vdots & \vdots & & \vdots \\ F_{n1} & F_{n2} & \cdots & F_{nk} \end{pmatrix}$$

(6)依据主成分得分数据进行统计分析。常见的应用有主成分回归、变量子集合的选择、综合评价等。

三、算法特点

PCA 对求出的主元向量的重要性进行排序，根据需要取前面最重要的部分，将后面的维数省去，简化模型或压缩数据，同时最大程度地保持原有数据的信息[3]。

但是如果用户对观测对象有一定的先验知识，掌握数据的一些特征，却无法通过参数化等方法对处理过程进行干预，那么 PCA 可能得不到预期效果，效率也不高。

PCA 模型存在诸多假设条件，存在一定限制，在有些场合可能会造成效果不好，甚至失效。

参 考 文 献

[1] Pearson K L. On lines and planes of closest fit to systems of points in space. Philosophical Magazine, 1901, 2(11): 559-572.

[2] Nomikos P. Detection and diagnosis of abnormal batch operations based on multiway principal component analysis. ISA Trans, 1996, 35: 259-267.

[3] Camacho J, Pico J. Multi-phase principal component analysis for batch processes modeling. Chemometrics and Intelligent Laboratory Systems, 2006, 81: 127-136.

第 60 讲　2D PCA 方法

PCA 方法在特征提取方面受光照、姿态影响很大，香港理工大学的 Yang 等于 2004 年提出二维主成分分析(2D PCA)方法[1]。

一、基本原理

1. 准则函数

设 $\boldsymbol{X}$ 表示 n 维单位列向量，把图像 $\boldsymbol{A}$ 看成一个 $m\times n$ 的随机矩阵，通过如下线性变换

$$\boldsymbol{Y}=\boldsymbol{A}\boldsymbol{X} \tag{60-1}$$

将 $\boldsymbol{A}$ 投影到 $\boldsymbol{X}$ 上，得到一个 m 维的投影向量 $\boldsymbol{Y}$，称为图像 $\boldsymbol{A}$ 的投影特征向量。

预计样本的总散射度可以衡量投影向量 $\boldsymbol{X}$ 的鉴别能力，可以描述预计的特征向量的协方差矩阵。定义如下准则函数，即

$$J(\boldsymbol{X})=\mathrm{tr}(\boldsymbol{S}_x) \tag{60-2}$$

式中，$\boldsymbol{S}_x$ 表示投影特征向量的协方差矩阵；$\mathrm{tr}(\boldsymbol{S}_x)$ 表示 $\boldsymbol{S}_x$ 的迹。

在所有样本中找到能产生最大散射度的投影方向 $\boldsymbol{X}$，协方差矩阵 $\boldsymbol{S}_x$ 计算公式为

$$\begin{aligned}\boldsymbol{S}_x&=E(\boldsymbol{Y}-E\boldsymbol{Y})(\boldsymbol{Y}-E\boldsymbol{Y})^{\mathrm{T}}\\&=E[\boldsymbol{A}\boldsymbol{X}-E(\boldsymbol{A}\boldsymbol{X})][\boldsymbol{A}\boldsymbol{X}-E(\boldsymbol{A}\boldsymbol{X})]^{\mathrm{T}}\\&=E[(\boldsymbol{A}-E\boldsymbol{A})\boldsymbol{X}][(\boldsymbol{A}-E\boldsymbol{A})\boldsymbol{X}]^{\mathrm{T}}\end{aligned} \tag{60-3}$$

则

$$\mathrm{tr}(\boldsymbol{S}_x)=\boldsymbol{X}^{\mathrm{T}}[E(\boldsymbol{A}-E\boldsymbol{A})^{\mathrm{T}}(\boldsymbol{A}-E\boldsymbol{A})] \tag{60-4}$$

定义矩阵

$$\boldsymbol{G}_t=E[(\boldsymbol{A}-E\boldsymbol{A})^{\mathrm{T}}(\boldsymbol{A}-E\boldsymbol{A})] \tag{60-5}$$

矩阵 $\boldsymbol{G}_t$ 称为图像的协方差(散度)矩阵，$\boldsymbol{G}_t$ 是一个 $n\times n$ 的非负定矩阵，采用训练样本图像直接估计。设共有 M 幅训练样本图像，第 j 幅图像用 $m\times n$ 的矩阵 $\boldsymbol{A}_j$，$j=1,2,\cdots,M$ 表示，所有训练样本的平均图像由 $\boldsymbol{A}$ 表示，可用下式估计 $\boldsymbol{G}_t$，即

$$\boldsymbol{G}_t=\frac{1}{M}\sum_{j=1}^{M}(\boldsymbol{A}_j-\bar{\boldsymbol{A}})^{\mathrm{T}}\left(\boldsymbol{A}_j-\bar{\boldsymbol{A}}\right) \tag{60-6}$$

将式(60-4)和式(60-5)代入式(60-2)可得准则函数为

$$J(\boldsymbol{X}) = \boldsymbol{X}^T \boldsymbol{G}_t$$

式中，$\boldsymbol{X}$ 是归一化的列向量，该标准称为广义的总散射度标准。$\boldsymbol{X}$ 对应的投影方向为最佳投影轴。预计样本的总散射度最大化后的图像矩阵投影到 $\boldsymbol{X}$ 。

最佳投影方向 $\boldsymbol{X}_{\text{opt}}$ 的 $\boldsymbol{G}_t$ 的最大特征值对应特征向量方向[2]。一般只取一个最优投影方向，分类鉴别能力是不够的，选择相互正交且符合极大化准则函数的一组投影向量 $\boldsymbol{X}_1,\boldsymbol{X}_2,\cdots,\boldsymbol{X}_d$ ，即

$$\{\boldsymbol{X}_1,\cdots,\boldsymbol{X}_d\} = \arg\max J(\boldsymbol{X})$$

$$\boldsymbol{X}_i^{\mathrm{T}} \boldsymbol{X}_j = 0, \quad i \neq j,\ i,j = 1,\cdots,d$$

投影方向 $\boldsymbol{X}_1,\boldsymbol{X}_2,\cdots,\boldsymbol{X}_d$ 就是 $\boldsymbol{G}_t$ 的前 d 个最大特征值对应的特征向量。

2. 特征提取

2D PCA 的最优投影向量 $\boldsymbol{X}_1,\boldsymbol{X}_2,\cdots,\boldsymbol{X}_d$ 用于特征提取，对于给定的样本图像 $\boldsymbol{A}$ 。令

$$\boldsymbol{Y}_k = \boldsymbol{A}\boldsymbol{X}_k, \quad k = 1,2,\cdots,d \tag{60-7}$$

得到预计的特征向量组 $\boldsymbol{Y}_1,\boldsymbol{Y}_2,\cdots,\boldsymbol{Y}_d$ ，称为样本图像 $\boldsymbol{A}$ 的主成分，每个 2D PCA 的主成分是一个向量，PCA 的主成分是一个数量。主成分向量构成一个 $m \times d$ 矩阵 $\boldsymbol{B}$

$$\boldsymbol{B} = [\boldsymbol{Y}_1,\boldsymbol{Y}_2\cdots,\boldsymbol{Y}_d]$$

称为样本图像 $\boldsymbol{A}$ 的特征矩阵或特征图像。

3. 分类方法

在经过 2D PCA 的特征提取之后，每幅图像得到一个特征矩阵，然后使用最近邻分类器进行分类。任意两个特征矩阵 $\boldsymbol{B}_i = [\boldsymbol{Y}_1^{(i)},\boldsymbol{Y}_2^{(i)},\cdots,\boldsymbol{Y}_d^{(i)}]$ 和 $\boldsymbol{B}_j = [\boldsymbol{Y}_1^{(j)},\boldsymbol{Y}_2^{(j)},\cdots,\boldsymbol{Y}_d^{(j)}]$ 之间的距离定义为

$$d(\boldsymbol{B}_i,\boldsymbol{B}_j) = \sum_{k=1}^{d} \left\| \boldsymbol{Y}_k^{(i)} - \boldsymbol{Y}_k^{(j)} \right\|_2$$

式中，$\left\| \boldsymbol{Y}_k^{(i)} - \boldsymbol{Y}_k^{(j)} \right\|_2$ 表示两个主分量向量 $\boldsymbol{Y}_k^{(i)}$ 和 $\boldsymbol{Y}_k^{(j)}$ 之间的欧几里得距离。

假设训练样本为 $\boldsymbol{B}_1,\boldsymbol{B}_2,\cdots,\boldsymbol{B}_M$（$M$ 是训练样本总数），每个样本属于某个特定的身份（类别）ω 。给定样本 $\boldsymbol{B}$ ，若有 $d(\boldsymbol{B},\boldsymbol{B}_l) = \min(d(\boldsymbol{B},\boldsymbol{B}_j))$, $j = 1,2,\cdots,M$ ，且有 $\boldsymbol{B}_l \in \omega_k$ ，则分类结果是 $\boldsymbol{B} \in \omega_k$ 。

二、仿真实验

假设 $\boldsymbol{X}_1, \boldsymbol{X}_2, \cdots, \boldsymbol{X}_d$ 是对应于图像协方差矩阵 $\boldsymbol{G}_t$ 的前 d 个最大特征值所对应的正交归一特征向量，图像 $\boldsymbol{A}$ 向这些投影轴投影之后，可得到如式(60-7)所示的主分量向量。

令

$$\boldsymbol{V} = \{\boldsymbol{Y}_1, \cdots, \boldsymbol{Y}_d\}$$

$$\boldsymbol{U} = \{\boldsymbol{X}_1, \cdots, \boldsymbol{X}_d\}$$

则

$$\boldsymbol{V} = \boldsymbol{A}\boldsymbol{U}$$

由于 $\boldsymbol{X}_1, \boldsymbol{X}_2, \cdots, \boldsymbol{X}_d$ 两两正交，从图像 A 容易得到重构图像

$$\overline{\boldsymbol{A}} = \boldsymbol{V}\boldsymbol{U}^{\mathrm{T}} = \sum_{k=1}^{d} \boldsymbol{Y}_k \boldsymbol{X}_k^{\mathrm{T}}$$

令

$$\overline{\boldsymbol{A}}_k = \boldsymbol{Y}_k \boldsymbol{X}_k^{\mathrm{T}}, \quad k = 1, 2, \cdots, d$$

这是与 $\boldsymbol{A}$ 相同大小的图像，代表 $\boldsymbol{A}$ 的重建子图。图像 $\boldsymbol{A}$ 可以由前 d 个子图像重建，当主分量向量的数目 $d = n$（n 是矩阵 $\boldsymbol{G}_t$ 特征向量的总数）时，有 $\overline{\boldsymbol{A}} = \boldsymbol{A}$，根据图像的主分量向量可以无损重构原始图像；若 $d < n$，则可以近似重构原始图像。

三、算法特点

2D PCA 基于二维矩阵，不是一维向量，图像矩阵不需要事先转化成一个向量，图像协方差矩阵直接使用原始图像矩阵构造。与 PCA 的协方差矩阵相比，使用 2D PCA 的图像协方差矩阵的规模要小得多[3]。

2D PCA 比 PCA 更容易准确地评估协方差矩阵，确定相应的特征向量需要的时间更少[4]。

2D PCA 在计算过程中需要存储的系数比较多。

参 考 文 献

[1] Yang J, Zhang D, Frangi A F, et al. Two-dimensional PCA: a new approach to appearance-based face representation and recognition. TPAMI, 2004, 26(1): 131-137.

[2] Zhang D, Zhou Z H. (2D)2PCA: two-directional two-dimensional PCA for efficient face representation and recognition. Neurocomputing, 2005, 69: 224-231.

[3] Yang J, Liu C. Horizontal and vertical 2DPCA-based discriminant analysis for face verification on a large-scale database. IEEE Transactions on Information Forensics Security, 2007, 2(4): 781-792.

[4] 王晓伟，闫德勤，刘益含. 基于随机矩阵变换的快速 PCA 算法. 微型机与应用，2013, 20:83-86.

第 61 讲　LDA 方法

线性判别分析(Linear Discriminant Analysis，LDA)是英国伦敦大学学院的 Fisher 于 1936 年发明的一种线性分类器[1]，称为 Fisher 线性判别(Fisher Linear Discriminant，FLD)，1996 年由 Belhumeur 引入模式识别领域，是模式识别的经典算法。

一、基本原理

LDA 分类不需要通过概率方法来训练、预测数据，目标是使得不同类别之间的点距离越远越好，同一类别之中的点距离越近越好。

将带上标签的数据点，投影到低维度的空间中，使得投影后的点，按类别区分，相同类别的点，将会在投影后的空间中更接近。

对于 K-分类的一个分类问题，会有 K 个线性函数

$$y_i(x)=w_i^{\mathrm{T}}x+w_{i0},\qquad i=1,\cdots,K \tag{61-1}$$

对于所有的 j，当 $y_k>y_j$ 时，x 属于类别 K。对于每一个分类，都有一个公式计算一个分值，在所有分值中，最大值对应所属的分类。

式(61-1)是一种投影，将一个高维点投影到一条直线上，即给出一个标注类别的数据集，投影到一条直线之后，使得点尽量按类别区分开。

图 61-1 为二分类问题($K=2$)。方形的点为Ⅰ类原始点，三角形的点为Ⅱ类原始点，经过原点的那条线就是投影直线，直线上的圆点为Ⅰ类原始点和Ⅱ类原始点在该直线上的投影点，这些投影点被原点 O 分开。

二、仿真实验

假设用来区分二分类的投影函数为

$$y=w^{\mathrm{T}}x \tag{61-2}$$

式中，x 为原始点；y 为投影点。

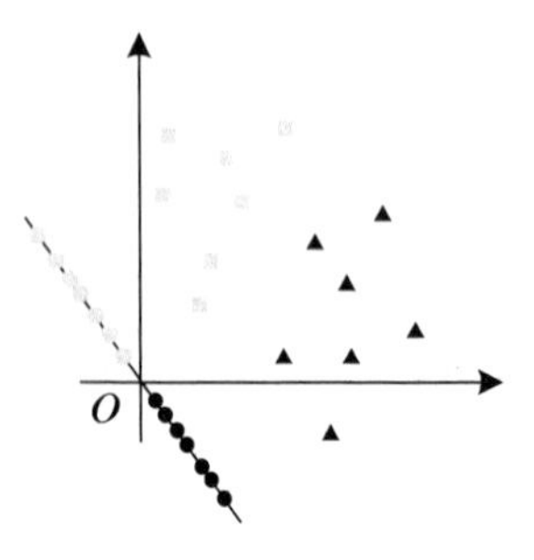

图 61-1　二分类问题

设 D_i 表示属于类别 i 的所有 n_i 个点的集合，则类别 i 的原始中心点为

$$m_i=\frac{1}{n_i}\sum_{x\in D_i}x$$

类别 i 投影后的中心点为

$$\tilde{m}_i = w^{\mathrm{T}} m_i$$

类别 i 投影后，类别点之间的分散程度(方差)为

$$\tilde{s}_i^{\ 2} = \sum_{y \in Y_i} \left(y - \tilde{m}_i \right)^2$$

要使得类别内的点距离越近越好(集中)，类别间的点越远越好。可以得到表示 LDA 投影到 w 后的损失函数为

$$J(w) = \frac{\left| \tilde{m}_1 - \tilde{m}_2 \right|^2}{\tilde{s}_1^{\ 2} + \tilde{s}_2^{\ 2}} \tag{61-3}$$

式中，分母表示每一个类别内的方差之和，方差越小表示一个类别内的点越集中；分子为两个类别各自中心点的距离平方；最大化 $J(w)$ 就可以求出最优的 w，可以采用拉格朗日乘子法求取最优的 w。

定义一个投影前的各类别分散程度的矩阵，其表达式为

$$\boldsymbol{S}_i = \sum_{x \in D_i} (x - m_i)(x - m_i)^{\mathrm{T}} \tag{61-4}$$

如果某一个分类的输入点集 D_i 里面的点距离这个分类的中心点 m_i 越近，则 $\boldsymbol{S}_i$ 里面元素的值就越小；如果分类的点都紧紧地围绕着 m_i，则 $\boldsymbol{S}_i$ 里面的元素值接近 0。对式(61-3)所描述的损失函数 $J(w)$ 进行改写，将 $J(w)$ 的分母化为

$$\begin{aligned} \tilde{s}_i^{\ 2} &= \sum_{x \in D_i} (w^{\mathrm{T}} x - w^{\mathrm{T}} m_i)^2 = \sum_{x \in D_i} w^{\mathrm{T}} (x - m_i)(x - m_i)^{\mathrm{T}} w \\ &= w^{\mathrm{T}} \boldsymbol{S}_i w \end{aligned}$$

$$\tilde{s}_1^{\ 2} + \tilde{s}_2^{\ 2} = w^{\mathrm{T}} (\boldsymbol{S}_1 + \boldsymbol{S}_2) w = w^{\mathrm{T}} \boldsymbol{S}_W w \tag{61-5}$$

同样将 $J(w)$ 的分子化为

$$\begin{aligned} \left| \tilde{m}_1 - \tilde{m}_2 \right|^2 &= w^{\mathrm{T}} \left(m_1 - m_2 \right) \left(m_1 - m_2 \right)^{\mathrm{T}} w \\ &= w^{\mathrm{T}} \boldsymbol{S}_B w \end{aligned} \tag{61-6}$$

将式(61-5)和式(61-6)代入式(61-3)，可得

$$J(w) = \frac{w^{\mathrm{T}} \boldsymbol{S}_B w}{w^{\mathrm{T}} \boldsymbol{S}_W w}$$

采用拉格朗日乘子法

$$c(w) = w^{\mathrm{T}} \boldsymbol{S}_B w - \lambda(w^{\mathrm{T}} \boldsymbol{S}_W w - 1)$$
$$\Rightarrow \frac{\mathrm{d}c}{\mathrm{d}w} = 2\boldsymbol{S}_B w - 2\lambda \boldsymbol{S}_W w = 0$$
$$\Rightarrow \boldsymbol{S}_B w = \lambda \boldsymbol{S}_W w$$

这是一个求特征值的问题。

对于 N 分类 $(N>2)$ 的问题，有

$$\boldsymbol{S}_W = \sum_{i=1}^{c} \boldsymbol{S}_i, \quad \boldsymbol{S}_B = \sum_{i=1}^{c} (m_i - m)(m_i - m)^{\mathrm{T}}$$
$$\boldsymbol{S}_B w_i = \lambda \boldsymbol{S}_W w_i$$

求出的第 i 个特征向量，就是对应的 w_i。

三、算法特点

LDA 方法是一种有效的特征提取方法，将高维的模式样本投影到最佳鉴别矢量空间，提取分类信息和压缩特征空间维数，投影后保证模式样本在新的子空间有最大的类间距离和最小的类内距离，即类间散布矩阵最大，同时类内散布矩阵最小。模式样本在该空间中有最佳的可分离性[2]。

在小样本的条件下，LDA 估计得到的离散度矩阵不太精确，类内离散度通常都是奇异的，直接应用 LDA 非常困难。由于人脸图像向量的维数很高，类内离散度矩阵 $\boldsymbol{S}_W$ 与类间离散度矩阵 $\boldsymbol{S}_B$ 具有很高维数，所以求解最佳投影空间时计算量较大[3]。

参 考 文 献

[1] Fisher R A. The use of multiple measurements in taxonomic problems. Annals of Eugenics, 1936, 7(2): 179-188.

[2] Fischer A, Pfister T, Czarske J. Derivation and comparison of fundamental uncertainty limits for laser-two-focus velocimetry, laser doppler anemometry and doppler global velocimetry. Measurement, 2010, 43: 1556-1574.

[3] 杜海顺, 柴秀丽, 汪凤泉, 等. 一种基于双向 2DLDA 特征融合的人脸识别方法. 仪器仪表学报, 2009, 30(9): 1880-1883.

第 62 讲　2D LDA 方法

2D LDA (two-dimensional linear discriminant analysis) 方法由美国明尼苏达大学(University of Minnesota)的 Ye 等[1]于 2004 年提出。该方法从人脸图像矩阵直接得到类内和类间离散度矩阵，不必转化为人脸图像向量。

一、基本原理

1. 2D LDA 方法

令训练样本图像集为 $\boldsymbol{A}=\left\{\boldsymbol{A}_k\right\}_{k=1}^{N}$，其中 $\boldsymbol{A}_k$ 表示第 k 个大小为 $m\times n$ 的训练样本图像，N 为训练样本图像总数。假设图像数据共有 C 类，第 i 类 C_i 共有 $\sum\limits_{i=1}^{C} n_i = N$ 个训练样本。

2D LDA 就是寻找一个最优的投影向量 $\boldsymbol{X}$，使得 Fisher 准则最大

$$J(\boldsymbol{X})=\frac{\boldsymbol{X}^{\mathrm{T}}\boldsymbol{S}_B\boldsymbol{X}}{\boldsymbol{X}^{\mathrm{T}}\boldsymbol{S}_W\boldsymbol{X}}\quad,\quad \sum_{i=1}^{C} n_i = N$$

式中，$\boldsymbol{S}_B$ 和 $\boldsymbol{S}_W$ 分别表示类间和类内离散度矩阵，即

$$\boldsymbol{S}_B=\frac{1}{N}\sum_{i=1}^{C} n_i(\overline{\boldsymbol{A}_i}-\overline{\boldsymbol{A}})^{\mathrm{T}}(\overline{\boldsymbol{A}_i}-\overline{\boldsymbol{A}})$$

$$\boldsymbol{S}_W=\frac{1}{N}\sum_{i=1}^{C}\sum_{j\in C_i}(\overline{\boldsymbol{A}_i}-\overline{\boldsymbol{A}_i})^{\mathrm{T}}(\boldsymbol{A}_i-\overline{\boldsymbol{A}_i})$$

式中，$\overline{\boldsymbol{A}_i}$、$\overline{\boldsymbol{A}}$ 分别表示第 i 类训练样本和总的训练样本图像的均值

$$\overline{\boldsymbol{A}_i}=\frac{1}{n_i}\sum_{j\in C_i}\boldsymbol{A}_j,\qquad \overline{\boldsymbol{A}}=\frac{1}{N}\sum_{i=1}^{C}\sum_{j\in C_i}\boldsymbol{A}_j$$

2D LDA 方法寻找使 $J(\boldsymbol{X})$ 最大的最优投影方向 $\boldsymbol{X}$，即 $\boldsymbol{S}_W^{-1}\boldsymbol{S}_B$ 的最大特征值对应的归一化特征向量。在样本类别数较多时，单一的最优投影方向是不够的。需要寻找一组满足标准正交条件且极大化 Fisher 准则函数式的最优投影向量 $\boldsymbol{X}_1,\boldsymbol{X}_2,\cdots,\boldsymbol{X}_d$，可取为 $\boldsymbol{S}_W^{-1}\boldsymbol{S}_B$ 的前 d 个最大特征值所对应的标准正交的特征向量。令 $\boldsymbol{X}=\left[\boldsymbol{X}_1,\boldsymbol{X}_2,\cdots,\boldsymbol{X}_d\right]$，称为最优投影矩阵。

对于给定的$m \times n$的人脸图像$\boldsymbol{A}$，向$\boldsymbol{X}$投影可得到$m \times d$维的特征矩阵

$$\boldsymbol{F} = \left[\boldsymbol{Y}_1, \boldsymbol{Y}_2, \cdots, \boldsymbol{Y}_d\right]$$

$$\boldsymbol{F} = \boldsymbol{A}\left[\boldsymbol{X}_1, \boldsymbol{X}_2, \cdots, \boldsymbol{X}_d\right] = \boldsymbol{AX}$$

2. 扩展 2D LDA 方法

2D LDA 方法消除图像序列之间的相关性，将水平方向上的判别信息压缩在极少的列上。为了消除图像行之间的相关性和压缩垂直方向的判别信息，给出新的类间离散度和类内离散度矩阵的定义为

$$\boldsymbol{S}'_B = \frac{1}{N}\sum_{i=1}^{C} n_i(\overline{\boldsymbol{A}_i} - \overline{\boldsymbol{A}})(\overline{\boldsymbol{A}_i} - \overline{\boldsymbol{A}})^{\mathrm{T}}$$

$$\boldsymbol{S}'_W = \frac{1}{N}\sum_{i=1}^{C}\sum_{j \in C_i}(\boldsymbol{A}_j - \overline{\boldsymbol{A}_i})(\boldsymbol{A}_j - \overline{\boldsymbol{A}_i})^{\mathrm{T}}$$

Fisher 准则函数则定义为

$$J(\boldsymbol{U}) = \frac{\boldsymbol{U}^{\mathrm{T}}\boldsymbol{S}'_B\boldsymbol{U}}{\boldsymbol{U}^{\mathrm{T}}\boldsymbol{S}'_W\boldsymbol{U}}$$

寻找一组满足标准正交条件且极大化 Fisher 准则函数式的最优投影向量$\boldsymbol{U}_1, \boldsymbol{U}_2, \cdots, \boldsymbol{U}_d$。同理，最优投影向量组$\boldsymbol{U}_1, \boldsymbol{U}_2, \cdots, \boldsymbol{U}_d$可取为$\boldsymbol{S}'^{-1}_W\boldsymbol{S}'_B$的前$d$个最大特征值所对应的标准正交的特征向量。令$\boldsymbol{U} = \left[\boldsymbol{U}_1, \boldsymbol{U}_2, \cdots, \boldsymbol{U}_d\right]$，$\boldsymbol{U}$称为最优投影矩阵。对于给定的$m \times n$的人脸图像$\boldsymbol{A}$，向$\boldsymbol{U}$投影即可得到$d \times n$维的特征矩阵

$$\boldsymbol{B} = [\boldsymbol{Y}'_1, \boldsymbol{Y}'_2, \cdots, \boldsymbol{Y}'_d]^{\mathrm{T}}$$

$$\boldsymbol{B}^{\mathrm{T}} = \boldsymbol{A}^{\mathrm{T}}[\boldsymbol{U}_1, \boldsymbol{U}_2, \cdots, \boldsymbol{U}_d] = \boldsymbol{A}^{\mathrm{T}}\boldsymbol{U}$$

这种与 2D LDA 相似的特征提取和数据描述方法，称为扩展 2D LDA 方法，消除图像行之间的相关性，并将垂直方向上的判别信息压缩在极少的行上。

2D LDA 方法和扩展 2D LDA 方法将同一原始人脸图像映射到两个不同的特征空间X和U，得到两类不同的人脸图像特征。

对给定人脸图像$\boldsymbol{A}$，采用水平方向 2D LDA 和垂直方向 2D LDA，可以提取出人脸图像特征

$$\boldsymbol{F} = \left[\boldsymbol{Y}_1, \boldsymbol{Y}_2, \cdots, \boldsymbol{Y}_d\right]$$

$$\boldsymbol{B} = \left[\boldsymbol{Y}'_1, \boldsymbol{Y}'_2, \cdots, \boldsymbol{Y}'_d\right]^{\mathrm{T}}$$

在融合两类人脸图像特征时，首先计算测试样本图像$\boldsymbol{A}$与第i个训练样本图像$\boldsymbol{A}_i$的第一类特征之间的距离$d_i, i = 1, \cdots, N$，即

$$d_i = \sum_{k=1}^{d} \left\| \boldsymbol{Y}_k^i - \boldsymbol{Y}_k \right\|_2, \qquad i = 1, \cdots, N$$

假设

$$D_{\max} = \max_{i=1,\cdots,N} (d_i)$$

得到归一化距离为

$$d_i' = d_i / D_{\max}, \qquad i = 1, \cdots, N$$

同理得到计算测试样本图像 $\boldsymbol{A}$ 与第 i 个训练样本图像 $\boldsymbol{A}_i$ 的第二类特征之间的归一化距离 $e_i', i = 1, \cdots, N$。

令

$$t_i' = d_i' + e_i', \quad i = 1, \cdots, N$$

将 t_i' 作为测试样本图像 $\boldsymbol{A}$ 与第 i 个训练样本图像 $\boldsymbol{A}_i$ 的最终度量距离。采用最近邻分类器进行分类，如果

$$\boldsymbol{A}_l \in C_k, \qquad t_l' = \min_{i=1,\cdots,N} t_i'$$

那么

$$\boldsymbol{A} \in C_k$$

二、仿真实验

基于前述两种 2D LDA，对于同一个原始人脸图像，得到两类不同的人脸图像特征。第一类人脸特征由图像 $\boldsymbol{A}$ 映射到特征空间 X，第二类人脸特征由图像 $\boldsymbol{A}$ 映射到特征空间 U。

分别使用每类人脸特征重建原始人脸图像。如图 62-1 所示，采用第一类人脸特征重建 ORL (olivetti research laboratory) 人脸图像数据库的某幅人脸图像；如图 62-2 所示，采用第二类人脸特征重建同一幅人脸图像。2D LDA 提取人脸图像水平方向上的判别信息，扩展 2D LDA 提取人脸图像垂直方向上的判别信息。

基于两个方向的 2D LDA，从原始人脸图像提取得到的人脸特征具有一定的互补性。

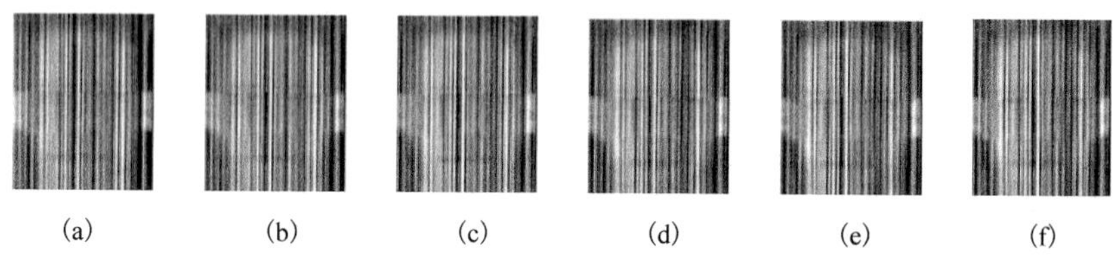

(a)　(b)　(c)　(d)　(e)　(f)

图 62-1　用 2D LDA 提取的特征重建的人脸图像

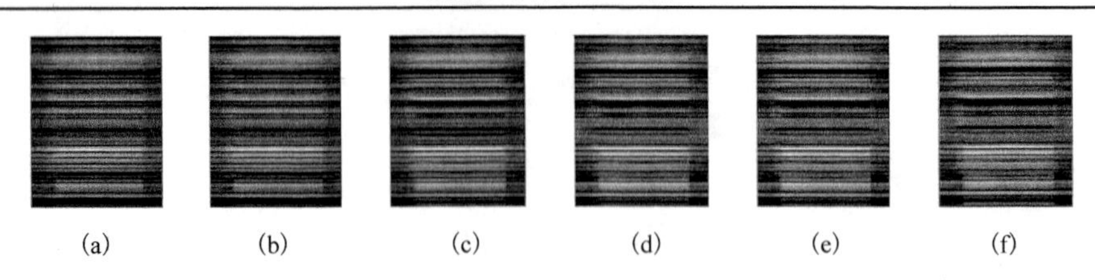

图 62-2 用扩展 2D LDA 提取的特征重建的人脸图像

三、算法特点

LDA 方法不适合小样本分类，在人脸识别时，类内离散度矩阵与类间离散度矩阵具有很高维数，求取最佳投影空间的计算量较大。

相对于 LDA 方法，2D LDA 方法的离散度矩阵比 LDA 方法精确，维数要小得多，求解最佳投影空间的计算量大大降低[2]。

2D LDA 方法需要比 LDA 更多的系数表示人脸图像，需要较大内存来存储人脸特征系数，对人脸图像同时从行和列两个方向压缩原始图像特征，可降低人脸特征维数[3]。

参 考 文 献

[1] Ye J, Janardan R, Li Q. Two-dimensional linear discriminant analysis. Advances in Neural Information Processing Systems, 2004: 1569-1576.

[2] Li M,Yuan B Z. 2D-LDA: a statistical linear discriminant analysis for image matrix.Pattern Recognition Letters, 2005, 26(5): 527-532.

[3] 杜海顺, 柴秀丽, 汪凤泉, 等. 一种基于双向 2DLDA 特征融合的人脸识别方法. 仪器仪表学报, 2009, 30(9):1880-1883.